21世纪高职高专规划教材

计算机专业基础系列

# 多媒体技术基础与实训教程

杨洋 编著

清华大学出版社
北京

## 内 容 简 介

本书深入浅出地阐述多媒体技术的基本概念和基本理论，讲解多媒体处理技术及相应工具软件的基本操作，覆盖面广。全书分为两篇，共12章。第一篇主要内容包括多媒体技术基础、多媒体数据基础、多媒体数据压缩技术、多媒体硬件环境、多媒体应用系统的设计与开发、超媒体和Web系统、多媒体信息安全技术；第二篇主要内容包括音频编辑软件Cool Edit Pro 2.0、图像处理软件Photoshop CS5、视频处理软件Adobe Premiere Pro CS4、动画制作软件Adobe Flash Professional CS5.5、多媒体创作工具Authorware 7.0。本书每章后面都附有相应的练习题或综合实训。

本书可作为高职高专院校相关专业的教材，也可作为各类培训班的培训教材或相关从业人员的自学用书。



**图书在版编目(CIP)数据**

多媒体技术基础与实训教程/杨洋编著. —北京：清华大学出版社，2012.7
(21世纪高职高专规划教材.计算机专业基础系列)
ISBN 978-7-302-28910-4

Ⅰ.①多… Ⅱ.①杨… Ⅲ.①多媒体技术－高等职业教育－教材 Ⅳ.①TP37

中国版本图书馆CIP数据核字(2012)第107029号

**责任编辑：**孟毅新
**封面设计：**常雪影
**责任校对：**刘 静
**责任印制：**杨 艳

**出版发行：**清华大学出版社
**网　　址：**http://www.tup.com.cn，http://www.wqbook.com
**地　　址：**北京清华大学学研大厦A座　**邮　　编：**100084
**社 总 机：**010-62770175　**邮　　购：**010-62786544
**投稿与读者服务：**010-62776969，c-service@tup.tsinghua.edu.cn
**质 量 反 馈：**010-62772015，zhiliang@tup.tsinghua.edu.cn
**课 件 下 载：**http://www.tup.com.cn,010-62795764
**印 刷 者：**北京市人民文学印刷厂
**装 订 者：**三河市新茂装订有限公司
**经　　销：**全国新华书店
**开　　本：**185mm×260mm　**印　张：**18　**字　　数：**408千字
**版　　次：**2012年7月第1版　**印　　次：**2012年7月第1次印刷
**印　　数：**1～3000
**定　　价：**36.00元

产品编号：045737-01

# 前　言



随着计算机应用技术的发展，多媒体技术逐渐受到人们的普遍重视，多媒体技术的发展改变了计算机的使用领域，使计算机由办公室、实验室中的专用品变成了信息社会的普通工具，广泛应用于工业生产管理、学校教育、公共信息咨询、商业广告、军事指挥与训练，甚至家庭生活与娱乐等领域。多媒体技术是一门多学科交叉、跨行业渗透的综合技术，它的出现使计算机所能处理的信息进一步扩大到图像、声音、动画和视频等多种媒体，向人们提供了更为接近自然环境的信息交流方式，改变了人们传统的学习、思维、生活与工作方式，造就了新的人类文明，对整个人类社会的发展产生了深远的影响。因此，我们有必要让读者系统地学习和掌握多媒体知识及应用技术，提高计算机应用水平，具备计算机文化素质。为此，编写了本书，将理论知识与实践技术紧密结合，力求全面地、多方位地、由浅入深地引导读者步入多媒体技术应用领域。

本书是作者借助多年来多媒体技术教学经验编写而成的，结构完整、内容实用、思路清晰、贴近教学和应用实践、形象生动、图文并茂、强调技能、重在操作、习题与实训针对性强。本书既可作为高职高专院校计算机专业和非计算机专业的实用教材，供各类成人教育或从事多媒体应用开发技术人员参考，也可作为各层次的培训教材或相关从业人员自学用书。

本书力求通过通俗的语言描述多媒体的相关原理，在教材内容的组织上，符合人才培养目标的要求，遵循教学规律和读者的认知规律，反映多媒体技术国内外科学研究的先进成果，正确阐述其科学理论和概念；在理论知识的阐述上，由浅入深、通俗易懂，着重讲述多媒体技术涉及的基本原理及内在关联，使读者对多媒体技术形成一个完整的概念；在实践技能的培养上，力求体现“先理论、后应用、理论与应用相结合”的原则，强调对理论知识的理解和运用，使读者能够综合运用所学知识解决多媒体实际应用问题，在实践中理解和丰富理论知识。

全书共12章。第一篇(第1～7章)是基础篇，第二篇(第8～12章)是实训篇。第一篇主要内容包括多媒体技术基础、多媒体数据基础、多媒体数据压缩技术、多媒体硬件环境、多媒体应用系统的设计与开发、超媒体和Web系统、多媒体信息安全技术；第二篇主要内容包括音频编辑软件Cool Edit Pro 2.0、图像处理软件Photoshop CS5、视频处理软件Adobe Premiere Pro CS4、动画制作软件Adobe Flash Professional CS5.5、多媒体创作工具Authorware 7.0。基础篇每章后面附有小结和练习题，实训篇每章后面附有综合实训。

与本书配套的还有教师授课的电子教案、书中涉及的实例和相关素材的电子资料，供师生在教学中参考使用。读者可从 http://www.tup.tsinghua.edu.cn 上下载。

全书的编写工作由南京城市职业学院(南京广播电视大学)的杨洋独立完成。

本书在编写过程中参阅了大量的专家学者的著作、书籍和报刊,以及从互联网上获得的许多资料,而这些资料难以一一列举出来,在此向所有这些资料的作者表示衷心的感谢。

由于掌握的资料和作者水平有限,书中难免有不足之处,敬请读者批评指正。

杨　洋

2012年6月

# 目 录



## 第一篇 基 础 篇

第1章 多媒体技术基础……3
1.1 概述……3
1.1.1 媒体与多媒体的定义……3
1.1.2 媒体与多媒体的基本类型……3
1.2 多媒体技术……4
1.2.1 多媒体技术的定义……4
1.2.2 多媒体技术的特性……4
1.3 多媒体的关键技术……6
1.3.1 多媒体计算机系统要解决的关键技术……6
1.3.2 多媒体应用设计中的关键技术……8
1.4 多媒体技术的应用……12
1.5 多媒体技术的发展趋势……13
1.6 本章小结……15
1.7 练习题……15
第2章 多媒体数据基础……16
2.1 音频信息……16
2.1.1 音频信息基础……16
2.1.2 音乐合成技术……20
2.1.3 数字音频的获取方法……21
2.2 图形图像信息……21
2.2.1 图形图像信息基础……21
2.2.2 数字图像的获取方法……25
2.3 视频信息……25

2.3.1 电视技术基础 …… 25
2.3.2 彩色空间表示及其转换 …… 28
2.3.3 视频信息基础 …… 31
2.3.4 视频的获取方法 …… 33
2.4 动画信息 …… 33
2.4.1 动画信息基础 …… 33
2.4.2 动画的获取方法 …… 34
2.5 本章小结 …… 34
2.6 练习题 …… 35

**第3章 多媒体数据压缩技术 …… 37**

3.1 多媒体数据压缩的概述 …… 37
3.1.1 多媒体数据压缩的必要性 …… 37
3.1.2 多媒体数据压缩的可能性 …… 38
3.1.3 压缩方法分类 …… 39
3.1.4 压缩方法的衡量指标 …… 39
3.2 音频压缩编码的方法 …… 40
3.3 图像和视频数据压缩方法 …… 40
3.3.1 预测编码 …… 41
3.3.2 变换编码 …… 42
3.3.3 统计编码 …… 43
3.4 多媒体数据的压缩标准 …… 46
3.4.1 音频数据的压缩标准 …… 46
3.4.2 图像和视频数据的压缩标准 …… 48
3.5 本章小结 …… 54
3.6 练习题 …… 55

**第4章 多媒体硬件环境 …… 56**

4.1 多媒体个人计算机 …… 56
4.1.1 MPC的硬件组成 …… 56
4.1.2 MPC技术标准 …… 56
4.1.3 MPC系统的特点和功能 …… 58
4.2 多媒体计算机音频处理技术 …… 59
4.2.1 音频卡的功能 …… 59
4.2.2 音频卡的体系结构 …… 60
4.2.3 音频卡的安装 …… 61
4.3 多媒体计算机视频处理技术 …… 62
4.3.1 视频采集卡的功能 …… 62

4.3.2 视频采集卡的工作原理 …… 62
4.3.3 视频采集卡的类型 …… 63
4.3.4 视频采集卡的安装 …… 63
4.4 光存储介质 …… 64
4.4.1 光存储设备概述 …… 64
4.4.2 光存储的类型 …… 64
4.4.3 光存储系统的技术指标 …… 65
4.4.4 CD-ROM 光存储系统 …… 66
4.4.5 CD-R 光存储系统 …… 68
4.4.6 磁光存储系统 …… 68
4.4.7 DVD 光存储系统 …… 69
4.4.8 蓝光盘系统 …… 70
4.5 常用多媒体设备 …… 70
4.5.1 数码相机 …… 70
4.5.2 数码摄像机 …… 71
4.5.3 扫描仪 …… 72
4.5.4 触摸屏 …… 74
4.5.5 投影仪 …… 75
4.5.6 语音识别系统 …… 76
4.6 本章小结 …… 77
4.7 练习题 …… 78

**第 5 章 多媒体应用系统的设计与开发** …… 79

5.1 多媒体开发工具 …… 79
5.1.1 多媒体开发工具的特点 …… 79
5.1.2 多媒体开发工具的类型 …… 80
5.1.3 多媒体开发工具的功能 …… 82
5.2 多媒体应用系统概述 …… 82
5.2.1 多媒体应用系统的特点 …… 83
5.2.2 多媒体应用系统开发团队 …… 83
5.3 多媒体应用系统的设计流程 …… 84
5.4 多媒体应用系统人机界面设计 …… 85
5.4.1 人机界面设计内容 …… 85
5.4.2 人机界面设计原则 …… 86
5.5 开发多媒体应用系统应注意的问题 …… 87
5.6 多媒体应用系统实例 …… 88
5.6.1 多媒体教学软件 …… 88
5.6.2 多媒体电子出版物 …… 91

5.7 本章小结…………………………………………………………………… 93
5.8 练习题……………………………………………………………………… 94

**第6章 超媒体和 Web 系统** ……………………………………………… 95

6.1 超文本、超媒体的概念和发展历史 ……………………………………… 95
6.1.1 超文本和超媒体的概念 ………………………………………… 95
6.1.2 超文本和超媒体的发展历史 …………………………………… 96
6.1.3 超文本和超媒体的组成要素 …………………………………… 96
6.2 超文本和超媒体系统的体系结构 ……………………………………… 100
6.2.1 HAM 模型 ……………………………………………………… 100
6.2.2 Dexter 模型 …………………………………………………… 101
6.3 超媒体系统中的关键技术 ……………………………………………… 102
6.3.1 超媒体系统的浏览和导航机制………………………………… 102
6.3.2 超文本系统搜索和查询机制…………………………………… 103
6.3.3 超媒体网络计算………………………………………………… 103
6.3.4 超媒体网络的版本化…………………………………………… 104
6.3.5 超文本系统中的虚结构………………………………………… 104
6.4 Web 系统的超文本标记语言 …………………………………………… 104
6.4.1 HTML 语言 …………………………………………………… 105
6.4.2 XML 语言 ……………………………………………………… 107
6.4.3 动态网页生成技术……………………………………………… 108
6.4.4 JMF 介绍 ……………………………………………………… 109
6.5 Web 系统的关键技术 …………………………………………………… 109
6.5.1 Web 系统的结构 ……………………………………………… 109
6.5.2 Web 缓存系统的关键问题 …………………………………… 110
6.6 本章小结 ………………………………………………………………… 111
6.7 练习题 …………………………………………………………………… 112

**第7章 多媒体信息安全技术**………………………………………………… 113

7.1 概述 ……………………………………………………………………… 113
7.1.1 多媒体信息的威胁和攻击……………………………………… 113
7.1.2 多媒体信息安全的要素………………………………………… 115
7.2 多媒体信息保护策略 …………………………………………………… 115
7.3 多媒体加密技术 ………………………………………………………… 117
7.3.1 概述……………………………………………………………… 118
7.3.2 密码体制………………………………………………………… 119
7.4 多媒体信息隐藏 ………………………………………………………… 121
7.4.1 概述……………………………………………………………… 121

7.4.2 信息隐藏技术的分类 …… 121
7.5 多媒体数字水印 …… 124
7.5.1 概述 …… 124
7.5.2 图像水印 …… 126
7.5.3 视频水印 …… 128
7.5.4 音频水印 …… 128
7.5.5 图形水印 …… 130
7.6 数字水印的应用领域 …… 130
7.7 本章小结 …… 131
7.8 练习题 …… 132

# 第二篇 实 训 篇

**第8章 音频编辑软件 Cool Edit Pro 2.0 …… 135**
8.1 Cool Edit Pro 2.0 简介 …… 135
8.1.1 Cool Edit Pro 2.0 的启动和退出 …… 135
8.1.2 Cool Edit Pro 2.0 工作界面介绍 …… 135
8.2 Cool Edit Pro 2.0 的基本操作 …… 138
8.2.1 录音 …… 138
8.2.2 音频的基本处理与编辑 …… 139
8.2.3 音频的特效处理 …… 143
8.2.4 Cool Edit Pro 2.0 其他功能 …… 152
8.3 综合实训 …… 153
**第9章 图像处理软件 Photoshop CS5 …… 154**
9.1 图像处理软件 Photoshop CS5 简介 …… 154
9.1.1 Photoshop CS5 的启动和退出 …… 154
9.1.2 Photoshop CS5 工作界面介绍 …… 154
9.2 Photoshop CS5 的基本操作 …… 156
9.2.1 创建图像 …… 156
9.2.2 创建选区 …… 157
9.2.3 图像的基本编辑 …… 161
9.2.4 图像的绘制 …… 163
9.2.5 图层的应用 …… 167
9.2.6 通道与蒙版 …… 174
9.2.7 路径 …… 179

9.2.8 图像色彩调整 …… 180
9.2.9 制作文字效果 …… 182
9.2.10 滤镜 …… 183
9.3 综合实训 …… 186

**第10章 视频处理软件 Adobe Premiere Pro CS4** …… 187

10.1 Adobe Premiere Pro CS4 简介 …… 187
10.1.1 Adobe Premiere Pro CS4 的启动和退出 …… 187
10.1.2 Adobe Premiere Pro CS4 工作界面介绍 …… 187
10.2 Adobe Premiere Pro CS4 的基本操作 …… 193
10.2.1 视频的编辑和处理 …… 193
10.2.2 视频切换处理 …… 198
10.2.3 图片处理 …… 199
10.2.4 视频特效 …… 202
10.2.5 添加字幕 …… 203
10.2.6 音频编辑处理 …… 205
10.2.7 调音台的使用 …… 206
10.3 综合实训 …… 206

**第11章 动画制作软件 Adobe Flash Professional CS5.5** …… 207

11.1 Adobe Flash Professional CS5.5 简介 …… 207
11.1.1 Adobe Flash Professional CS5.5 的启动和退出 …… 207
11.1.2 Adobe Flash Professional CS5.5 工作界面介绍 …… 207
11.2 Adobe Flash Professional CS5.5 的基本操作 …… 211
11.2.1 绘图基础 …… 211
11.2.2 逐帧动画 …… 218
11.2.3 动画补间动画 …… 221
11.2.4 形状补间动画 …… 221
11.2.5 引导层动画 …… 224
11.2.6 遮罩层动画 …… 226
11.2.7 元件 …… 228
11.2.8 添加声音 …… 233
11.2.9 导入视频 …… 235
11.2.10 ActionScript …… 236
11.2.11 动画的发布与导出 …… 237
11.3 综合实训 …… 240

**第 12 章 多媒体创作工具 Authorware 7.0** …… 241

12.1 多媒体创作工具 Authorware 7.0 简介 …… 241
12.1.1 Authorware 7.0 的启动和退出 …… 242
12.1.2 Authorware 7.0 的工作界面介绍 …… 242
12.2 Authorware 7.0 的基本操作 …… 245
12.2.1 “显示”图标 …… 245
12.2.2 “等待”图标 …… 250
12.2.3 “擦除”图标 …… 251
12.2.4 “移动”图标 …… 252
12.2.5 “声音”和“视频”图标 …… 258
12.2.6 “交互”图标 …… 259
12.2.7 “框架”与“导航”图标 …… 269
12.2.8 “判断”图标 …… 272
12.2.9 程序的打包与发布 …… 274
12.3 综合实训 …… 274

**参考文献** …… 275

# 第一篇

# 基 础 篇

第 1 章　多媒体技术基础
第 2 章　多媒体数据基础
第 3 章　多媒体数据压缩技术
第 4 章　多媒体硬件环境
第 5 章　多媒体应用系统的设计与开发
第 6 章　超媒体和 Web 系统
第 7 章　多媒体信息安全技术

第 1 章

# 多媒体技术基础

学习目标：

(1) 了解：多媒体技术的应用领域及其发展趋势。

(2) 理解：多媒体的关键技术、多媒体技术的应用。

(3) 掌握：多媒体、多媒体技术的概念、多媒体技术的主要特性。

## 1.1 概述

近年来，随着计算机技术和网络通信技术的迅速发展，多媒体技术也得到迅速发展，多媒体是信息化发展的一个必然阶段，是一个崭新的技术时代。多媒体引起了诸多信息技术的集成与融合的革命，它将计算机、家用电器、通信网络、大众媒体、娱乐机器等组合成新的系统、新的应用，它以极强的交互性改善了人机交互界面，改变了人们使用计算机的方式，渗透到人类生活的各个领域，它的出现极大地方便了人们的工作和生活。

### 1.1.1 媒体与多媒体的定义

所谓媒体，是指信息传递与存储的最基本的技术、手段和工具。它有两层含义：一是指存储信息的实体，也称为媒介，例如磁带、磁盘、光盘等载体；二是指传送信息的载体，或者说是各种信息的集合，例如文本、声音、图形、图像、动画、视频等，即多种信息载体的表现形式和传递方式。我们研究的多媒体通常指的是第二层含义。

“多媒体”一词译自 20 世纪 80 年代初产生的英文单词 Multimedia。多媒体是指在计算机系统中，融合两种或两种以上媒体的一种人机交互式信息交流和传播媒体。使用的媒体包括文本、声音、图形、图像、动画和视频等，以及程序所提供的互动功能。

### 1.1.2 媒体与多媒体的基本类型

**1. 媒体的类型**

国际电话电报咨询委员会(Consultative Committee on International Telephone and Telegraph，CCITT)把媒体分成五类。

(1) 感觉媒体(Perception Medium)：指直接作用于人的感觉器官，使人产生直接感觉的媒体。如引起听觉反应的声音、引起视觉反应的图像等。

(2) 表示媒体(Representation Medium):指传输感觉媒体的中介媒体,即用于数据交换的编码。如图像编码(JPEG、MPEG 等)、文本编码(ASCII 码、GB 2312 等)和声音编码等。

(3) 表现媒体(Presentation Medium):指进行信息输入和输出的媒体。如键盘、鼠标、扫描仪、话筒和摄像机等为输入媒体;显示器、打印机和喇叭等为输出媒体。

(4) 存储媒体(Storage Medium):指用于存储表示媒体的物理介质。如硬盘、软盘、磁盘、光盘、只读存储器(Read Only Memory,ROM)和随机存储器(Random Access Memory,RAM)等。

(5) 传输媒体(Transmission Medium):指传输表示媒体的物理介质。如电缆、光缆等。

**2. 多媒体的类型**

(1) 文本

文本是以文字和各种专用符号表达的信息形式,是现实生活中最基本的一种信息存储和传递方式,也是多媒体信息系统中出现最频繁的媒体。用文本表达信息包含的信息量很大,而所占用的存储空间却很少,它主要用于对知识的描述性表示,如阐述概念、定义、原理和问题以及显示标题、菜单等内容。

(2) 声音

声音是人们用来传递信息、交流感情最方便、最熟悉的方式之一。按其表达形式,可将声音分为语音、音乐和音效。

(3) 图形图像

图形图像是多媒体软件中最重要的信息表现形式之一,它是构成动画或视频的基础,是决定多媒体系统中视觉效果的关键因素。

(4) 动画

动画是利用人的视觉暂留特性,快速播放一系列连续运动变化的图形图像,也包括画面的缩放、旋转、变换、淡入淡出等特殊效果。它是由计算机生成的连续渐变的图形序列,沿时间轴顺次更换显示,从而构成运动的视觉媒体。

(5) 视频

视频的运动序列中的每帧画面是由实时摄取的自然景观或活动对象转换成数字形式而形成的,具有时序性与丰富的信息内涵,因此占用的存储空间也很大。

## 1.2 多媒体技术

### 1.2.1 多媒体技术的定义

多媒体技术是通过计算机将文本、图形、图像、声音、动画、视频等多种信息进行综合处理,建立有机的逻辑联系,集成为一个系统并使其具有良好的人机交互性的技术。

### 1.2.2 多媒体技术的特性

多媒体技术的关键特性主要包括信息载体的多样性、集成性、交互性、实时性、数字化这 5 个方面,这是在多媒体研究中必须解决的主要问题。随着多媒体应用技术的发展,许多设备与设施都具备了不同层次的多媒体水平，例如，人们不再通过基本字符指令来操作计算机。但这5个特性仍然是最关键的。

**1. 信息载体的多样性**

信息载体的多样性是多媒体的主要特征之一，是相对计算机而言的，指的是信息媒体的多样化，有时也称为信息多维化。

人类对于信息的接收和产生主要在视觉、听觉、触觉、嗅觉和味觉这5个感觉空间内，其中前3种占了95%的信息量。借助于这些多感觉形式的信息交流，人类对于信息的处理可以说是得心应手。然而计算机以及与之相类似的设备都远远没有达到人类处理信息能力的水平，在信息交互方面与人的感官空间相差更远。多媒体就是要把机器处理的信息多样化，通过信息的捕获、处理与展现，使交互过程中具有更加广阔和更加自由的空间，满足人类感官空间全方位的多媒体信息要求。

信息载体的多样化使计算机所能处理的信息空间范围扩大，而不再局限于数值、文本或特殊的图形和图像，这是计算机变得更加人性化的基础。多媒体技术的多样性体现在信息采集或生成、传输、存储、处理和显现的过程中，要涉及多种类型的媒体，或者多个信源或信宿的交互作用。这种多样性，不是指简单的数量或功能上的增加，而是质的变化。例如，多媒体计算机既具备文字编辑、图像处理、动画制作以及通过电话线路(经由调制解调器)或网络(经由网络接口卡)收发电子邮件等功能，又有处理、存储、随机读取包括伴音在内的电视图像的功能，能够将多种技术、多种业务集合在一起，从而使用户更全面、更准确地接收信息。

**2. 集成性**

早期多媒体中的各项技术和产品几乎都是由不同厂商根据不同的方法和环境开发研制出来的，只能单一、零散、孤立地被使用，在能力和性能上很难满足用户日益增长的信息处理要求。但当它们在多媒体的大家庭里集成时，一方面意味着技术已经发展到相当成熟的阶段，另一方面也意味着各自独立的发展不再能满足应用的需要。信息空间的不完整、开发工具的不可协作性、信息交互的单调性等都将严重地制约和限制多媒体信息系统的全面发展。因此，多媒体系统的产生与发展，既体现了应用的强烈需求，也顺应了全球网络互联互通的要求。

多媒体技术是多种媒体的有机集成。所谓集成性，是指以计算机为中心综合处理多种信息媒体，它包括两层含义，一是指信息媒体的集成，如文本、图形、图像、声音、动画和视频等，将这些信息有机地进行同步，综合成一组完整的多媒体信息，此时各种信息媒体应能按照一定的数据模型和组织结构集成；二是指处理这些媒体的设备的集成，如键盘、鼠标等和显示器、打印机等集成为一个整体，强调了与多媒体相关的各种硬件的集成和软件的集成，为多媒体系统的开发和实现建立一个理想的集成环境，提高了多媒体软件的生产力。

多媒体的集成性是在系统级上的一次飞跃。目前，还在进一步研究多种媒体，如触觉、味觉、嗅觉媒体。多种媒体的集成是多媒体技术的一个重要特点，但要完全像人一样从多种渠道获取信息，还有相当远的距离。

**3. 交互性**

多媒体的第三个关键特性是交互性。所谓交互，就是通过各种媒体信息，使用户可以与计算机进行交互操作，为用户提供更加有效地控制和使用信息的手段。交互性在于用户能够完全有效地控制信息处理的全过程，并把结果综合地表现出来，而不是单一地对数据、文字、图形、图像和声音进行处理。

交互可以自由地控制和干预信息的处理，增加对信息的注意和理解，延长信息的保留时间。当交互性引入时，活动本身作为一种媒体便介入了信息转变为知识的过程。借助于活动，人们可以获得更多的信息，如在计算机辅助教学、模拟训练和虚拟现实等方面都取得了巨大的成功。媒体信息的简单检索与显示，是多媒体的初级交互应用；通过交互特性使用户介入信息的活动过程中，才达到交互应用的中级水平；当用户完全进入一个与信息环境一体化的虚拟信息空间自由遨游时，才是交互应用的高级阶段。

**4. 实时性**

实时性是指在多媒体系统中，多种媒体之间无论在时间上还是在空间上都存在着紧密的联系，是具有同步性和协调性的群体。例如，声音和活动图像是强实时的，多媒体系统提供同步和实时处理的能力。这样，在人的感官系统允许的情况下，进行多媒体交互，就像面对面一样，图像和声音都是连续的。

**5. 数字化**

与传统的信息传播媒体相比，多媒体系统对各种媒体信息的处理、存储过程是全数字化的。数字技术的优越性使多媒体系统可以高质量地实现图像与声音的再现、编辑和特技处理，使真实的图像和声音、三维动画以及特技处理实现完美的结合。

## 1.3 多媒体的关键技术

本节将从两个角度讨论多媒体的关键技术，一是研制多媒体计算机系统要解决的关键技术，对此仅做一些简单的介绍；二是对多媒体应用设计的关键技术进行概述，具体内容将在后续章节中展开。

### 1.3.1 多媒体计算机系统要解决的关键技术

**1. 数据压缩/解压缩技术**

研制多媒体计算机需要解决的关键问题之一是要使计算机能够实时地综合处理声、文、图等多种媒体信息，然而，由于数字化的声音、图像等媒体数据量非常大，致使在目前流行的计算机产品，特别是个人计算机系列上开展多媒体应用难以实现。视频与音频信号不仅需要较大的存储空间，还要求传输速度快，既要进行数据压缩和解压缩的实时处理，又要进行快速传输处理。因此，对多媒体信息进行压缩是十分必要的。

编码理论研究已有40多年的历史，技术日臻成熟。在研究和选用编码时，要注意两点：一是该编码方法能用计算机软件或集成电路芯片快速实现；二是一定要符合压缩/解压缩编码的国际标准。

**2. 多媒体专用芯片技术**

多媒体专用芯片依赖于大规模集成电路技术，它是多媒体硬件系统体系结构的关键技术。要实现音频、视频信号的快速压缩/解压缩和播放处理，需大量的快速计算，而实现图像的特殊效果、图像生成、绘制等处理以及音频信号的处理等，也需要较快的运算处理速度，因此，只有采用专用芯片，才能取得满意效果。

多媒体计算机专用芯片可归为两类：一类是固定功能的芯片；另一类是可编程的数字信号处理器芯片。最早推出的固定功能的专用芯片是图像处理的压缩处理芯片，即将实现静态图像的数据压缩/解压缩算法做在一个专用芯片上，从而大大提高其处理速度。以后，许多半导体厂商和公司又推出执行国际标准压缩编码的专用芯片。

除专用处理器芯片外，多媒体系统还需要其他集成电路芯片支持，如数模(D/A)和模数(A/D)转换器、音频视频芯片、彩色空间变换器及时钟信号产生器等。

**3. 多媒体存储和检索技术**

从本质上说，多媒体系统是具有严格性能要求的大容量对象处理系统，因为多媒体的音频、视频、图像等信息虽经压缩处理，但仍需相当大的存储空间，CD-ROM 问世后，才真正解决了多媒体信息存储空间问题。之后，又推出了 DVD(Digital Video Disc)的新一代光盘标准，使得基于计算机的数字视盘驱动器将能从单个盘面上读取 4.7～17GB 的数据量。由于存储在 PC 服务器上的数据量越来越大，使得 PC 服务器的硬盘容量需求提高很快，为了避免磁盘损坏而造成的数据丢失，采用了相应的磁盘管理技术，磁盘阵列(Disk Array)就是在这种情况下诞生的一种数据存储技术。现在，硬盘、光盘、大容量活动存储器以及网络存储系统的不断升级换代为多媒体存储提供了便利的条件。

**4. 多媒体输入/输出技术**

多媒体输入/输出技术包括多媒体输入/输出设备、媒体显示和编码技术、媒体变换技术、媒体识别技术、媒体理解技术和综合技术。

(1) 媒体变换技术

媒体变换技术指改变媒体的表现形式，如当前广泛使用的视频卡、音频卡(声卡)都属于媒体变换设备。

(2) 媒体识别技术

媒体识别技术是对信息进行一对一的映像过程。例如，语音识别是将语音映像为一串字、词或句子；触摸屏是根据触摸屏上的位置识别其操作要求的。

(3) 媒体理解技术

媒体理解技术是对信息进行更进一步的分析处理和理解信息内容，如自然语言理解、图像语音模式识别等这一类技术。

(4) 媒体综合技术

媒体综合技术是把低维信息表示映像成高维的模式空间的过程，例如，语音合成器就可以把语音的内部表示综合为声音输出。

媒体变换技术和媒体识别技术相对比较成熟，应用较广泛。而媒体理解和综合技术目前还不成熟，只在某些特定场合用，但这些课题的研究逐渐受到重视。

输入/输出技术进一步发展的趋势集中体现在：人工智能输入/输出技术，主要包括语音识别、语音合成、语言翻译、语言和文本间转换、图像识别和处理、图/文/表分离技术、笔式输入技术和智能推理技术等；外围设备控制技术，主要包括多媒体文件存储、数据格式转换、控制界面、外围设备、驱动程序、调色板控制、高分辨率全彩色显示、三维彩色、声音效果处理、通信效果处理、多媒体窗口程序等；多媒体网络传输技术，主要包括网络管理技术、高速网络协议、开放式文件结构、视频会议、不同网络间的传输技术、综合业务数字网(Integrated Services Digital Network，ISDN)技术、电子邮件传送等。

**5. 多媒体系统软件技术**

多媒体系统软件技术主要包括多媒体操作系统、多媒体编辑系统、多媒体数据库管理技术、多媒体信息的混合与重叠技术等，这里主要介绍多媒体操作系统和多媒体数据库管理技术。

(1) 多媒体操作系统

多媒体操作系统要求该操作系统要像处理文本、图形文件一样方便灵活地处理音频和视频信息，在控制功能上，要扩展到对录像机、音响、MIDI 等声像设备以及光盘存储设备等。多媒体操作系统要能处理多任务，易于扩充，要求数据存取与数据格式无关，提供统一的友好界面。为支持上述要求，一般是在现有操作系统上进行扩充。

(2) 多媒体数据库管理技术

由于多媒体信息是结构型的，致使传统的关系数据库已不适用于多媒体的信息管理，需要从以下几个方面研究数据库。

① 研究多媒体数据模型。多媒体数据模型主要采用关系数据模型的扩充和采用面向对象的设计方法。采用面向对象的设计方法来描述和建立多媒体数据模型是较好的方法，面向对象的主要概念包括对象、类、方法、消息、封装和继承等，可以方便地描述复杂的多媒体信息。

② 研究数据压缩/解压缩的格式。该技术主要解决多媒体数据过大的空间和时间开销问题。压缩技术要考虑算法复杂度、实现速度和压缩质量等问题。

③ 研究多媒体数据库管理及存取方法。目前常用的有分页管理、B 树和 Hash 方法等。在多媒体数据库中还要引入基于内容的检索方法、矢量空间模型信息索引检索技术、超位检索技术及智能索引技术等。

④ 用户界面。用户界面除提供多媒体功能调用外，还应提供对各种媒体的编辑功能和变换功能。

⑤ 分布式技术。由于多媒体数据对通信带宽有较高的要求，需要有与之相适应的高速网络，因此还要解决数据集成、查询、调度和共享等问题，即研究分布式数据库技术。

### 1.3.2 多媒体应用设计中的关键技术

多媒体应用设计中的关键技术主要包括多媒体素材的采集和制作技术、多媒体应用软件开发技术、多媒体创作工具及开发环境、多媒体界面设计与人机交互技术、多媒体通信技术和虚拟现实技术等。

**1. 多媒体素材的采集和制作技术**

由于文本、图形或图像、二维或三维动画素材制作都有许多功能强、界面友好的通用软件工具或制作平台提供给设计者，所以多媒体素材的采集与制作主要围绕着音频和视频信号展开，即声音和视频信号的抓取与播放、音/视频信号的混合和同步、数字信号的处理、显示器(VGA)和电视(TV)信号的相互转换，同时还涉及相应的媒体采集、制作软件的使用问题。

**2. 多媒体应用软件开发技术**

直至现在，多媒体的全面应用还有许多软件技术问题有待解决，这里仅对多媒体应用中必须掌握和了解的软件技术基础知识做简单介绍。

(1) 面向对象的设计方法和编程技术

面向对象OO(Object-Oriented)是20世纪80年代初提出的一种全新的软件开发方法，是概念模型实现的方法与技术。面向对象的设计方法的基本思想是：对问题领域进行自然的分割，以更接近人类思维的方式建立问题领域模型，以便对客观信息实体进行结构模拟和行为模拟，从而使设计的软件尽可能表现问题求解的过程。

OO设计方法的主要特点是具有数据抽象、封装、继承和消息传递。数据抽象即类和子类的概念和相互关系；封装则是把数据与其操作一体化；而继承使父类属性及操作可向子类传递，这是自动共享类中数据及其操作的机制，表示了类与类之间的一种层次关系；消息传递是客观事物之间的相互作用，用统一的消息传递方法来描述。

在OO设计方法中，对象是作为描述信息实体的统一概念，可以被看做可重复使用的构件，为应用程序的重用提供了支持，修改也十分容易。这种设计方法突出的优点，一是易于设计、实现和理解，即增强可读性；二是其软件模块化的特点大大增强了软件的可靠性和可维护性。因为每个对象是独立的，绝大部分数据局限于对象本身，即具有"功能内聚性"，从而减少编程设计的数据传递，因此OO设计方法的开发效率高。OO设计方法提供的用户或系统可重新定义对象的结构，也大大地增强了系统的灵活性。

显然面向对象方法和技术非常适合于解决多媒体应用的问题，因为各种媒体尽管信息存储格式不同、处理方式不同、呈现给用户的方式也各异，但仍有共同之处：无论何种媒体，在计算机内均以数据文件的形式为载体；各种媒体程序操纵用户界面，目前都是采用流行的可视化界面，即窗口、菜单、图标等；在作为数据库内的记录时，都有插入、删除、修改、检索等通用的操作；不同的媒体虽对应不同的处理，但激活的事件，如文件的呈现、播放及同步等均相同。

(2) 对象的链接与嵌入技术

对象的链接与嵌入技术(Object Linking and Embedding，OLE)是把多媒体集成在一起的基本方法。使用OLE能生成一个包含其他应用程序数据的多媒体应用程序，其中可包含许多不同格式的数据。OLE使数据能够"记住"生成它的应用程序，并且能为编辑或播放该数据而援引其应用程序，使用户无须进行应用程序转换即可在新的程序中编辑、播放所链接或嵌入的数据。

OLE通常将数据作为对象处理。一个OLE对象是能包含在另一个应用程序内并可由用户操作的任何数据。当一个对象被编入某一应用程序(称为客户)时,它与产生它的应用程序(称服务器)保持关联,这种关联可以是一个链接,也可以是将对象嵌入。其区别为:连接对象在原始应用程序中的数据发生变化时,该对象能自动更新。在这种关联方式下,客户程序为对象所链接的数据仅提供最小的存储;嵌入方式则在编辑一个嵌入对象时,源文档不受影响,因为所有与对象有关的数据,在嵌入时是作为嵌入文件的一部分存储起来的。

对链接与嵌入的对象数据其表示和行为则是同样的。通常对产生和编辑对象的应用程序称为服务器,对插入对象的应用程序称为客户。但有些应用程序既可以是客户,也可以是服务器,还有一些就只能是客户或是服务器。

对象的链接与嵌入技术对未来程序技术发展有着极其重要的作用,会成为操作系统核心的主要部分。例如,在微软公司早期推出的 Windows 95 及 Windows NT 3.5 等操作系统中,OLE 2.0 所提供的就已不仅仅是链接与嵌入,而强调的是组件的概念,即软件开发也像硬件卡用 IC 芯片组合一样,可用应用程序集成组合而成。

OLE 定义和实现了一种允许将应用程序作为软件"对象"彼此进行链接的机制。这些机制使开发人员不需要源代码,也不需要知道程序执行的详细情况,可以像硬件卡一样"即插即用",建构自己所需要的应用程序,从而大大减少编程工作,并获得质量较高、更加灵活的应用程序。

(3) 超文本/超媒体链接与导航技术

① 超文本/超媒体链接。超文本(Hypertext)是 20 世纪 60 年代由美籍丹麦科学家 Ted Nelson 提出并实现的,它是一种数据结构组织链接方法。在此之前,计算机中的文本信息组织方式是线性顺序结构,尽管检索、插入、删除等操作简便,但不完全符合人们的联想思维方式,因此出现了超文本这种新颖的数据结构组织方式。超文本把许多数据信息块根据需要,按其逻辑顺序链接成网状结构,从本质上说,超文本是一种信息管理技术,是由若干结点及结点间的链接构成的语义网络,逻辑上结点表示信息单元、片断或其组合,链则表示结点信息之间的关系。

在超文本设计中,确定结点大小、结点与链的拓扑结构是十分重要的,结点和链可以有多种拓扑结构,如线性结构、环结构、层次结构、有向图结构、部分任意结构等。结点和链构成网络,通过在网络上的操作,超文本系统以非线性方式给用户提供了组织、存储和检索信息的能力。超文本包括超文本数据库和人机界面两部分,二者之间有着严格的对应关系,数据库用于实际组织超文本结点和链,用户则通过人机界面索取、访问数据库,进行交互操作。由于超文本提供了符合人类联想记忆的结构,可较好地实现对文本信息全面而有效的管理。

② 超文本/超媒体导航技术。超文本/超媒体是交互式的信息呈现系统,在每一个结点面前,用户都面临"我在哪里?"、"我下一步该到哪儿?"、"怎样做?"、"做什么?"等问题。用户需不断做出决定,选择下一步路径。但由于系统信息量大、链接关系复杂,用户很容易产生"迷路"现象,这时就需要系统帮助。因此,超文本/超媒体组织结构中的"导航"研究就成为其研究的热点课题。各种导航策略的出现,使导航技术成为超媒体技术中的重要组成之一。

### 3. 多媒体创作工具及开发环境

多媒体创作工具或编辑软件是多媒体软件系统的第三个层次，多媒体创作工具应具有操纵多媒体信息、进行全屏幕动态综合处理的能力，应支持应用开发人员创作多媒体应用软件。

### 4. 多媒体界面设计与人机交互技术

多媒体界面交互技术主要是媒体集成技术和智能化技术。目前多媒体界面一般都能集成文本、声音、图像、动画及视频等多种形式的信息于一个或多个窗口中，并提供对多种媒体信息进行编辑、查询和检索等功能，但应用设计者将面对的不是如何提供多媒体信息的问题，而是在什么情况下，采用什么媒体集成以及提供相应的交互性和处理手段的问题。人机交互界面进一步的研究方向是要实现界面智能化，使界面具有自适应能力。

### 5. 多媒体通信技术

多媒体通信要求能够综合地传输、交换各种信息类型，而不同的信息类型又呈现出不同的特征，如语音和视频有较强的适应性要求，它允许出现某些字节的错误，但不能容忍任何延迟；而对于数据来说则可允许延迟，但却不能出现错误，因为即便是一个字节的错误都会改变数据的意义。传统的通信方式各有各的优点，但又都有自己的局限性，不能满足多媒体通信技术的要求，因此，多媒体通信技术支持是保证多媒体通信实施的条件。

信息高速公路本质上是传输各种信息的宽带网络，利用它可对多媒体信息进行传输，实现多媒体通信。但对不同的应用，其技术支持要求有所不同，例如，在信息点播服务中，用户和信息中心为点对点的关系，信息的传输要采用双向通路；电视中心把信息发往各个用户，则要实现一点对多点的关系；而在协同工作环境应用中，各个用户的关系就成为多点对多点，所以多媒体通信技术要提供上述连接类型。另外，在不同的应用系统中需采用不同的带宽分配方式，多媒体通信的终端呈现出计算机与家电产品互相融合的趋势。

### 6. 虚拟现实技术

虚拟现实，也有人译为临境或幻境，虚拟现实技术是用多媒体计算机创造现实世界的技术，其本质是人与计算机之间进行交流的方法，是“人机接口”的技术，虚拟现实对很多计算机应用提供了相当有效的逼真的三维交互接口。虚拟现实的定义可归纳为：利用计算机生成的一种模拟环境（如飞机驾驶、分子结构世界等），通过多种传感设备使用户“投入”到该环境中，实现用户与该环境直接进行自然交互的技术。

可以说，“投入”是虚拟现实的本质，这里所谓的“模拟环境”一般是指用计算机生成的有立体感的图形，它可以是某一特定环境的表现，也可以是纯粹构想的世界。虚拟现实中常用的传感设备包括穿戴在用户身上的装置，如立体头盔、数据手套、数据衣等，也包括放置在现实环境中而不是用在用户身上的传感装置。

虚拟现实技术具有如下 4 个重要特征。

(1) 多感知性

除了一般计算机具有的视觉感知外，还有听觉感知、触觉感知、运动感知，甚至可包括味觉和嗅觉等，只是由于传感技术的限制，目前尚不能提供味觉和嗅觉。

(2) 临场感

临场感是指用户感到存在于模拟环境中的真实程度,理想得很难辨别真假。

(3) 交互性

交互性是指用户对模拟环境中物体的可操作程度和从环境中得到反馈的自然程度,其中也包括实时性。

(4) 自主性

自主性是指虚拟世界中物体可按各自的模型和规则自主运动。

虚拟现实技术是在众多相关技术上发展起来的,但又不是简单的技术组合,设计思想已有质的飞跃。例如,虚拟现实与多媒体、可视化技术虽然都涉及声、文、图等媒体形式,但都各有特点。多媒体技术是对声、文、图等各种媒体信息的综合处理和交互控制,但并不要求有身临其境的立体感,不考虑用户的空间位置对声音和图像的影响;而虚拟现实技术由人工建立多维空间,并具有能造成用户置身于现实的多种特性,即具有立体感的视觉显示、置身于环境中的显示、多种形式媒体的交互手段等;可视化技术则是把科学计算或管理信息数据转换成形象化的信息形式,以利于各种信息的融合。

虚拟现实系统目前可分为3种:投入式、非投入式和混合式。投入式系统,用户看不到真实的世界,看到的是计算机图形或图像,它们可根据用户的位置及动作产生相应变化。而用户采用非投入式系统仍能看到真实的世界,但同时也可用某种设备,如利用计算机屏幕去观察虚拟世界,这种系统要相对简单,价格便宜,但有人提出非投入式是否算得上虚拟现实系统的问题。混合式系统则允许用户看到真实世界,但又把虚拟世界图形叠加在真实世界的景象上,起到增强现实的效果,典型的例子是在飞行员用头盔视察计算机产生图形的同时,还允许他看到外界真实情况。

虚拟现实是一门综合技术,也是一种艺术,在很多应用场合其艺术成分往往超过技术成分,也正是由于其技术与艺术的结合,使得它具有艺术上的魅力,如交互的虚拟音乐会、宇宙作战游戏等,对用户也具有更大吸引力,其艺术创造将有助于人们进行三维和二维空间的交叉思维。

为实现真正的多媒体,虽然还必须突破许多技术难题,但人们普遍认为未来的多媒体将发展成处理各种形式信息的基础,它将为企业提供巨大的商业机会,还将使信息通信产生巨大的变革,人们必须从不同角度理解、紧跟多媒体技术的巨大潮流。

## 1.4 多媒体技术的应用

多媒体技术的快速发展和应用,使人类社会工作和生活的方方面面都沐浴着它所带来的阳光,多媒体技术在工业、农业、商业、金融、教育、娱乐等各行各业得到越来越广泛的应用。

### 1. 教育与培训

多媒体能够产生出一种新的图文并茂、丰富多彩的人机交互方式,多媒体技术引入教育领域,学习者可以按照自己的学习基础、兴趣来选择自己所要学习的内容,主动参与学习过程。多媒体能够提供理想的教学环境,它必然会对教育、教学过程产生深远的影响。

多媒体技术将会改变教学模式、教学内容、教学手段和教学方法，最终导致整个教育思想、教学理论甚至教育体制的根本变革。

**2. 多媒体创作工具**

多媒体创作工具是电子出版物、多媒体应用系统的软件开发工具，它提供组织和编辑电子出版物、多媒体应用系统各种成分所需要的重要框架，包括图形、动画、声音和视频的剪辑。制作工具的用途是建立具有交互式的用户界面，在屏幕上演示电子出版物、制作好的多媒体应用系统以及将各种多媒体成分集成为一个完整而具有内在联系的系统。

多媒体创作工具可以分为以下4类：基于时间的创作工具；基于图符(Icon)或流线(Line)的创作工具；基于卡片(Card)和页面(Page)的创作工具；以传统程序语言为基础的创作工具。它们的代表软件是 Action、Authorware、IconAuther、ToolBook 以及 Hypercard。多媒体创作工具具有良好的面向对象的编程环境，具有较强的支撑多媒体数据 I/O 能力。

**3. 多媒体电子出版物**

电子出版物是指以数字代码方式将声、文、图等信息存储在磁、光、电介质中，通过计算机或类似设备阅读使用，并可复制发行的大众传播媒体。电子出版物是多媒体传播应用的一个重要方面，其内容可分为电子图书、辞书手册、文档资料、报纸杂志、教育培训、娱乐游戏、宣传广告、信息咨询和简报等，许多作品是多种类型的混合，用多媒体创作工具可以制作各种电子出版物，不仅改变了传统图书的发行、阅读、收藏和管理等方式，也对人类传统文化概念产生巨大影响。

**4. 多媒体通信**

多媒体通信也是多媒体技术的重要应用领域之一。当前计算机网络已在人类社会进步中发挥着重大作用，多媒体通信有着极其广泛的内容，主要分为如下两类。

对称全双工的多媒体通信，如分布式多媒体信息系统、视频会议系统和计算机支持的协同工作环境 CSCW。其中视频会议系统分为点对点的视频会议系统和多点视频会议系统。

非对称全双工的多媒体通信系统，如交互式电视系统(ITV)、点播电视系统(VOD)、远程教育系统、远程医疗诊断系统及远程图书馆等。

随着多媒体技术的进一步发展、多媒体配件价格的大幅度下降、多媒体技术中关键问题的解决，多媒体在各个领域的应用将会更加普遍和广泛。

## 1.5　多媒体技术的发展趋势

总的来看，多媒体技术正朝着3个方向发展：进一步完善计算机支持的协同工作环境 CSCW；智能多媒体系统；把多媒体信息实时处理和压缩编码算法集成到 CPU 芯片中。

**1. 进一步完善计算机支持的协同工作环境 CSCW**

计算机支持的协同工作环境的定义是："在计算机支持的环境中，一个群体协同工作完成一项共同的任务。"它的基本内涵是计算机支持通信、合作和协调。这个概念是1984

年美国麻省理工学院(MIT)的依瑞·格里夫和 DEC 公司的保尔·喀什曼等人在讲述他们所组织的有关如何用计算机支持来自不同领域与学科的人们共同工作时提出的。

CSCW 系统具有两个本质特征：共同任务和共同环境。一般应具有以下 3 种活动。

(1) 通信：协同工作者之间进行信息交换。

(2) 合作：群体协同共同完成某项任务。

(3) 协同：对协同工作进行协同，使群体工作和谐，避免冲突和重复。

CSCW 系统可分为 3 种类型：交互形式，即 CSCW 群体工作者之间的交互可以是同步或异步的；地理位置，即参与协作的多个用户可以是远程的或本地的；群体规模，即协作既可以是两个人之间的，也可以是多人之间的。

根据上述特征把 CSCW 系统的分类表示成一个三维空间，一维表示时间坐标，说明是同步还是异步交互协作；一维是空间坐标，说明协作对象空间位置是分散的还是集中的；一维是群体规模坐标，它表示协作者的多少，两人还是多人，如图 1-1 所示。

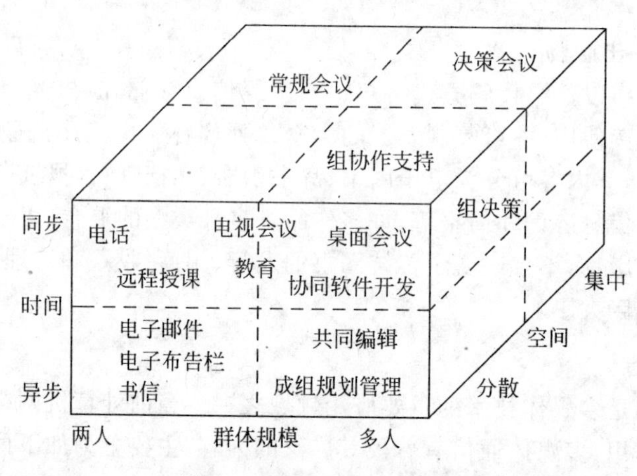


图 1-1 CSCW 系统的分类

**2. 智能多媒体系统**

多媒体计算机从发展来看应具有以下智能。

(1) 文字的识别和输入，如印刷体汉字、联机手写体汉字和脱机手写体汉字的识别与输入。

(2) 汉语语音的识别和输入，如特定人、非特定人以及连续汉语语音的识别和输入。

(3) 自然语言理解和机器翻译，如汉语的自然语言理解和机器翻译、图形的识别和理解、机器人视觉和计算机视觉、人工智能等。

**3. 把多媒体信息实时处理和压缩编码算法集成到 CPU 芯片中**

随着多媒体技术和网络通信技术的发展，需要 CPU 芯片本身具有更高的综合处理声、文、图信息及通信的功能。从目前的发展趋势来看，可以把这种芯片分成两类：一类是以多媒体和通信功能为主，融合 CPU 芯片原有的计算功能，它的设计目标是用在多媒体专用设备、家电及宽带通信设备上，可以取代这些设备中的 CPU 及大量的专用集成电路(Application Specific Integrated Circuit，ASIC)和其他芯片。另一类是以通用 CPU 计算功能为主，融合多媒体和通信功能，它的设计目标是与现有的计算机系列兼容，同时具有多媒体和通信功能，主要用在多媒体计算机中。

## 1.6　本章小结

本章对多媒体的定义、多媒体技术的定义和特性、多媒体的关键技术以及多媒体技术的应用和发展趋势均做了详细的讨论。

多媒体是指在计算机系统中，融合两种或两种以上媒体的一种人机交互式信息交流和传播媒体，使用的媒体包括文本、声音、图形、图像、动画和视频等，以及程序所提供的互动功能。

多媒体技术是通过计算机将文本、图形、图像、声音、动画、视频等多种信息进行综合处理、建立逻辑连接和人机交互作用的技术。它具有五大特征：信息载体的多样性、集成性、交互性、实时性和数字化。

多媒体的关键技术分为：多媒体计算机系统要解决的关键技术和多媒体应用设计中的关键技术。

多媒体技术的应用广泛，主要用于教育与培训、多媒体创作工具、多媒体电子出版物、多媒体通信。多媒体的快速发展决定了其朝着高分辨率、高速化、简单化、智能化方向发展。

## 1.7　练习题

1. 多媒体技术的主要特性有(　　)。

(1) 多样性　(2) 集成性　(3) 交互性　(4) 可扩充性

A. 仅(1)　　B. (1)、(2)　　C. (1)、(2)、(3)　　D. 全部

2. Authorware 属于以下哪种类型的多媒体创作工具？(　　)

A. 基于时间轴　　B. 基于卡片页面

C. 基于图表和流程　　D. 基于传统的程序设计语言

3. Action 属于以下哪种类型的多媒体创作工具？(　　)

A. 基于时间轴　　B. 基于卡片页面

C. 基于图表和流程　　D. 基于传统的程序设计语言

4. 简述多媒体计算机的关键技术及其主要应用领域。

5. 谈一谈多媒体技术未来的发展方向。

6. 多媒体创作工具分为哪几大类？各代表工具有哪些？

7. 试归纳叙述多媒体关键特性以及这些特性之间的关系。

# 第2章

# 多媒体数据基础

**学习目标：**

（1）了解：音频文件、动画文件、图像文件和视频文件格式。

（2）掌握：数字化音频的获取与处理的基本概念，模拟音频和数字音频的区别；图形图像的基本概念，数字化图像的方法；数字视频信号的获取与处理的基本概念，数字化视频的方法；动画的概念、分类及获取方法。

## 2.1 音频信息

人们最熟悉、最习惯的信息传递方式是声音。随着多媒体技术的发展和深入使用，音频处理技术备受重视，并得到广泛应用。人们为计算机安装上“嘴巴”（扬声器），让计算机讲话、奏乐；为计算机安装上“耳朵”（传声器），让计算机能听懂、理解人的讲话。由此可见，在多媒体技术中，声音是一种重要的媒体素材。

### 2.1.1 音频信息基础

**1. 声音的概念及其要素**

声音是一种连续振动的机械波，也叫做声波。例如，话筒把机械振动转换成电信号，这是一种模拟的音频。也就是说，声音是一种模拟的连续波形表示，波形最高点或最低点与基线间的距离称为振幅，振幅表示声音的强度。波形中两个连续波峰间的距离称为周期，周期表示振动的快慢。频率是指每秒钟振动的次数，单位为Hz。

声音的三要素是响度、音调和音色，具体如下。

（1）响度：俗称音量，指人主观上感觉声音的大小，单位为dB，由振幅和人离声源的距离决定，振幅越大响度越大；人和声源的距离越小，响度越大。

（2）音调：声音的高低，由频率决定，频率越高音调越高。

（3）音色：又称音品，波形决定了声音的音色。声音因不同物体材料的特性而具有不同特性，音色本身是一种抽象的东西，但波形是把这个抽象直观地表现出来。音色不同，波形则不同。

人的耳朵能感知的声音频率为20Hz～20kHz，通常把频率范围在20Hz～20kHz的信号称为音频信号。低于20Hz的信号称为亚音信号或次音信号；高于20kHz的信号称为超音频信号或超音波信号。在多媒体技术中，人们研究的就是音频信号，就是带有语音、音乐和音效的有规律的声波的频率、幅度变化的信息载体，如音乐、语音、风声、鸟鸣声、机器声等。

**2. 模拟音频与数字音频**

（1）模拟音频

声音是机械振动。振动越强，声音越大，话筒把机械振动转换成电信号，模拟音频技术中以模拟电压的幅度表示声音强弱，模拟音频在时间上是连续的。

（2）数字音频

在计算机内，所有的信息均以数字表示，各种命令是不同的数字，各种幅度的物理量也是不同的数字。数字音频的特点是保真度好、动态范围大，数字音频在时间上是断续的。

**3. 音频的数字化**

计算机只能处理数字信号，因此必须把模拟音频信号转换成数字音频信号，即实现音频数字化，计算机才能对数字音频进行存储、编辑和处理。而重播或回放声音时，将数字音频转换成尽可能接近原始的声波信号，经放大由扬声器播出。

把模拟音频信号转换成数字音频信号的过程称为音频的数字化，或称为模/数（A/D）变换。音频的数字化处理技术中，涉及音频的采样、量化和编码。

（1）采样

在音频数字化过程中，采样指的是每隔一段时间间隔在模拟音频波形上取一个幅度值。时间间隔 $T$ 称为采样周期，$1/T$ 称为采样频率 $f_c$，采样间隔时间 $T$ 越短，采样频率就越高，声音数据在后期播放时保真度就越好。

对声音进行采样用奈奎斯特采样定理来决定采样的频率。该定理规定，只要采样频率高于声音信号最高频率的两倍，就可以从采样中完全恢复原始信号的波形。由于人耳所能听到声音信号频率范围为 20Hz～20kHz，所以实际的采样过程中，通常采用 44.1kHz 作为高质量声音的采样频率，这样能达到较好的效果。

（2）量化

采样完成之后得到的是时间离散但幅度连续的采样信号，因此还必须进行量化处理。把某一幅度范围内的电压用一个数字表示，称为量化。量化过程是将采样值在幅度上再进行离散化处理的过程。所有的采样值可能出现的范围被划分成有限多个量化阶的集合，把凡是落入某个量化阶内的采样值都赋予相同的值，即量化值。

量化分为均匀量化和非均匀量化。均匀量化就是采用相等的量化间隔进行采样，也称为线性量化。用均匀量化来量化输入信号时，无论对大的输入信号还是小的输入信号都一律采用相同的量化间隔。非均匀量化的基本思想是对输入信号进行量化时，大的输入信号采用大的量化间隔，小的输入信号采用小的量化间隔，这样就可以在满足精度要求的情况下使用较少的位数来表示。采用不同的量化方法，量化后的数据量也不同。

（3）编码

采样、量化后的信号还不是数字信号，需要把它转换成数字脉冲，这一过程称为编码。

离散值的多少决定了编码的位数，离散值取得越多编码位数就越多，量化误差就越小，信号失真就越小。最简单的编码方式是二进制编码。

计算机可以对数字化之后的音频信号进行存储、编辑和处理，并可还原成原始的波形进行播放，还原的过程称为解码，它是模/数(A/D)变换的逆过程，即数/模(D/A)变换。

**4. 音频的质量和数据量**

从音频的数字化过程来看，采样频率和量化位数直接影响音频数字化的质量和数据量。反映音频数字化质量的另一个因素是声道数，一次采样一个声音波形，称为"单声道"；一次采样两个声音波形，称为"双声道"，也就是平常所说的立体声，立体声虽然更能反映人的听觉感受，但数据量比单声道多一倍，所占的存储空间是单声道的两倍。

计算音频数字化的数据量公式如下：

数据量(Byte)＝采样频率(Hz)×量化位数(bit)×时间(s)×声道数/8

例如，用44.1kHz的采样频率对声波进行采样，每个采样点的量化位数选用16位，则录制5分钟的立体声节目，其波形文件所需的存储容量是多少？

根据公式可以得出：

44100×16×300×2/8＝52920000(字节)≈50.47MB

从公式可以看出，采样频率和量化位数越高，音频数字化的数据量就越大，音频的质量就越好。在实际工作中，为了节省存储空间，需要在数字化音频数据量的大小与音频回放质量之间进行权衡。

**5. 数字音频的文件格式**

数字音频的文件格式有很多，下面对常用的数字音频文件格式进行介绍。

(1) WAV文件格式

WAV音频文件是对声音模拟波形的采样而形成的文件格式，即将声音源发出的模拟音频信号通过采样、量化转换成数字信号，再进行编码，以波形文件(.WAV)的格式保存起来，记录的是数字化波形数据。其中音频信号的采样频率和量化位数直接影响声音的质量和数据量。常用的采样频率有3种：44.1kHz(CD音质)、22.05kHz(广播音质)、11.025kHz(电话音质)。量化位数可分为8位(低品质)、16位(高品质)。频率越高，量化位数越大，声音质量越好，但是存储量也越大。

由于WAV格式的数字音频未经过压缩，文件的体积很大，不方便通过网络和其他媒介来传递和保存，因此它多用于表示短时间的效果声，不适于用作长时间的背景音乐或解说。

(2) VOC文件格式

VOC文件是Creative公司的波形音频文件格式，也是声霸卡(Sound Blaster)使用的音频文件格式。每个VOC文件由文件头块(Header Block)和音频数据块(Data Block)组成。文件头包含一个标识、版本号和一个指向数据块起始的指针。音频数据块分成各种类型的子块，如声音数据、静音、标记、ASCII码文件、重复以及终止标志和扩展块等。

利用声霸卡提供的软件可实现VOC和WAV文件之间的转换，即程序VOC2WAV转换Creative的VOC文件到Microsoft的WAV文件；程序WAV2VOC转换Microsoft的WAV文件到Creative的VOC文件。

(3) CD文件格式

音乐CD扩展名为.CDA,唱片采用的格式,又叫"红皮书"格式,记录的是波形流,缺点是无法编辑,文件长度太大。在大多数播放软件的"打开文件类型"中,都可以看到CDA格式,这就是CD音轨了。标准CD格式是44.1kHz的采样频率,速率88KB/s,16位量化位数,因为CD音轨可以说是近似无损的,因此它的声音基本上是忠于原声的,它也成了音响发烧友的首选。一个CD音频文件是一个CDA文件,这只是一个索引信息,并不是真正的包含声音信息,所以CD音乐不论长短,在计算机上看到的CDA文件都是44B长。

(4) MP3文件格式

MP3格式诞生于20世纪80年代的德国,所谓的MP3,指的是MPEG标准中的音频部分,也就是MPEG音频层。根据压缩质量和编码处理的不同分为3层,分别对应*.MP1、*.MP2、*.MP3这3种声音文件。MPEG音频文件的压缩是一种有损压缩,MPEG-3音频编码具有10∶1～12∶1的高压缩比,同时基本保持低音频部分不失真,但是牺牲了声音文件中12～16kHz高音频这部分的质量来换取文件的大小,相同长度的音乐文件,用MP3格式来储存,一般只有WAV文件的1/10,而音质要次于CD格式或WAV格式的声音文件。

由于MP3格式的数字音频音质好、文件的体积较小,所以它广泛应用于教学和日常生活中,既可用来表示长时间的背景音乐,也适合表示解说和效果声,还便于通过网络传播。

(5) RM文件格式

RM文件格式是Real Networks公司推出的网络流媒体文件。RM中的RA(Real Audio)、RMA(Real Media Audio)两种文件类型是面向音频方面的。

RM最显著的特点是可以在非常低的带宽下(低达28.8Kbps)提供足够好的音质让用户在线聆听。由于RM是从极差的网络环境下发展过来的,所以RM的音质较差,在高比特率的情况下它的音质甚至比MP3还要差。随着网络速度的提升和宽带网的普及,用户对质量的要求也不断提高,后来Real Networks与Sony公司合作,利用Sony的自适应声学转换编码(Adaptive TRansform Acoustic Coding,ATRAC)技术实现了高比特率的高保真压缩。

由于RM的用途是在线聆听,非常适合网络音频广播、网络语音教学、网上语音点播等。

(6) MIDI文件格式

乐器数字接口(Musical Instrument Digital Interface,MIDI)文件格式,扩展名为.MID,是世界上一些主要电子乐器制造商建立起来的通信标准,它记录的是一系列指令,把这些指令发送给声卡,由声卡按照指令将声音合成出来。

MIDI是目前最成熟的音乐格式,其科学性、兼容性、复杂程度等都非常优秀,已经成为一种产业标准。作为音乐工业的数据通信标准,MIDI能指挥各种音乐设备的运转,而且具有统一的标准格式,能够模仿原始乐器的各种演奏效果甚至无法演奏的效果,而且文件的长度非常小。

由于 MIDI 文件是一种电子乐器通用的音乐数据文件,只能模拟乐器的发声,因此在教学中,只能作为纯音乐使用,不能表示带人声的歌曲、解说或效果声。

(7) WMA 文件格式

WMA 文件格式,由微软公司推出,与 MP3 格式齐名。WMA 格式的音频音质与 MP3 相当,甚至略好,在保证音频品质的前提下,文件压缩率比 MP3 要高,一般可以达到 18∶1 左右,有"低流码之王"之称。WMA 文件格式受数字权限管理(Digital Rights Management,DRM)技术保护,可以限制播放时间和播放次数甚至播放的机器。另外 WMA 还支持音频流技术,适合在网络上在线播放。

由于 WMA 音质好、文件体积小、支持流技术等特点,所以它既适合表示长时间的背景音乐,也适合表示解说和效果声,还便于在网上传播。但是目前 WMA 格式的通用性和普及性不如 MP3 格式广泛,有部分软件不能直接插入 WMA 格式的音频文件,比如在 Flash 8 中就不能按普通方法直接导入和应用 WMA 格式的音频文件。

(8) APE 文件格式

APE 是目前流行的数字音乐文件格式之一。APE 是一种无损压缩音频技术,从音频 CD 上读取的音频数据文件压缩成 APE 格式后,还可以再将 APE 格式的文件还原,而还原后的音频文件与压缩前的一模一样,没有任何损失,而文件大小仅为 CD 文件的一半。由于它的数据量小、音质好,现在已受到越来越多人的喜爱。

### 2.1.2 音乐合成技术

音乐合成技术分为两类:一类是调频(FM)音乐合成技术,FM 是使高频振荡波的频率按调制信号规律变化的一种调制方式;另一类是波形表(Wavetable)音乐合成技术,对乐器发出的声音进行采样后,将数字音频信号存储在 ROM 芯片或硬盘中,进行合成时再将相应乐器的波形记录播放出来,即波形表音乐合成技术。

**1. MIDI 的基本概念**

在多媒体技术中,合成音乐或声响效果可以直接采用波形声音产生,但最常用的方法是采用电子乐器数字接口 MIDI,MIDI 泛指数字音乐的国际标准,它不像波形声音那样数字化,而是将电子乐器键盘的弹奏过程记录下来。采用 MIDI 最主要的优点是数据量小、声音配置方便、编辑修改便捷,不足之处是合成后输出的声音质量取决于 MIDI 硬件。

**2. MIDI 接口规范**

(1) MIDI 规范规定,每种 MIDI 装置由一个接收器和一个发送器组成。发送器生成符合 MIDI 格式的消息并向外发送,接收器接收 MIDI 格式的消息,并执行 MIDI 命令;MIDI 收发器可用一种通用的异步收发器互相连接。MIDI 键盘为 128 键,编号为 0～127。MIDI 消息可以描述每个音符的信息,包括对应的键号、按键的持续时间、音量和力度。

(2) MIDI 设备有 3 种端口。MIDI 输出口(MIDI OUT)、MIDI 输入口(MIDI IN)、MIDI 传送口(MIDI THRU)。MIDI OUT 是将乐器中的数据(MIDI 消息)向外发送;MIDI IN 接收从其他 MIDI 设备发来的数据;MIDI THRU 是将接收到的数据再传给另一个 MIDI 乐器或设备,可以说是若干个乐器连接的接口。

(3) MIDI 可为 16 个通道提供数据,每个通道访问一个独立的逻辑合成器。Microsoft 使用 1～10 通道做扩展合成器,13～16 通道做基本合成器。

**3. MIDI 在多媒体技术中的应用**

电视晚会的音乐编导可以用 MIDI 功能辅助音乐创作,或按照 MIDI 标准生成音乐数据传播媒介,或直接进行乐曲演奏。

利用 MIDI 技术将电子合成器、电子节奏机和其他电子音源与序列器连接在一起,即可演奏出气势雄伟、音色变化万千的音响效果,又可将演奏中的多种按键数据存储起来,极大地改善了音乐演奏的能力和条件。

### 2.1.3　数字音频的获取方法

数字音频的获取途径很多,可以通过以下途径获取。

购买数字音频光盘、音频资源素材库;通过网络下载音频资源;从现有音频素材中截取音频片断;通过录制的方法获得所需的音频资源。

通过网络下载所需要的数字音频资源时,通常面临两种情形:一种是提供了下载链接,另一种是未提供下载链接。在提供了下载链接的情况下,可以直接单击音频下载链接下载所需的音频资源;在未提供下载链接的情况下,通常使用专门的下载工具,如迅雷、FlashGet 等软件来下载所需的音频资源。

## 2.2　图形图像信息

图形图像是重要的多媒体数据,人们获取的信息有 70%来自视觉系统。在多媒体数据中,图像提供的信息量最多,是多媒体作品中最重要的信息表现形式之一,是决定多媒体作品视觉效果的关键因素。

### 2.2.1　图形图像信息基础

**1. 图像的类型**

计算机接受的数字图像有位图图像和矢量图形两种。通常,人们把位图图像称为图像,而把矢量图形称为图形。

(1) 位图图像

位图图像是由许多点构成的,这些点称为像素。当许许多多不同颜色的点组合在一起便构成了一幅完整的图像,像素是构成位图的最小单位,位图的大小与精致与否取决于组成这幅图像的像素数目的多少。由于像素的分布是沿水平和垂直两个方向矩阵式排列的,任何一个位图总是有一定数目的水平像素和垂直像素。

位图图像像素之间没有内在的联系,而且它们的分辨率是固定的,如果在屏幕上对它们进行缩放,或以低于创建时的分辨率来打印它们,将丢失其中的细节,并会出现锯齿状。图 2-1 是位图原始图,经过放大后的点阵图像如图 2-2 所示,很明显,放大后的点阵图像是由像素组成的。

图 2-1 位图原始图

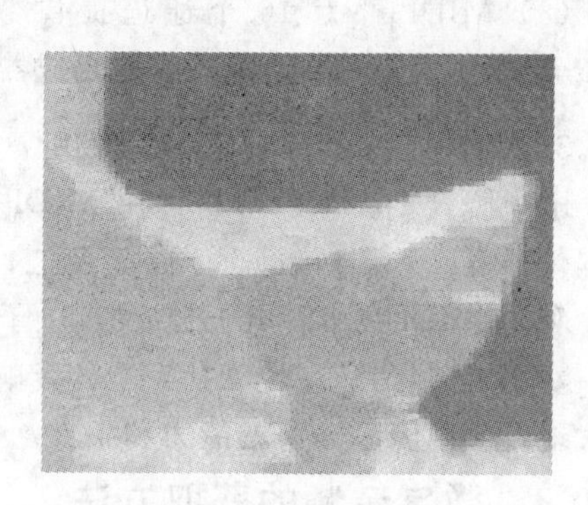
图 2-2 放大后的位图

(2) 矢量图形

矢量图形,也称为面向对象的图像或绘图图像,用一组指令集合来描述图形的内容,这些指令用来描述构成该图形的所有直线、圆、圆弧、矩形、曲线等图元的位置、维数和形状等。例如,要显示一个正弦波的图形,可以使用 $y=\sin x$ 来描述图形。

矢量文件中的图形元素称为对象,每个对象都是一个自成一体的实体,它具有颜色、形状、轮廓、大小和屏幕位置等属性。在计算机上显示一幅图时,首先需要使用专门的软件读取并解释这些指令,然后将它们转变成屏幕上显示的形状和颜色,最后通过使用实心的或者有等级深浅的单色或色彩填充一些区域而形成图形。由于大多数情况下不用对图像上的每一个点进行量化保存,所以需要的存储量很少,但显示时的计算时间较长。矢量图形最大的优点是文件小,放大或缩小时不会失真;缺点是不宜制作色彩变化太多的图像。

(3) 位图与矢量图的比较

位图与矢量图在特征、用途等方面各有不同,下面来比较位图与矢量图的特点,见表 2-1。

**表 2-1 位图与矢量图的比较**

| 比较内容 | 位图图像 | 矢量图形 |
|---|---|---|
| 特征 | 能较好地表现色彩浓度与层次 | 可展示清晰线条或文字 |
| 用途 | 照片或复杂图像 | 文字、商标等相对规则的图形 |
| 放大缩小的效果 | 易失真 | 不易失真 |
| 制作 3D 影像 | 不可以 | 可以 |
| 文件大小 | 较大 | 较小 |

**2. 图像的参数**

(1) 分辨率

分辨率是影响位图质量的重要因素,它有 3 种形式:显示分辨率、图像分辨率和像素分辨率。

① 显示分辨率。显示分辨率是指在屏幕的最大显示区域内水平方向与垂直方向的像素数。显示分辨率有最大显示分辨率和当前显示分辨率之分，最大显示分辨率是由物理参数，即显示器和显示卡（显示缓存）决定的；当前显示分辨率是由当前设置的参数决定的。屏幕可以显示的像素个数越多，图像就越清晰逼真。

② 图像分辨率。图像分辨率指数字图像的尺寸，即该图像的水平方向和垂直方向上的像素个数，它用每英寸像素数（Dot Per Inch，DPI）表示。例如一幅图像的分辨率为 320×240，则表示该幅图像由 240 行，每行 320 个像素组成。对同样大小的一幅原图，如果数字化时图像分辨率越高则组成该图的像素数目越多，看起来就越清晰逼真。图像分辨率在图像输入输出时起作用，它决定图像的点阵数，而且，不同的分辨率会得到不同的图像清晰度。

按照不同的图像分辨率来扫描图像，可以看出图像分辨率与显示分辨率的关系和不同。如果图像的像素点数大于显示分辨率的像素点数，则该图像在显示器上只能显示出图像的一部分，只有当图像大小与显示分辨率相同时，一幅图像才能充满整个屏幕。

③ 像素分辨率。像素分辨率指一个像素粒子的长和宽的比例，也称为像素的长宽比。在像素分辨率不同的机器间传输同一幅图像时将产生图像变形，这时需做比例调整。

(2) 像素深度

像素深度，也称颜色深度。点阵图像中各像素的颜色信息是用若干二进制数据来描述的，二进制的位数就是点阵的颜色深度，屏幕上的每一个像素都要在内存中占有一个或多个位，以存放与它相关的颜色信息。位深度决定了点阵图中出现的最大颜色数，常用的图像深度有 5 种，分别为 1 位、4 位、8 位、16 位和 24 位，见表 2-2。

**表 2-2　颜色深度与显示的颜色数目**

| 颜色深度 | 颜 色 总 数 | 图 像 名 称 |
|---|---|---|
| 1 | $2(2^1)$ | 单色图像（黑白二值） |
| 4 | $16(2^4)$ | 索引 16 色图像 |
| 8 | $256(2^8)$ | 索引 256 色图像 |
| 16 | $65536(2^{16})$ | HI-Color 图像（实际只显示 32768 种颜色） |
| 24 | $16777216(2^{24})$ | True Color 图像（真彩色） |

**3. 图像的数字化**

图像在计算机中的存储就是把图像中像素点的信息用二进制代码形式保存。日常所见的图像是连续的，客观世界在空间上是三维的，但一般人们见到的平面图像是二维的，人们把一幅图像用 $f(x,y)$ 函数表示，其中 $x$、$y$ 表示图像上二维空间的一个坐标点的位置，$f$ 则表示图像中这一点能描述图像的某种特征或性质的函数值。

(1) 采样

采样是在时间和空间上把连续的图像转换成为离散的采样点（即像素集）的一个采集过程。由于图像是二维分布的信息，为完成采样需要将二维信号变成一维信号，再对一维信号完成采样。

(2) 量化

经过采样，模拟图像在时间和空间上离散化为像素，但采样结果所得的像素值仍然是连续量，把采样后所得的连续量表示的像素离散化为整数值的操作叫量化。图像量化实际就是将图像采样后的样本值的范围分为有限多个区域，把落入某区域中的所有样本值用同一值表示，使用有限级的离散数值来代替无限级的连续模拟量的一种映射操作。

(3) 编码

以上两种离散化结合在一起，叫做数字化，离散化的结果称为数字图像。

**4. 图像文件格式**

图像文件格式是记录和存储影像信息的格式。对数字图像进行存储、处理、传播，必须采用一定的图像格式，图像文件格式决定了应该在文件中存放何种类型的信息，文件如何与各种应用软件兼容，文件如何与其他文件交换数据，因此在存储图像文件时，选择格式十分重要。

(1) BMP 文件格式

位图 BMP 是现在最常用的表示方法，是 Windows 系统下的标准位图格式，具有多种分辨率，其结构简单，未经过压缩，一般图像文件会比较大，它最大的优点就是能被大多数软件“接受”，可称为通用格式。位图比较适合于具有复杂的颜色、灰度等级或形状变化的图像，如照片、绘图等。BMP 格式可简单分为黑白、16 色、256 色、真彩色几种，其中前 3 种有彩色映像，在存储时可使用行程长度编码(Run-length Encoding，RLE)进行压缩，既可节省磁盘空间，又不牺牲图像数据。

(2) GIF 文件格式

图形交换 GIF 格式是一种压缩的 8 位图像文件，这种格式的文件目前多用于网络传输，它可以指定透明的区域，使图像与背景很好地融为一体。GIF 图像文件格式最先使用在网络中，用于图形数据的在线传输，特别是应用在互联网的网页中，通过 GIF 提供的足够信息，使得许多不同的输入输出设备能方便地交换图像数据，GIF 主要是为数据流而设计的一种传输方式，而不只是作为文件的存储格式，它具有顺序的组织形式，正因为它是经过无损压缩的图像文件格式，所以大多用在网络传输上，速度要比传输其他图像文件格式快得多，其最大的缺点是最多只能处理 256 种色彩，故不能用于存储真彩色的图像文件。

(3) JPEG 文件格式

JPEG 是一种带压缩的文件格式，在压缩时文件有信息损失，是应用最广泛的图片格式之一，它采用一种特殊的有损压缩算法，将不易被人眼察觉的图像颜色删除，从而达到较大的压缩比，一般可达到 2∶1，甚至 40∶1。可以用不同的压缩比对 JPEG 格式的文件进行压缩，其压缩技术十分先进，对图像质量影响不大，因此可以用最少的磁盘空间得到较好的图像质量。由于它优异的性能，所以应用非常广泛，在 Internet 上，它更是主流图像格式。

(4) PSD 文件格式

PSD 是图像处理软件 Photoshop 的专用图像格式，图像文件一般比较大，其存取速度比其他格式快很多，功能也很强大，支持 Alpha 通道。

(5) PNG 文件格式

PNG 是一种新兴的网络图形格式，采用无损压缩的方式，与 JPEG 格式类似，网页中有很多图片都是这种格式，压缩比高于 GIF，支持图像透明，可以利用 Alpha 通道调节图像的透明度。Fireworks 的默认格式就是 PNG，其优点是支持高级别无损压缩，支持 Alpha 通道透明度，支持伽玛校正。缺点是较旧的浏览器和程序可能不支持 PNG 文件。

(6) PCX 文件格式

PCX 图像文件是由 ZSoft 公司在 20 世纪 80 年代初设计的，专用于存储该公司开发的 PC Paintbrush 绘图软件所生成的图像画面数据。PCX 是最早支持彩色图像的一种文件格式，最高可达 24 位彩色，PCX 采用行程编码方案来对数据进行压缩，占用磁盘空间较少，并具有压缩及全彩色的优点，目前 PCX 文件已成为 PC 上较为流行的图像文件，对存储绘图类型的图像合理而有效，例如，大面积非连续色调的图像，而对于扫描图像和视频图像，其压缩方式可能是低效率的。

(7) TIFF 文件格式

标记图像文件格式 TIFF 是图像文件格式中最复杂的一种，是由 Aldus 公司与微软公司共同开发设计的图像文件格式，它是一种多变的图像文件格式，图像格式的存放灵活多变。它的优点是独立于操作系统和文件系统，存储的图像质量高，但占用的存储空间也非常大，信息较多，有利于原稿阶调与色彩的复制。

(8) TGA 文件格式

TGA 格式是 Truevision 公司为 Targe 和 Vista 图像获取板设计的 TIPS 软件所使用的文件格式，Targe 和 Vista 图像获取板插在 PC 上得到了广泛的应用，因此，TGA 图像文件格式的应用也变得越来越广泛。目前各电视台节目制作时叠加的台标和栏目标花多是以 TGA 图片文件引入字幕机的。

### 2.2.2　数字图像的获取方法

可以通过以下几种途径获取多媒体作品中所需的数字图像：利用彩色扫描仪扫描、数码照相机拍摄和使用摄像机捕捉图像等硬件设备采集；利用软件从屏幕上抓取；从素材库中获取或从互联网上下载；利用图像编辑软件自行创建；购置存储在 CD-ROM 光盘上的数字化图像库等。

## 2.3　视频信息

### 2.3.1　电视技术基础

**1. 电视信号**

在我国电视广播开始于 1958 年 7 月 1 日，当时及以后的约 20 年间，播出的是黑白电视，采用的都是直播技术，也就是用一台或几台摄像机在演播室内将播音员或演出的节目即时地拍摄下来，使现场的活动画面转换成电信号，经导演切换后实时地选送出一路图像信号送往电视台，由发射台通过高处的发射天线以电磁波形式辐射四面八方，供用户家庭中的电视机接收。

20 世纪 70 年代有了磁带录像机，从而电视广播出现了录播方式，也就是可以先将各种节目录制下来，通过编辑加工等后期处理工艺，制作出完好的节目磁带，而后依照编排的节目顺序按时播出。录播方式的电视节目内容不受时间和空间的限制，目前电视台的大部分节目都是用录播方式播出的。

电视信号主要由图像信号（视频信号）和伴音信号（音频信号）两大部分组成。图像信号的频带为0～6MHz，伴音信号的频带一般为20～2000Hz。为了能进行远距离传送并避免两种信号的互相干扰，在发射台将图像信号和伴音信号分别采用调幅与调频方式调制在射频载波上，形成射频电视信号，从电视发射天线发射出去，供电视机接收。

常用术语包含如下。

(1) 扫描行数：通常指水平行的数目。扫描行数越多，电视清晰度越高。

(2) 同步：在传送电视节目的过程中，接收端和发送端按照相同的步调扫描像素时，才能重现完整的图像，这叫收发两端同步。

(3) 消隐：扫描逆程不传送图像信号，此时应使摄像管和显像管扫描电子束截止，不干扰图像；行扫描逆程加入行消隐信号，场扫描逆程加入场消隐信号。

(4) 光栅：当电子束受水平和垂直两个方向的综合控制而迅速扫描荧光屏时，即可出现由一行一行的亮线组成的矩形发光图案，通常称为光栅。

(5) 帧频：在电视信号中，将每秒钟传送的电视图像帧数（即电视图像的张数）定义为帧频。

(6) 场频：由于电视采用隔行扫描，即将一帧图像分成两次来传送，传一次就叫一场。场频是帧频的两倍。

(7) 白平衡：用彩色电视机收看黑白电视节目时，将色彩饱和度降低为零时要求不出现彩色，称为白平衡，否则就是白平衡失调。

(8) 分量信号：电视中使用亮度(Y)和色差($C_1/C_2$)表示彩色图像，用 $Y/C_1/C_2$ 表示的彩色视频信号称为分量信号。

(9) 扫描：传送电视图像时，将每幅图像分解成很多像素，按照一个一个像素，一行一行的方式顺序传送或接收称为扫描。扫描分为隔行扫描和逐行扫描，如图2-3所示。隔行扫描需要从上到下扫描两遍完成一幅图像显示，第一遍扫奇数行，称为奇数场；第二遍扫偶数行，称为偶数场，隔行扫描需要两场。当电视摄像管或显像管中的电子束沿水平方向从左到右、从上到下以均匀速度依照顺序一行紧跟一行地扫描显示图像时，称为逐行扫描。目前在广播电视系统中采用的是隔行扫描方式，而在计算机上采用逐行扫描方式。

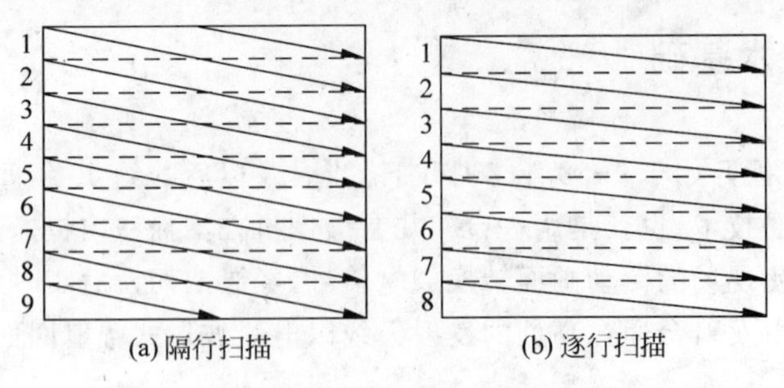


图 2-3 隔行扫描和逐行扫描

复合视频信号将色差信号在亮度信号之上进行编码，作为单个信号与亮度信号拥有相同的带宽。

分离电视信号 S-Video 是一种两分量的视频信号，其将亮度信号和色度信号分成两路独立的模拟信号，一条用于亮度信号，另一条用于色差信号，这两个信号称为 Y/C 信号。同复合视频信号相比，S-Video 可以更好地重现色彩，S-Video 使用 4 针连接器，通常称为 S 端子，如图 2-4 所示。

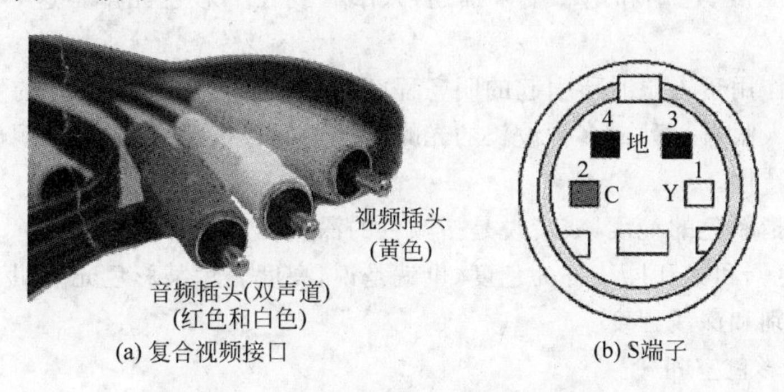


图 2-4　复合视频接口和 S 端子接口

**2. 电视制式**

实现电视的特定方式称为电视的制式。在黑白电视和彩色电视发展过程中，出现过许多不同的制式。目前各国的电视制式不尽相同，制式的区分主要在于其帧频、分辨率、信号带宽、载频和色彩空间的转换关系不同。世界上现行的彩色电视制式有 3 种：NTSC 制式、PAL 制式和 SECAM 制式。

NTSC 制式是 1952 年美国国家电视台标准委员会制定的彩色电视广播标准，它采用正交平衡调幅的技术方式，故也称为正交平衡调幅制。美国、加拿大等大部分西方国家以及日本、韩国、菲律宾、中国台湾地区均采用这种制式。

PAL 制式是西德在 1962 年制定的彩色电视广播标准，它采用逐行倒相正交平衡调幅的技术方法，克服了 NTSC 制式相位敏感造成彩色失真的缺点。德国、英国、澳大利亚、新加坡、中国内地和中国香港地区均采用这种制式。

SECAM 制式是法文的缩写，意为顺序传送彩色信号与存储恢复彩色信号制，是由法国在 1956 年提出，1966 年制定的一种新的彩色电视模式，它也克服了 NTSC 制式的相位失真的缺点，采用时间分隔法来传送两个色差信号。使用 SECAM 制式的主要是法国和东欧国家。

3 种彩色电视制式的主要技术指标见表 2-3。

**表 2-3　3 种彩色电视制式的主要技术指标**

| TV 制式 | NTSC | PAL | SECAM |
|---|---|---|---|
| 帧频/Hz | 30 | 25 | 25 |
| 行/帧 | 525 | 625 | 625 |
| 亮度带宽/MHz | 4.2 | 6.0 | 6.0 |
| 彩色幅载波/MHz | 3.58 | 4.43 | 4.25 |
| 声音载波/MHz | 4.5 | 6.5 | 6.5 |

NTSC、PAL 和 SECAM 都是兼容制式，这里的“兼容”与计算机的兼容含义不同，它一方面是指黑白电视机可接收彩色电视信号，显示的是黑白图像；另一方面是指彩色电视机能接收黑白电视信号，显示的也是黑白图像，这叫做逆兼容性。

### 2.3.2 彩色空间表示及其转换

**1. 彩色空间表示**

彩色可用亮度、色调和饱和度来描述，人眼看到任一彩色光都是这 3 个特性的综合效果。

亮度是光作用于人眼时所引起的明亮程度的感觉，它与被观察物体的发光强度有关。

色调是当人眼看一种或多种波长的光时所产生的彩色感觉，它反映颜色的种类，决定了颜色的基本特性。

饱和度是指颜色的纯度，或者说是指颜色的深浅程度。

通常，把色调和饱和度统称为色度，也就是说，亮度表示某彩色光的明亮程度，而色度表示颜色的类别和深浅程度。

(1) RGB 彩色空间

根据色度学原理，自然界的各种颜色光都可由红(R)、绿(G)、蓝(B)3 种颜色的光按照不同的比例混合而成，同样，自然界的各种颜色光都可分解成红、绿、蓝 3 种颜色光，所以将红、绿、蓝 3 种颜色称为三基色。数字图像也是如此，由于计算机彩色监视器的输入需要红、绿、蓝 3 个彩色分量，通过 R、G、B 这 3 个分量的不同比例的组合，在显示器屏幕上可以获得任意的颜色，几乎所有的彩色成像设备和彩色显示设备都采用 RGB 三基色，不仅如此，数字图像文件的常用存储形式也以 RGB 三基色为主，由 RGB 三基色为坐标形成的空间称为 RGB 彩色空间。

从上面的介绍可知，彩色数字图像可以由 RGB 彩色空间表示，彩色空间是用来表示彩色的数学模型，又被称为彩色模型。RGB 彩色空间是最常用的一种彩色空间，在多媒体系统中不管采用什么形式的彩色空间表示，最后要求输出的都是 RGB 彩色空间表示。

在 RGB 彩色空间，任意彩色光 $F$ 的配色方程可以如下表达：

$$F = r[\mathrm{R}](\text{红色百分比}) + g[\mathrm{G}](\text{绿色百分比}) + b[\mathrm{B}](\text{蓝色百分比})$$

其中，$r[\mathrm{R}]$、$g[\mathrm{G}]$、$b[\mathrm{B}]$为彩色光 F 的三基色分量或百分比。

(2) CMY 彩色空间

油墨或颜料的三基色是青(Cyan)、品红(Magenta)和黄(Yellow)，简称为 CMY。理论上说，任何一种由颜料表现的色彩都可以用这 3 种基色按不同的比例混合而成，这种色彩表示方法称 CMY 彩色空间表示法。

自然界物体颜色光的形成方式将物体划分为发光物体和不发光物体两类，发光物体称为有源物体，不发光物体称为无源物体。有源物体是自身发出光波的物体，其颜色由物体发出的光波决定，因此采用 RGB 三基色相加模型和 RGB 彩色空间描述，如彩色电视、彩色显示器等都属于有源物体。

无源物体是不发出光波的物体，其颜色由该物体吸收或反射的光波决定，因此采用 CMY 三基色相减模型和 CMY 彩色空间描述。例如，在彩色印刷和彩色打印时，纸张是不能发射光线而只能反射光线的，因此，彩色印刷机和彩色打印机只能通过一些能够吸收特定光波和反射其他光波的油墨与颜料以及它们不同比例的混合来印出千变万化的颜色。彩色打印机和彩色印刷系统都采用 CMY 色彩空间。

(3) YUV 和 YIQ 彩色空间

在现代彩色电视系统中，通常采用三管彩色摄像机或彩色电荷耦合器件(Charge Coupled Device,CCD)摄像机，它把摄得的彩色图像信号，经分色棱镜分成 R、G、B 3 个分量的信号，分别经放大和 γ 校正得到 RGB 信号，再经过矩阵变换电路得到亮度信号 Y 和色差信号 R-Y、B-Y，最后发送端将 Y、R-Y 及 B-Y 3 个信号进行编码，用同一信道经过高频功率放大，再通过天线发送出去。这种信号就是常用的 YUV 彩色空间，采用 YUV 彩色空间的好处如下。

① 亮度信号 Y 解决了彩色电视机与黑白电视机的兼容问题。

② 大量实验表明，人眼对彩色图像细节的分辨本领比对黑白的低得多，因此对色度信号 U、V，可以采用“大面积着色原理”。用亮度信号 Y 传送细节，用色差信号 UV 进行大面积涂色。因此彩色图像的清晰度由亮度信号的带宽保证(PAL 制式亮度信号 Y 的带宽采用 4.43MHz)，而把色度信号的带宽变窄(PAL 制式色度信号带宽限制在 1.3MHz)。

正是由于这个原因，在多媒体计算机中采用了 YUV 彩色空间，数字化后通常为 Y∶U∶V＝8∶4∶4 或者是 Y∶U∶V＝8∶2∶2，后者具体的做法是把亮度信号 Y 的每个像素都数字化为 8b(256 级亮度)，而 U、V 色差信号每 4 个像素用一个 8b 数据表示，即粒度变大。将一个像素用 24b 表示压缩为用 12b 表示，而人的眼睛却感觉不出来。

美国、日本等国采用的 NTSC 制，选用了 YIQ 彩色空间，Y 仍为亮度信号，I、Q 仍为色差信号，但它们与 U、V 是不同的，其区别是色度矢量图中的位置不同，如图 2-5 所示，Q、I 为互相正交的坐标轴，它与 U、V 正交轴之间有 33°夹角。

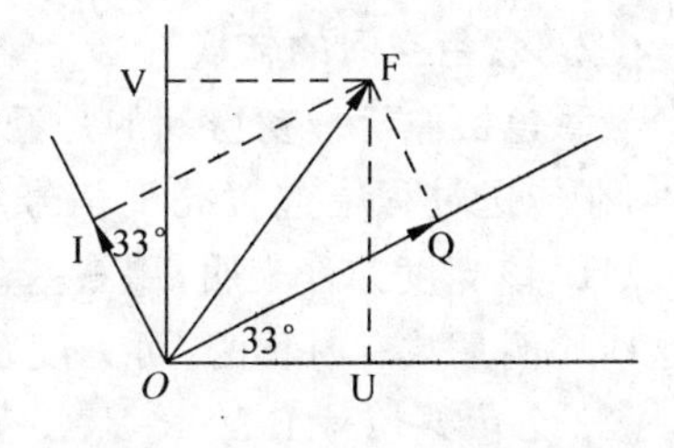


图 2-5　IQ 轴与 UV 轴的关系

由图 2-5 可知 I、Q 与 V、U 之间的关系可以表示成：

$$I = V\cos 33^\circ - U\sin 33^\circ$$

$$Q = V\sin 33^\circ + U\cos 33^\circ$$

选择 YIQ 彩色空间的好处是，人眼的彩色视觉特性表明，人眼分辨红、黄之间颜色变化的能力最强，而分辨蓝与紫之间颜色变化的能力最弱。在色度矢量图中，人眼对于处在红、黄之间，相角为 123°的橙色及其相反方向相角为 303°的青色，具有最大的彩色分辨力，因此把通过 123°～303°线即 IO 线的色度信号称为 I 轴，它表示人眼最敏感的色轴。与 I 正交的色度信号轴称为 Q 轴，表示人眼最不敏感的色轴。在传送分辨力弱的 Q 信号时，可用较窄的频带，而传送分辨力较强的 I 信号时，可用较宽的频带。在 NTSC 制中，I 的带宽取 1.3～1.5MHz 和 PAL 制的 U、V 带宽差不多，而 Q 的传送带宽只是 0.5MHz，仅是 I 带宽的 1/3。

(4) HSI 彩色空间

HSI 彩色空间是从人的视觉系统出发，用色调(Hue)、饱和度(Saturation)和亮度(Intensity 或 Brightness)来描述色彩，是从人类的色视觉机理出发提出的。

色调表示颜色，颜色与彩色光的波长有关，将颜色按红、橙、黄、绿、青、蓝、紫顺序排列定义色调值，并且用角度值(0°～360°)来表示，它类似一个颜色轮，颜色沿着圆周进行规律性的变化。

饱和度表示颜色的纯度，也就是彩色光中掺杂白光的程度。白光越多饱和度越低，白光越少饱和度越高且颜色越纯。饱和度的取值采用百分数(0～100%)，0 表示灰色光或白光，100%表示纯色光。

强度表示人眼感受到彩色光的颜色的强弱程度，它与彩色光的能量大小或彩色光的亮度有关，因此有时也用亮度 Brightness 来表示。

通常把色调与饱和度统称为色度，用来表示颜色的类别与深浅程度。人类的视觉系统对亮度的敏感程度远强于对颜色浓淡的敏感程度，对比 RGB 彩色空间，人类视觉系统的这种特性采用 HSI 彩色空间来解释更为适合。

HSI 彩色描述对人类来说是自然的、直观的，符合人的视觉特性，HSI 模型对于开发基于彩色描述的图像处理方法也是一个较为理想的工具。例如，在 HSI 彩色空间中，可以通过算法直接对色调、饱和度和亮度独立地进行操作。采用 HSI 彩色空间有时可以减少彩色图像处理的复杂性，提高处理的快速性，同时更接近人对彩色的认识和解释。

彩色空间表示还有很多种，如国际发光照明委员会(International Commission on Illumination，CIE)制定的 CIE XYZ，CIE LAB 彩色空间，国际无线电咨询委员会(Consultative Committee International Radio，CCIR)制定的 CCIR601-2$YC_bC_r$ 彩色空间。

**2. 彩色空间的转换**

彩色摄像机最初得到的是经过 $\gamma$ 校正的 RGB 信号，为了和黑白电视机兼容及压缩编码，在传送过程中包含亮度信号和色差信号，亮度方程简化如下：$Y=0.30R+0.59G+0.11B$，该亮度方程表明，用三基色显示彩色时，各基色组成亮度 Y 的比例关系是恒定的。这些比例系数有时称为"可见度系数"，它们的和为 1。

3 个色差信号 B-Y、R-Y、G-Y 中有两个是独立的，最后一个可用亮度方程和两个色差信号通过运算得到，表达式如下。

$$B-Y=B-(0.30R+0.59G+0.11B)=-0.3R-0.59G+0.89B$$

$$R-Y=R-(0.30R+0.59G+0.11B)=0.7R-0.59G-0.11B$$

$$Y=0.30R+0.59G+0.11B$$

为了达到彩色与黑白兼容，要求传输的动态范围满足亮度信号的要求，如果按上述方法传输彩色全电视信号，会造成幅度失真，为此必须对彩色信号进行压缩，压缩方法是让色差信号乘以一个小于 1 的压缩系数。

$$U=m(B-Y)=0.493(B-Y)$$

$$V=n(R-Y)=0.877(R-Y)$$

代入之前的表达式，YUV 与 RGB 之间的关系表达式如下。

$$Y=0.30R+0.59G+0.11B$$

$$U=-0.15R-0.29G+0.44B$$

$$V=0.61R-0.52G-0.096B$$

YIQ 彩色空间和 RGB 彩色空间的转换方法是将 $V=0.877(R-Y)$、$U=0.493(B-Y)$

代入方程组 $\begin{cases} I = V\cos 33^\circ - U\sin 33^\circ \\ Q = V\sin 33^\circ + U\cos 33^\circ \end{cases}$，其中 $\sin 33^\circ = 0.545$，$\cos 33^\circ = 0.893$。

YIQ 与 RGB 之间的关系表达式如下。

$$Y = 0.30R + 0.59G + 0.11R$$
$$I = 0.60R - 0.28G - 0.32B$$
$$Q = 0.21R - 0.52G + 0.31B$$

### 2.3.3　视频信息基础

视频可以由文本、图形、图像、声音和动画中的一种或多种组合而成，因此在多媒体作品中占有非常重要的地位，视频能大大提高多媒体作品的形象性和直观性。

**1. 视频的概念**

视频与动画一样，由连续的画面组成，每一幅单独的图像就是视频的一帧。当连续的图像按照一定的速度播放时，如 25 帧/秒或 30 帧/秒，由于人眼的视觉暂留现象，就会产生连续的动态画面效果，就是所谓的视频。多媒体素材中的视频是指数字化的活动图像。

**2. 视频的数字化**

视频数字化仪在多媒体计算机中应用最多，它可以把彩色的全电视信号数字化后，存储在帧存储器中，提供给多媒体计算机使用。

视频数字化的关键技术是把连续的视频信号变成离散的视频信号，离散后的视频信号即为数字化信号，一般经过 3 个步骤。

(1) 采样

一幅图像在二维方向上分成 $M \cdot N$ 网格，每个网格用一个亮度值来表示该区域亮度，这样一幅图像就离散化为用 $M \cdot N$ 个亮度值表示。这个过程称为图像的采样，其中 $M \cdot N$ 称为采样的分辨率，网格的亮度值即为采样值。

采样一般有两种方法：一种是一维采样，另一种是二维采样。一维采样用扫描方式把二维图像转化为一维随时间变化的信号。一幅图像，用若干距离相等的行来表示，然后逐行扫描，把图像分成若干行的过程，实际上已经对垂直方向进行了采样，这样得到的随时间变化的一维行扫描信号，已经采样实现图像数字化。

二维采样是固体摄像器件中通常采用的方法，它的基本原理是把光电转换和采样功能相结合。固体摄像器件由 $M \cdot N$ 个光敏元件构成，每个光敏元件对应一个采样点，$M \cdot N$ 个光敏元件构成 $M \cdot N$ 个采样点，用时钟脉冲按类似于扫描方法的顺序，逐个地从光敏元件取出采样的模拟信号。

(2) 量化

量化是把连续的亮度值分成 $k$ 个区间，每个区间上对应着一个亮度 I，即第 1 个区间对应 $I_1$，第 2 个区间对应 $I_2$，以此类推，第 $k$ 个区间对应 $I_k$。而在区间中 $i$ 的任何亮度值都以亮度值 $I_i$ 表示，共有 $k$ 个不同的亮度值。

量化可划分为均匀量化和非均匀量化。均匀量化易实现，非均匀量化实现较困难，但可以得到质量较好的图像。

(3) 编码

实现上述量化的过程一般采用脉冲编码调制 PCM 量化器来实现。PCM 量化器是均匀量化,非均匀量化一方面可利用 PCM 量化的结果,根据信号特性处理为非均匀量化的数据;另一方面也可以利用专门的非均匀量化器来实现。

**3. 视频文件的存储格式**

视频文件种类很多,主要有以下几种。

(1) AVI 文件格式

AVI 是一种 RIFF(Resource Interchange File Format)文件格式,把视频和音频编码混合在一起储存,多用于音视频捕捉、编辑、回放等应用程序中。通常情况下,一个 AVI 文件可以包含多个不同类型的媒体流(典型的情况下有一个音频流和一个视频流),不过含有单一音频流或单一视频流的 AVI 文件也是可以的。AVI 可以算是 Windows 操作系统上最基本的也是最常用的一种媒体文件格式,兼容性比较好,图像质量好,但文件所占空间比较大。

(2) RMVB 文件格式

RMVB 的前身为 RM 格式,它们是 Real Networks 公司所制定的音频视频压缩规范,根据不同的网络传输速率,制定出不同的压缩比,从而实现在低速率的网络上进行影像数据实时传送和播放,优点是体积小,画面质量较好。

(3) MOV 文件格式

MOV 文件是 Apple 公司为在 Macintosh 微机上应用视频而推出的文件格式,同时,Apple 公司也推出了为 MOV 视频文件格式应用而设计的 QuickTime 软件。MOV 文件应用范围广泛,具有跨平台、存储空间小的优点,已成为数字媒体软件技术领域的工业标准。

(4) MPG 文件格式

MPG 格式是将 MPEG 算法用于压缩全运动视频图像而形成的活动视频标准文件格式。MPEG 采用有损压缩方法减少运动图像的冗余信息,从而达到高压缩比的目的,同时图像和音频的质量也很好。现在市场上销售的 VCD、SVCD、DVD 都采用 MPEG 技术,几乎所有的计算机平台都支持 MPEG 格式。

(5) MKV 文件格式

MKV 是 Matroska 的一种媒体文件,Matroska 是一种新的多媒体封装格式,也称为多媒体容器(Multimedia Container),它可将多种不同编码的视频及 16 条以上不同格式的音频和不同语言的字幕流封装到一个 Matroska Media 文件中。MKV 最大的特点就是能容纳多种不同类型编码的视频、音频及字幕流。

(6) WMV 文件格式

WMV 是微软推出的一种流媒体格式,在同等视频质量下,WMV 格式的体积非常小,因此很适合在网上播放和传输。

(7) ASF 文件格式

ASF 格式是 Microsoft 公司为 Windows 98 所开发的串流多媒体文件格式,是一种包含音频、视频、图像以及控制命令脚本的数据格式,它的最大优点是体积小,适合网络传输。

### 2.3.4 视频的获取方法

多媒体计算机中常用的视频信息可通过 3 种途径获得：利用计算机产生彩色图形、静态图像和动态图像；利用彩色扫描仪扫描输入彩色图形和静态图像；利用视频信号数字化仪将彩色全电视信号经数字化处理后，输入到多媒体计算机中，获得静态和动态图像。

## 2.4 动画信息

动画也是重要的多媒体数据之一，动画表现力丰富，在网页制作、影视广告、多媒体教学等领域中，往往需要利用动画来模拟事物的变化过程、说明科学原理。在许多领域中，利用计算机动画来表现事物甚至比电影的效果更好，最容易给作品"添色"。

### 2.4.1 动画信息基础

**1. 动画的基本概念**

医学已证明，人类具有"视觉暂留"的特性，就是说人的眼睛看到一幅画或一个物体后，在 1/24 秒内不会消失。因此，动画之所以成为可能，是因为人类的眼睛具有这种"视觉暂留"的特性，当一场景从人眼中消失后，该场景在视网膜上不会立即消失，而是要保留一段时间。

动画是通过连续播放一系列画面，给视觉造成连续变化的图画。利用这一原理，在一幅画还没有消失前播放下一幅画，就会给人造成一种流畅的视觉变化效果。如果以每秒低于 24 幅画面的速度拍摄播放，就会出现停顿现象，根据人眼的这一特点，如果快速播放一系列相关的静止画面，就可以看到没有闪烁的活动画面了。

**2. 动画的分类**

按技术形式分类，可以把动画分为平面动画、立体动画和计算机动画；按传播途径分类，可以把动画分为影院剧场版动画、电视动画、网络动画和新兴媒体。这里主要介绍计算机动画。

计算机动画根据反映的空间范围，可分为二维动画和三维动画；根据播放时画面的生成途径，可分为造型动画和帧动画。

二维动画是由绘图软件形成的动画，只能产生平面效果；三维动画是利用计算机辅助设计技术创建的具有空间效果的物体形成的动画。

造型动画是对每一个活动的对象分别进行设计，并构造每一对象的特征，然后用这些对象组成完整的画面；帧动画是由一幅幅连续的画面组成的画像或图形序列，这是产生各种动画的基本方法。

**3. 动画的文件格式**

动画是以文件形式保存的，比较常见的文件格式有以下几种。

(1) GIF 文件格式

GIF 的原意是"图像互换格式"，是 CompuServe 公司在 1987 年开发的图像文件格式，是常见的二维动画格式文件，是一种基于 LZW 算法的连续色调的无损压缩格式。目前几乎所有相关软件都支持它，公共领域有大量的软件在使用 GIF 图像文件。

(2) FLC 文件格式

FLC 文件是 Autodesk 公司在出品的 2D、3D 动画制作软件中采用的动画文件格式。其中 FLI 是最初基于 320×200 分辨率的动画文件格式，而 FLC 则是 FLI 的扩展，采用了更高效的数据压缩技术，其分辨率也不再局限于 320×200。该文件格式广泛用于动画图形中的动画序列、计算机辅助设计和计算机游戏应用程序。

(3) SWF 文件格式

SWF 是 Macromedia 公司(现已被 Adobe 公司收购)的产品 Flash 的矢量动画格式，它采用曲线方程描述其内容，不是由点阵组成内容，因此这种格式的动画在缩放时不会失真，被广泛应用于网页设计和动画制作等领域。SWF 文件通常也被称为 Flash 文件，SWF 可以用 Adobe Flash Player 打开，浏览器必须安装 Adobe Flash Player 插件。

### 2.4.2 动画的获取方法

可以通过多种途径获取多媒体作品中所需的动画，根据动画的类型和来源不同，动画获取的方法也不同。常用的获取方法有自行制作、网络下载和从动画库获取等。

**1. 自行制作**

可以利用专门的动画制作软件制作所需要的动画，如 Flash 等。自行制作动画虽然麻烦，但更符合作品需求。

**2. 网络下载**

网络是获取动画素材的重要途径之一。网页中的动画一般以 GIF 和 SWF 格式为主。

**3. 从动画库获取**

除了自行制作和网络下载外，还可以直接从现有的动画库中获取所需要的动画素材。动画库里的素材种类多、内容新，基本能满足作品的要求。

## 2.5 本章小结

在多媒体技术中，音频、图形图像、视频和动画的获取及处理占有举足轻重的地位，这些都是多媒体应用的技术核心。

本章介绍了多媒体中的音频、图形图像、视频和动画的基本概念、各自的类型、相应的文件格式和获取方法。

模拟音频技术中以模拟电压的幅度表示声音强弱，模拟音频在时间上是连续的。在计算机内，所有的信息均以数字表示，各种命令是不同的数字，各种幅度的物理量也是不同的数字。数字音频的特点是保真度好，动态范围大，数字音频在时间上是断续的。把模拟音频信号转换成数字音频信号的过程称为音频的数字化，或称为模/数(A/D)变换。音频的数字化处理技术中，涉及音频的采样、量化和编码。数字音频的文件格式有 WAV、MP3、APE 和 CD 等。获取数字音频的途径很多，可以通过以下途径获取：购买数字音频光盘、音频资源素材库；通过网络下载音频资源；从现有音频素材中截取音频片断；通过录制的方法获得所需的音频资源。

计算机接收的数字图像有位图图像和矢量图形两种，位图与矢量图在特征、用途等方面各有不同。图像的数字化经过采样、量化和编码。图像的文件格式有 BMP、JPEG、TIFF 等。可以通过以下几种途径获取多媒体作品中所需的数字图像：利用彩色扫描仪扫描、数码照相机拍摄和使用摄像机捕捉图像等硬件设备采集；利用软件从屏幕上抓取；从素材库中获取或从互联网上下载；利用图像编辑软件自行创建；购置存储在 CD-ROM 光盘上的数字化图像库等。

视频与动画一样，由连续的画面组成，每一幅单独的图像就是视频的一帧。当连续的图像按照一定的速度播放时，如 25 帧/秒或 30 帧/秒，由于人眼的视觉暂留现象，就会产生连续的动态画面效果。视频数字化的关键技术是把连续的视频信号变成离散的信号，离散后的信号即为数字化信号，一般经过采样、量化和编码 3 个步骤。视频文件种类很多，如 AVI、RMVB、MKV 等。多媒体计算机中常用的视频信息可通过 3 种途径获得：利用计算机产生彩色图形、静态图像和动态图像；利用彩色扫描仪，扫描输入彩色图形和静态图像；利用视频信号数字化仪，将彩色全电视信号经数字化处理后，输入多媒体计算机中，获得静态和动态图像。

动画是通过连续播放一系列画面，给视觉造成连续变化的图画，利用这一原理，在一幅画还没有消失前播放出下一幅画，就会给人造成一种流畅的视觉变化效果。计算机动画根据反映的空间范围，可分为二维动画和三维动画；根据播放时画面的生成途径，可分为造型动画和帧动画。动画是以文件形式保存的，比较常见的文件格式有 GIF、SWF、FLC 等。可以通过多种途径获取多媒体作品中所需的动画，常用的获取方法有自行制作、网络下载和动画库获取等。

## 2.6　练习题

1. 数字音频采样和量化过程所用的主要硬件是(　　)。

　A. 数字编码器

　B. 数字解码器

　C. 模拟到数字的转换器(A/D 转换器)

　D. 数字到模拟的转换器(D/A 转换器)

2. 两分钟双声道，16 位量化位数，22.05kHz 采样频率声音的不压缩的数据量是(　　)。

　A. 5.05MB　　B. 10.58MB　　C. 10.35MB　　D. 10.09MB

3. 国际上常用的视频制式有(　　)。

(1) PAL 制　(2) NTSC 制　(3) SECAM 制　(4) MPEG

　A. (1)　　B. (1)(2)　　C. (1)(2)(3)　　D. 全部

4. MIDI 的音乐合成器有(　　)。

(1) FM　(2) 波表　(3) 复音　(4) 音轨

　A. 仅(1)　　B. (1)(2)　　C. (1)(2)(3)　　D. 全部

5. 下列采集的波形声音质量最好的是(　　)。
   A. 单声道、8 位量化、22.05kHz 采样频率
   B. 双声道、8 位量化、44.1kHz 采样频率
   C. 单声道、16 位量化、22.05kHz 采样频率
   D. 双声道、16 位量化、44.1kHz 采样频率
6. 简要描述 YUV 彩色空间表示的原理及特点。
7. 什么是 A/D 变换和 D/A 变换？音频信号是如何实现变换的？
8. 具体描述图像的彩色空间表示及其相互转换。

# 第3章

# 多媒体数据压缩技术

**学习目标：**

(1) 了解：音频数据压缩编码标准和图像、视频压缩编码标准。

(2) 理解：多媒体数据压缩编码的必要性和分类。

(3) 掌握：压缩方法的分类、常用数据压缩方法的基本原理。

多媒体数据具有海量性特征，如果不对它们进行压缩，计算机系统难以对它们进行存储和处理。本章将介绍数据压缩方法和压缩标准。

## 3.1 多媒体数据压缩的概述

### 3.1.1 多媒体数据压缩的必要性

多媒体信息包括文本、声音、图形、图像、动画和视频等多种媒体信息，经过数字化处理后其数据量非常大，下面列举几个未经过压缩的数字化信息的例子。

(1) 声音

1分钟立体声音乐采样频率为44.1kHz，16位量化位数的数据量为44.1×1000×16×2×60/8=10.09MB，那么存储一首4分钟的歌曲约需40MB。

(2) 图像

一张分辨率为1024×768，颜色深度为24的图像所占的存储空间是1024×768×24/8=2.25MB。

(3) 视频

国际无线电咨询委员会(International Consultative Committee for Radio，ICCR)格式、PAL制式、4∶4∶4采样，每帧数据量为720×576×3=1.19MB。1秒钟(25帧/秒)的视频数据量为25×1.19MB=29.75 MB，那么1张650MB的CD-ROM光盘只能存储约650/29.75=21.85秒的视频。

从以上列举的数据可以看出多媒体数据的海量性，这为数据的存储、信息的传输以及计算机的运行速度都带来了巨大的压力，为了达到令人满意的图像、视频画面质量和听觉效果，必须解决音频、图像、视频数据的大容量存储和实时传输问题。因此，使用数据压缩技术减少信息的数据量，将信息以压缩的形式进行存储和传输，既节省存储空间又能提高传输速度。

### 3.1.2 多媒体数据压缩的可能性

多媒体数据中的数据量并不完全等于它们所携带的信息量，多媒体信息数字化后存在着大量的冗余信息，冗余是指信息存在的各种性质的多余度。减少数据冗余可以节省存储空间，有效利用网络带宽。数据的冗余主要包括以下内容。

#### 1. 空间冗余

空间冗余是图像中存在的最主要的数据冗余。在同一幅图像中，规则物体和规则背景表面的采样点的颜色往往具有空间连贯性，这些具有空间连贯性的采样点在数字化后表现为空间数据冗余。例如，图像中的一块颜色相同的区域中所有像素点的色彩、光强和饱和度都是相同的，这时数据就存在较大的空间冗余。

#### 2. 时间冗余

时间冗余是音频和视频数据经常包含的冗余。时间冗余反映在视频图像序列中，相邻图像之间有较大的相关性，后一帧的数据与前一帧的数据有许多共同之处，这种共同之处是由于相邻帧记录了相邻时刻的同一场景画面，所以称为时间冗余。

#### 3. 信息熵冗余

信息熵冗余也称编码冗余，如果图像中平均每个像素使用的比特数大于该图像的信息熵，则图像中存在冗余，这种冗余就称为信息熵冗余。

#### 4. 视觉冗余

由于受生理特性的限制，人类的视觉系统对图像场的敏感性是非均匀和非线性的，人眼并不能察觉图像场的所有变化。但在记录原始的图像数据时，通常假定视觉系统是线性和均匀的，对视觉敏感和不敏感的部分同等对待，从而产生了比理想编码更多的数据，这就是视觉冗余。例如，人类视觉系统一般分辨能力约为 $2^6$ 灰度等级，而一般图像的量化采用的是 $2^8$ 灰度等级，即存在着视觉冗余。

#### 5. 听觉冗余

人耳对不同频率的声音的敏感性是不同的，不能察觉所有频率的变化，对某些频率不必特别关注，因此存在听觉冗余。

#### 6. 结构冗余

结构冗余是指图像在部分结构上的类似性所产生的冗余，如图像中存在很强的纹理结构或自相似性，称为结构冗余。当一幅图像有很强的结构特性，纹理和影像色调等与物体表面结构有一定的规则时，其结构冗余很大。例如，方格状的地板图案等。

#### 7. 知识冗余

知识冗余指对图像的理解与某些先验知识有相当大的相关性。例如，人脸的图像有固定的结构，嘴的上方有鼻子，鼻子上方有眼睛，鼻子位于正脸图像的中线上；再比如，当接到一个成语的前 3 个字“大惊小”时，立刻就会知道下一个字肯定是“怪”。这种规律性的结构可由先验知识和基础知识得到，这类冗余称为知识冗余。在图像和声音中都存在这种冗余。

随着对人类视觉系统的进一步研究，人们可能会发现更多的冗余性，使得数据压缩编码的可能性越来越大，进而推动数据压缩技术的发展。

## 3.1.3　压缩方法分类

由于大量的多媒体数据存在数据冗余，因此可以采用某种算法对数据进行重新整理，以减小数据量而不损失其中的信息，达到数据压缩的目的，这些算法就是压缩方法，也叫编码方法。

多媒体数据冗余类型不同，就有不同的压缩方法。根据解码后数据质量有无损失，压缩方法可分为有损压缩和无损压缩两大类。在这个基础上，根据编码原理进行分类，可分为预测编码、变换编码、统计编码、PCM 编码和混合编码，如图 3-1 所示。

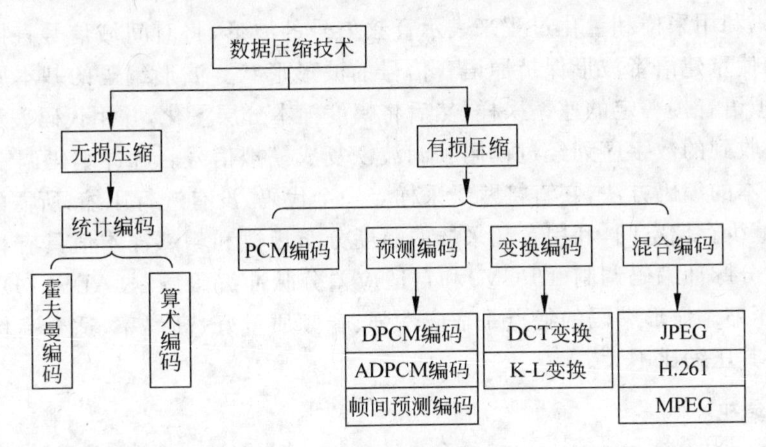


图 3-1　数据压缩方法分类

有损压缩方法压缩了熵，会减少信息量，因为熵定义为平均信息量，而损失的信息是不能再恢复的，因此这种压缩方法是不可逆的。有损压缩方法允许一定程度的失真，所以可用于对图像、声音和视频等数据的压缩。如采用混合编码的 JPEG 标准，它对自然景物的灰度图像，一般压缩比可达到几倍至十几倍，而对自然景物的彩色图像，压缩比可达到几十倍甚至上百倍。采用自适应差分脉冲编码调制（ADPCM）编码的声音数据，压缩比一般能达到(4∶1)～(8∶1)。压缩比最大的是视频数据，采用混合编码的 DVI 多媒体系统，压缩比通常能达到(50∶1)～(100∶1)。

无损压缩方法去掉或减少了数据中的冗余，但这些冗余值是可以重新插入到数据中的，因此它是可逆的过程。无损压缩方法由于不会产生失真，在多媒体技术中一般用于文本数据的压缩，它能保证百分之百地恢复原始数据。

## 3.1.4　压缩方法的衡量指标

衡量数据压缩方法的性能好坏有 3 个重要的指标：压缩比、实现压缩的算法、恢复效果。

第一个指标是压缩比，就是压缩过程中输入数据量和输出数据量之比，压缩比要大，即压缩前后所需要的信息存储量之比要大。

第二个指标是实现压缩的算法，压缩、解压缩速度要快，尽可能做到实时压缩和解压缩。尤其是对于动态视频的压缩和解压缩，速度是至关重要的。

第三个指标是恢复效果，这与压缩的类型有关。要考虑数据的恢复效果，恢复效果要好，要尽可能地恢复原始数据。

## 3.2 音频压缩编码的方法

音频信号的压缩方法有多种，无损压缩法包括不引入任何数据失真的各种熵编码；有损压缩法又可分为波形编码、参数编码和混合编码。

**1. 波形编码**

波形编码利用采样和量化过程来表示音频信号的波形，将时间域信号直接变换为数字代码，力图使重建语音波形保持原语音信号的波形形状。波形编码的基本原理是在时间轴上对模拟语音按一定的速率采样，然后将幅度样本分层量化，并用代码表示。解码是其逆过程，将收到的数字序列经过译码和滤波恢复成模拟信号。脉冲编码调制(PCM)是最简单、最基本的编码方法，它直接赋予采样点一个代码，没有进行压缩，所需的存储空间较大。为了减少存储空间，利用音频采样的幅度分布规律和相邻样本值具有相关性的特点，提出了差分脉冲编码调制(DPCM)和自适应差分脉冲编码调制(ADPCM)等算法，实现了数据的压缩。波形编码的特点是适应性强、音频质量好、高码率，适合高保真语音和音乐信号，但其压缩比不大。

**2. 参数编码**

参数编码又称为声源编码，是将音频信号表示成某种模型的输出，利用特征提取的方法抽取必要的模型参数和激励信号的信息，并对这些信息编码进行传输。解码为其逆过程，将收到的数字序列经变换恢复特征参量，再根据特征参量重建音频信号。参数编码是通过对音频信号特征参数的提取和编码，力图使重建音频信号保持原始音频的特性。常用的音频参数有线性预测系数、滤波器组、共振峰等。参数编码的特点是压缩比大、计算量也大、还原信号的质量较差、自然度低。

**3. 混合编码**

混合编码使用参数编码技术和波形编码技术，结合了这两种方法的优点，力图保持波形编码的高质量和参数编码的低速率。例如，多脉冲激励线性预测编码(MPLPC)、规划脉冲激励线性预测编码(KPELPC)和码本激励线性预测编码(CELP)等都属于混合编码技术。

## 3.3 图像和视频数据压缩方法

图像和视频数据压缩方法分成两种类型：有损压缩和无损压缩。典型的无损压缩编码有霍夫曼编码和算术编码，典型的有损压缩编码有预测编码和变换编码等。

### 3.3.1　预测编码

**1. 预测编码的基本原理**

预测编码是根据某一种模型，利用以前的（已收到）一个或几个样本值，对当前的（正在接收的）样本值进行预测，将样本实际值和预测值之差（差值）进行编码，这种编码方法称为预测编码方法。预测越准确，误差值就越小，那编码所需的位数就可以减少，以达到压缩的目的。

预测编码方法的优点是算法简单、速度快、易于硬件实现；缺点是编码的压缩比不高、误码易于扩散、抗干扰能力差。

**2. 预测编码的分类**

预测编码方法分为线性预测编码和非线性预测编码两种，其中线性预测编码又称为差分脉冲编码调制（DPCM）。预测编码里介绍以下 3 种编码。

（1）差分脉冲编码调制

模拟量经 A/D 变换，得到二进制码的过程，这就是著名的脉冲编码调制（PCM）。差分脉冲编码调制不是对每一样本值都进行量化，而是预测下一个样本值，并量化实际值和预测值之间的差，达到压缩的目的。解压时，仍然使用同样的预测器，并将这一预测值和存储的已量化的差值相加，产生出近似的原始信号，基本恢复原始数据。在 DPCM 中，特殊的“1bit 量化”情况称为 Δ 调制。

DPCM 的关键点在于预测器和量化器的设计。一般情况下，一个好的预测器可以使许多实际值和预测值之间的差值很小，或为零。因此，误差信号量化器所需的量化间隔通常比原信号所需的量化间隔少，可以用较少的比特来表示量化的误差信号，得到数据压缩。

（2）自适应差分脉冲编码调制 ADPCM

DPCM 是预测器和量化器设计好后，整幅图都用它，不再变化。为了进一步改善量化性能或压缩数据率，可以采用自适应的方法，这种方法称为自适应差分脉冲编码调制 ADPCM。

ADPCM 具有自适应特性，该编码包括自适应量化和自适应预测两种形式，主要适用于对中等质量的音频信号进行高效率压缩，如对语音信号的压缩、调幅广播音质信号的压缩等。

① 自适应量化。自适应量化是在一定的量化级数下，减少量化误差或在相同误差情况下压缩数据。当信号分布不均匀时，能随输入信号的变化改变量化区间的大小，自适应量化必须对输入信号的幅值进行估计，有了估计才能确定相应的改变量。若估计在信号的输入端进行，称前馈自适应；若估计在量化输出端进行，称反馈自适应。对于能量分布较大的系数分配较多的比特数，采用较小的量化步长；反之分配较少的比特数，采用较大的量化步长，从而达到压缩的目的。

② 自适应预测。自适应预测是根据常见的信息源求得多组固定的预测参数，将预测参数提供给编码使用。在实际编码时，根据信息源的特性，以实际值与预测值的均方误差最小为原则，随着编码区间的不同，预测参数自适应地变化，以达到准最佳预测。

(3) 帧间预测编码

帧间预测编码是利用视频图像各帧之间的相关性,即时间相关性,减少帧内图像信号的冗余,采用预测编码的方法消除序列图像在时间上的相关性,即不直接传送当前帧的像素值,而是传送 $x$ 和其前一帧或后一帧对应像素 $x$ 之间的差值,来达到图像压缩的目的,其广泛用于普通电视、会议电视、视频电话、高清晰度电视的压缩编码。

帧间预测编码分为运动补偿的帧间预测和帧间内插法两种类型。

运动补偿的帧间预测包括以下几个步骤:首先,将图像分解成相对静止的背景和若干运动的物体,各个物体可能有不同的位移,但构成每个物体的所有像素的位移相同,通过运动估值得到每个物体的位移矢量;然后,利用位移矢量计算经运动补偿后的预测值;最后对预测误差进行量化、编码、传输,同时将位移矢量和图像分解方式等信息送到接收端。

帧间内插法,活动图像的帧间内插编码是在系统发送端每隔一段时间丢弃一帧或几帧图像,在接收端再利用图像的帧间相关性将丢弃的帧通过内插恢复出来,以防止帧率下降引起闪烁和动作不连续。

## 3.3.2 变换编码

**1. 变换编码的基本原理**

变换编码不是直接对空域图像信号编码,而是首先将空域图像信号映射变换到另一个正交矢量空间(变换域或频域),获得一批变换系数,然后对这些变换系数进行编码处理。该变换过程是逆过程,使用逆变换可以恢复原始数据。

例如,有两个相邻的数据样本 $x_1$ 和 $x_2$,每个样本采用 3b 编码,因此各自都有 8 个幅度等级,两个样本的联合事件共有 64 种可能性,用 64 个点表示。横坐标表示 $x_1$ 的 8 种等级,纵坐标表示 $x_2$ 的 8 种等级,考虑到样本值的相关性,$x_1$ 和 $x_2$ 同时出现相近幅度等级的可能性最大,即很可能出现在 $x_1=x_2$ 直线附近,如图 3-2(a)所示。如果对该数据进行正交变换,将坐标系逆时针旋转 45°,如图 3-2(b)所示,在新坐标系中 $y_1$ 对应到 $x_1=x_2$ 这条直线,那么变换后的数据样本集中在 $y_1$ 轴上,对这部分数据进行量化、编码和传输,其他数据不做处理,这样就达到了压缩数据的目的。

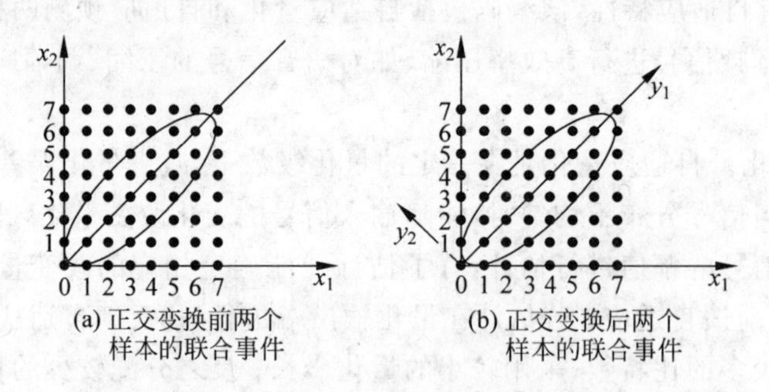


图 3-2 正交变换前后两个样本的联合事件

变换编码主要在变换域上进行,而预测编码主要在时(空)域上进行。

变换编码系统中压缩数据有 3 个步骤,即变换、变换域采样和量化。由于变换是可逆的，变换本身不进行数据压缩，它只把信号映射到另一个域，使信号在变换域里容易进行压缩，变换后的样本值更独立和有序。为了取得满意的结果，某些重要系数的编码位数比其他的要多，某些系数就被忽略了。在对量化后的变换样本值进行比特分配时，要考虑使整个量化失真最小。

**2. 变换编码的分类**

变换编码技术比较成熟，理论也比较完善，已广泛用于各种图像数据压缩。变换编码的种类也很多，常用的变换编码方法有傅里叶变换、K-L 变换、哈尔变换、离散余弦变换等。下面介绍 K-L 变换和离散余弦变换。

(1) 最佳的正交变换——K-L 变换

数据压缩主要是去除信源的相关性。设信源序列为一个 $n$ 行 $n$ 列的矩阵 $\boldsymbol{X}$，对一幅图像进行扫描，从上到下共 $n$ 行，每行从左到右取 $n$ 个值。若考虑信号存在于无限区间上，而变换区域又是有限的，那么表征相关性的统计特性就是协方差矩阵，协方差矩阵主对角线上各元素就是变量的方差，其余元素就是变量的协方差，且为一对称矩阵。

当协方差矩阵中除主对角线上元素之外的各元素都为零时，就等效于相关性为零。所以，为了有效地进行数据压缩，常常希望变换后的协方差矩阵为一对角矩阵，同时也希望主对角线上各元素随第 $i$ 行第 $j$ 个量值的增加很快衰减。因此，变换编码的关键在于：在已知输入信号矩阵 $\boldsymbol{X}$ 的条件下，根据它的协方差矩阵去寻找一种正交换 $T$，使变换后的协方差矩阵满足或接近为一对角矩阵。

当经过正交变换后的协方差矩阵为一对角矩阵，且具有最小均方误差时，该变换称最佳变换，也称 K-L 变换。K-L 变换虽然具有均方误差意义上的最佳性能，但需要预先知道信源的协方差矩阵并求出特征值。求特征值与特征向量并不是一件容易的事，维数较高时甚至求不出来，即使能借助计算机求解，也很难满足实时处理的要求，而且从编码应用来看还需要将这些信息传输给解码端，这些原因导致 K-L 变换在工程实践中不能广泛应用。人们一方面继续寻求特征值与特征向量的快速算法，另一方面则寻找虽不是"最佳"但较容易实现的变换方法，而 K-L 变换成为评价这些变换性能的标准。

(2) 离散余弦变换——DCT 变换

余弦变换是傅里叶变换的一种特殊情况。在傅里叶级数展开式中，如果被展开的函数是实偶函数，那么，其傅里叶级数中包含余弦项，再将其离散化，由此可导出余弦变换，或称为离散余弦变换(DCT)。

DCT 被认为是性能接近 K-L 变换的准最佳变换，因为 DCT 与 K-L 变换压缩性能和误差很接近，而 DCT 计算复杂度适中，产生的系数容易被量化，又具备可分离性，算法快速，而且 DCT 算法是对称的，利用逆 DCT 算法可以用来解压缩。由于 DCT 的种种优点，在图像数据压缩中，常使用离散余弦变换编码。

### 3.3.3　统计编码

香农定理的要点是：信源中含有自然冗余度，这些冗余度既来自信源本身的相关性，又来自信源概率分布的不均匀性，只要找到去除相关性或改变概率分布不均匀性的手段和方法，也就找到了信息熵编码的方法。但信源所含的平均信息量是进行无失真编码的理论的极限，只要不低于此极限，就能找到某种适宜的编码方法，去逼近信息熵，实现数据压缩。

**1. 统计编码原理——信息量和信息熵**

在日常生活中，如听到一则新闻，看到一篇文章，从信息论的观点看，称为“消息”。在消息中，有些内容是人们事先不知道的，这些不确定的内容称为信息。一个消息的可能性越小，其信息越多；消息的可能性越大，则信息越少。

香农定理应用概率来描述不确定性。事件出现的概率越小，不确定性越多，信息量越大，反之则少。在数学上，所传输的消息是其出现概率的单调下降函数。信息量是指从 $N$ 个相等可能事件中选出一个事件所需要的信息度量或含量，也就是在辨识 $N$ 个事件中特定的一个事件的过程中所需要提问“是”或“否”的最少次数。例如，要从 32 个数中选定某一个数，可以先提问“是否大于 16”，不论回答是或否都消去了半数的可能事件，这样继续问下去，只要提问 5 次这类问题，就能从 32 个数中选定某一个数。这是因为每提问一次都会得到 1 比特的信息量。在 32 个数中选定某一个数所需要的信息量是 $\log_2 32 = 5(\mathrm{b})$。设从 $N$ 个数中选定任一个数 $x$ 的概率为 $P(x)$，假定选定任意一个数的概率都相等，即 $P(x)=\frac{1}{N}$，因此信息量为

$$I(x) = \log_2 N = -\log_2 \frac{1}{N} = -\log_2 P(x) = I[P(x)]$$

熵，来源于 20 世纪 40 年代由 Claude Shannon 创立的信息论中的一条定理，这一定理借用了热力学中的名词“熵”(Entropy)来表示一条信息中真正需要编码的信息量。如果将信息源所有可能事件的信息量进行平均，即可得到信息的熵。一个事件发生的概率越小，其信息熵越高，所含的信息量越大。

图像编码中，信源 $X$ 的熵为

$$H(X) = E\{I(x_j)\} = -\sum_{j=1}^{n} P(x_j) \cdot \log_2 P(x_j) \quad (j = 1,2,3,\cdots,n)$$

其中，等概率事件的熵最大，为

$$H(X) = -\sum_{j=1}^{n} \frac{1}{N}\log_2 \frac{1}{N} = \log_2 N$$

当 $P(x_1)=1$ 时，$P(x_2)=P(x_3)=\cdots=P(x_j)=0$，这时熵：

$$H(X) = -P(x_1)\log_2 P(x_1) = 0$$

由上可得熵的范围为

$$0 \leqslant H(X) \leqslant \log_2 N$$

在编码中用熵值来衡量是否为最佳编码。若以 $L_c$ 表示编码器输出码字的平均码长，其计算公式为

$$L_c = \sum_{j=1}^{n} P(x_j)L(x_j) \quad (j = 1,2,3,\cdots,n)$$

其中，$P(x_j)$是信源 $X$ 发出 $x_j$ 的概率，$L(x_j)$为 $x_j$ 的编码长。

当 $L_c > H(X)$有冗余，不是最佳；

$L_c < H(X)$不可能；

$L_c = H(X)$最佳编码($L_c$ 稍大于 $H(X)$)

熵值为平均码长 $L_c$ 的下限。

**2. 统计编码的类型**

统计编码的基本思想是：根据信息出现概率的分布特征而进行压缩编码，寻找概率与码字长度间的最优匹配。常见的统计编码有霍夫曼编码和算术编码。

(1) 霍夫曼(Huffman)编码

霍夫曼编码是霍夫曼在 1952 年提出来的一种从下到上的编码方法，利用变字长最佳编码，实现信源符号按概率大小顺序排列。现已广泛应用于 JPEG 和 MPEG 等各种信息编码标准中。它的算法步骤如下。

① 按照符号出现的概率大小进行排序。

② 把最小的两个概率值相加，得到一个新的概率序列。

③ 重复上述两个步骤，直到概率值为 1。

④ 从后往前进行编码，概率大的赋予 1，概率小的赋予 0(反过来也可以)。

⑤ 写出每个符号的码字。

下面以一个具体例子，说明霍夫曼编码过程。

例如，已知信源：

$$X = \begin{Bmatrix} x_1 & x_2 & x_3 & x_4 & x_5 & x_6 \\ 0.35 & 0.25 & 0.20 & 0.10 & 0.05 & 0.05 \end{Bmatrix}$$

对其进行 Huffman 编码，并计算平均码长。

Huffman 编码步骤如下。

| 信源符号 | 概率 | 编码过程 | 编码 | 码长 |
|---|---|---|---|---|
| $x_1$ | 0.35 | 1 ─ 0.60 ─ 1 | 11 | 2 |
| $x_2$ | 0.25 | 0 ─ 0.60 | 10 | 2 |
| $x_3$ | 0.20 | 1 ─ 0.40 ─ 0 (0.60 + 0.40 = 1.00) | 01 | 2 |
| $x_4$ | 0.10 | 1 ─ 0.20 ─ 0 ─ 0.40 | 001 | 3 |
| $x_5$ | 0.05 | 1 ─ 0.10 ─ 0 ─ 0.20 | 0001 | 4 |
| $x_6$ | 0.05 | 0 ─ 0.10 | 0000 | 4 |

码字的平均码长 $L_c$ 以下面的公式计算：

$$L_c = \sum_{j=1}^{n} P(x_j) L(x_j)$$

$$= (0.35 + 0.25 + 0.20) \times 2 + 0.10 \times 3 + (0.05 + 0.05) \times 4 = 2.3(\text{b/pel})$$

通过例子，归纳霍夫曼编码的特点：霍夫曼编码构造出的码不唯一；霍夫曼编码字长参差不齐；霍夫曼编码对不同信源的编码效率是不同的；对信源进行霍夫曼编码后，形成一个霍夫曼表。

(2) 算术编码

算术编码比霍夫曼编码复杂,但是它不需要传送像霍夫曼编码那样的霍夫曼码表,而且算术编码还有自适应能力,因此算术编码是实现高效压缩数据中很有前途的编码方法。

算术编码的原理是,将被编码信源表示为[0,1)区间的一个实数,根据各符号出现的概率构造其所在区间,随着信息字符的不断出现,其所在区间越来越小,对应表示的实数也越来越小,那么表示这一消息所需的二进制位数就越多。信源中连续符号根据某一模式生成概率的大小来缩小间隔,可能出现的符号要比不太可能出现的符号缩小范围少,只增加了较少的比特。

对二进制编码来说,信源符号只有两个。因此在算术编码初始阶段可预置一个大概率 $P_e$ 和小概率 $Q_e$,然后对被编码比特流符号进行判断。设编码初始化子区间为[0,1),$Q_e$ 从 0 算起,则 $P_e=1-Q_e$,随着被编码数据流符号的输入,子区间逐渐缩小。

区间计算方法如下。

新子区间左端=前子区间左端+当前子区间左端×前子区间长度

新子区间长度=前子区间长度×当前子区间的长度

最后得到的子区间长度决定了表示该区域内的某一个数所需的位数。

解码过程是逆过程,首先将区间[0,1)按 $Q_e$ 靠近零侧、$P_e$ 靠近 1 侧分割成两个子区间,判断被解码的码字落在哪个子区间,然后赋予对应符号。

算术编码的特点:算术编码的模式选择直接影响编码效率;算术编码的自适应模式无须先定义概率模型,对无法进行概率统计的信源来说比较合适;在信源符号概率接近时,算术编码比霍夫曼编码效率高;算术编码的硬件实现比霍夫曼编码要复杂;算术编码在 JPEG 的扩展系统中被推荐代替霍夫曼编码。

算术编码和霍夫曼编码相比,有如下几个异同点。

① 算术编码的编码效率更高。

② 它们都是对错误很敏感的编码方法,如果有一位发生错误就会导致整个消息译错。

③ 它们的信源概率都是固定的,而且要事先统计确定。

## 3.4 多媒体数据的压缩标准

### 3.4.1 音频数据的压缩标准

关于音频数据的压缩标准问题,国际电话电报咨询委员会 CCITT、国际电信联盟 ITU-T 和国际标准化组织 ISO 先后提出了一系列的音频压缩标准的建议,针对不同的质量要求,制定了不同的标准。

**1. G.711**

本建议公布于 1972 年,它给出话音信号编码的推荐特性。话音的采样率为 8kHz,允许偏差是 $\pm 50\times10^{-6}$,每个样本值采用 8 位二进制编码,对应的比特流速率为 64Kbps,使用 A 律和 $\mu$ 律非线性量化技术。本建议中分别给出了 A 律和 $\mu$ 律的定义,它是将 13 位的 PCM 按 A 律、14 位的 PCM 按 $\mu$ 律转换为 8 位编码。该建议还规定,在物理介质上连续传输时，符号位在前，最低有效位在后。主要用于公用电话网中。

**2. G.721**

这个建议用于 64Kbps 的 A 律和 $\mu$ 律 PCM 与 32Kbps 的 ADPCM 之间的转换。每个数值差分用 4 位编码，采样率为 8kHz。

**3. G.722**

G.722 建议的带宽音频压缩仍采用波形编码技术，因为要保证既能适用于话音，又能用于其他方式的音频，只能考虑波形编码。G.722 编码采用了高低两个子带内的 ADPCM 方案，高低子带的划分以 4kHz 为界。然后再对每个子带内采用类似 G.721 建议的 ADPCM 编码，因此 G.722 建议的技术方案可以简写为子带—自适应差分脉冲码调制 SB-ADPCM。速率为 64Kbps，主要用于视听多媒体和会议电话。

**4. G.723.1**

1996 年，CCITT 通过了 G.723.1 标准，用于多媒体传输的 5.3Kbps 或 6.3Kbps 双速率语音编码，采用多脉冲激励最大似然量化算法。

**5. G.728**

G.728 建议的技术基础是美国 AT&T 公司贝尔实验室提出的低延时—码激励线性预测算法 LD-CELP。为了进一步降低压缩的速率，是基于低延时码激励线性预测编码算法，速率为 16Kbps，主要用于公共电话网中。

**6. G.729**

1996 年制定，使用 8Kbps 共轭结构代数码激励线性预测算法，此标准用于无线移动网、数字多路复用系统和计算机通信系统中。

**7. MP3 压缩技术**

MP3 是一种音频压缩的国际技术标准。MP3 格式开始于 20 世纪 80 年代中期，在德国夫琅和费研究所（Fraunhofer Institute）开始，研究致力于高质量、低数据率的声音编码。

1989 年，夫琅和费研究所在德国被获准取得了 MP3 的专利权，几年后这项技术被提交到国际标准化组织，整合进入了 MPEG-1 标准。

MP3 的全称是 Moving Picture Experts Group Audio Layer 3，它所使用的技术是在 VCD(MPEG-1)的音频压缩技术上发展出的第三代，而不是 MPEG-3。

MPEG 代表的是 MPEG 活动影音压缩标准，MPEG 音频文件指的是 MPEG 标准中的声音部分即 MPEG 音频层。MPEG 音频文件根据压缩质量和编码复杂程度的不同可分为三层，MPEG Audio Layer 1/2/3 分别与 MP1、MP2 和 MP3 这 3 种声音文件相对应。

MPEG 音频编码具有很高的压缩率，MP1 和 MP2 的压缩率分别为 4∶1 和(6∶1)～(8∶1)，而 MP3 的压缩率则高达(10∶1)～(12∶1)。MP3 为降低声音失真采用了“感官编码技术”的编码算法，编码时先对音频文件进行频谱分析，然后用过滤器滤掉噪声，接着通过量化的方式将剩下的每一位打散排列，最后形成具有较高压缩比的 MP3 文件，并使压缩后的文件在回放时能够达到比较接近原音源的声音效果。

**8. AC-3 编码**

AC-3 音频编码标准的起源是 DOLBY AC-1，AC-1 应用的编码技术是自适应增量调制(ADM)，1990 年 DOLBY 实验室推出了立体声编码标准 AC-2，它采用类似改进型离散余弦变换的重叠窗口的快速傅里叶变换编码技术。1992 年 DOLBY 实验室在 AC-2 的基础上，又开发了 DOLBY AC-3 的数字音频编码技术，AC-3 提供了 5 个声道的从 20Hz～20kHz 的全通带频响，AC-3 同时还提供了一个 100Hz 以下的超低音声道供用户选用，以弥补低音不足。AC-3 对这 6 个声道进行数字编码，并将它们压缩成一个通道，它的速率为 320Kbps。

## 3.4.2 图像和视频数据的压缩标准

图像编码技术得到了迅速发展和广泛应用，而且日臻成熟，国际标准化组织和国际电子学委员会 IEC 制定的关于静止图像的编码标准 JPEG；国际电信联盟制定的关于电视电话和会议电视的视频编码标准有 H261、H.263；ISO 和 IEC 制定的关于活动图像的编码标准 MPEG-1、MPEG-2 和 MPEG-4 等。这些标准图像编码算法融合了各种性能优良的图像编码方法，代表了目前图像编码的发展水平。

**1. 静态图像压缩标准 JEPG**

(1) JPEG

1986 年，CCITT 和 ISO 联合成立了一个联合图像专家组(Joint Photographic Expert Group，JPEG)，致力于建立适合彩色和单色的灰度级的连续色调静止图像的压缩标准。JPEC 算法共有 4 种运行模式，其中一种是基于空间预测(DPCM)的无损压缩算法，另外 3 种是基于 DCT 的有损压缩算法。

① 无损压缩算法，可以保证无失真地重建原始图像，其压缩比低于有失真压缩编码方法。

② 基于 DCT 的顺序模式，按从上到下、从左到右的顺序对图像进行编码，称为基本系统。

③ 基于 DCT 的累进模式，指每个图像分量的编码要经过多次扫描才完成。第一次扫描只进行一次粗糙的压缩，然后据此粗糙的压缩数据先重建一幅质量低的图像，以后的扫描再做较细的压缩，使重建的图像不断提高质量，直到满意为止。累进模式的传输时间长。

④ 分层模式，对一幅原始图像的空间分辨率进行变换，使水平方向和垂直方向分辨率以 2 的倍数因子下降，分层后再进行编码。

(2) JPEG-2000

为了解决传统的 JPEG 压缩技术已无法满足多媒体应用的快速发展的问题，从 1998 年开始，专家们开始制定下一代 JPEG 标准。2000 年 3 月，彩色静态图像的新一代编码方式“JPEG-2000”的编码算法确定，于同年 12 月出台。与以往的 JPEG 标准相比，JPEG-2000 的压缩比要比 JPEG 高约 30%，它有许多原先的标准所不可比拟的优点。JPEG-2000 与传统 JPEG 最大的不同，在于它放弃了 JPEG 所采用的以 DCT 变换为主的分块编码方式，而改为以小波变换为主的多分辨率编码方式。

首先,JPEG-2000 能实现无损压缩。在实际应用中,有一些重要的图像,如卫星遥感图像、医学图像、文物照片等,通常需要进行无损压缩。JPEG-2000 还有一个很好的优点就是误码鲁棒性好。因此使用 JPEG-2000 的系统稳定性好,运行平稳,抗干扰性好,易于操作。

JPEG-2000 能实现渐进传输,这是 JPEG-2000 的一个极其重要的特征。它可以先传输图像的轮廓,然后逐步传输数据,不断提高图像质量,以满足用户的需要,这在网络传输中具有非常重大的意义。

JPEG-2000 另一个极其重要的优点就是感兴趣区特性。用户在处理的图像中可以指定感兴趣区,对这些区域进行压缩时可以指定特定的压缩质量,或在恢复时指定特定的解压缩要求,这给人们带来了极大的方便。在有些情况下,图像中只有一小块区域对用户是有用的,对这些区域采用高压缩比。在保证不丢失重要信息的同时,又能有效地压缩数据量,这就是感兴趣区的编码方案所采取的压缩策略。基于感兴趣区压缩方法的优点,在于它结合了用户对压缩的主观要求,实现了交互式压缩。

**2. H.26X 标准**

数字视频技术广泛应用于通信、计算机、广播电视等领域,带来了会议电视、可视电话及数字电视、媒体存储等一系列应用,促使了视频编码标准的产生。视频压缩编码标准的制定主要是由 ISO 和 ITU-T 完成的。ITU-T 制定的标准包括 H.261、H.263、H.264 等,主要应用于实时视频通信领域,如会议电视等。

(1) H.261 标准

H.261 是 ITU-T 针对可视电话和会议电视、窄带 ISDN 等要求实时编解码和低延时应用提出的一个编码标准。该标准包含的比特率为 $P\times 64$Kbps,其中 $P$ 是一个可变参数,取值范围为 1～30,对应比特率为 64～1920Kbps。首次使用了 8×8 块的 DCT 变换去除空间相关性,以帧间运动补偿预测去除时间相关性的混合编码模式,H.261 标准规定了视频输入信号的数据格式、编码输出码流的层次结构以及开放的编码控制与实现策略等技术。

H.261 使用了混合编码方法,同时利用图像在空间和时间上的冗余度进行压缩。当视频输入信号直接进行 DCT 变换,然后再量化输出,这种工作模式称为帧内编码模式。当输入信号与预测信号相减,然后将预测误差信号进行 DCT 变换,再对 DCT 变换系数量化输出,这种模式称为帧间编码模式。为了使在帧间编码模式下输出的码字较少,必须有较好的帧间预测效果,即预测误差较小。因此,需要在帧间编码中加入运动估计和运动补偿,根据运动矢量(在编码时做运动估计得到的运动矢量,编码发送到解码端,从而在接收到的码流中解码得到),在参考帧中做运动补偿。由此可见,在 H.261 标准中的编码器结构中也包含了一个解码器。实际上,帧存中的图像就是前一帧编码后重建出来,作为当前编码图像的预测参考帧。

(2) H.263 标准

H.263 是 ITU-T 的一个标准草案,是为低码流通信而设计的。但实际上这个标准可用在很宽的码流范围,而并非只用于低码流应用,它在许多应用中可以认为被用于取代 H.261。H.263 的编码算法与 H.261 一样,但做了一些改善,以提高性能和纠错能力。

H.263 标准在低码率下能够提供比 H.261 更好的图像效果，两者有如下区别。

① H.263 支持更加丰富的图像格式，即除了支持 H.261 中所支持 QCIF 和 CIF 外，还支持 SQCIF、4CIF 和 16CIF，SQCIF 相当于 QCIF 一半的分辨率，而 4CIF 和 16CIF 分别为 CIF 的 4 倍和 16 倍。

② H.263 使用半像素精度的运动估计，更高精度的运动矢量使得在 P-帧和 PB-帧图像中对宏块或块的预测更加准确，因而编码宏块和预测宏块的预测误差更小，编码所需的码字也更少，在视频码流中节省更多的比特数。

③ 在 H.261 建议中只对 16×16 像素的宏块进行运动估计，一个宏块对应一个运动矢量。而 H.263 标准中不仅可以对 16×16 像素的宏块为单位进行运动估计，还可以根据需要对 8×8 像素的子块进行运动估计。

④ 在 H.263 中采用更为复杂的二维预测。对运动矢量进行编码时，不是直接对矢量的水平分量和垂直分量值进行编码，而是对当前宏块的差分运动矢量即当前宏块的运动矢量与预测运动矢量的差值编码。

⑤ 基于句法的算术编码模式使用算术编码代替霍夫曼编码，可在信噪比和重建图像质量相同的情况下降低码率。

⑥ 无限制的运动矢量模式允许运动矢量指向图像以外的区域。当某一运动矢量所指的参考宏块位于编码图像之外时，就用其边缘的图像像素值来代替。

⑦ PB-帧模式规定一个 PB-帧包含作为一个单元进行编码的两帧图像。PB-帧模式可在码率增加不多的情况下，使帧率加倍。

(3) H.263+标准

1998 年，ITU-T 在 H.263 发布后又修订发布了 H.263+标准，非正式地命名为 H.263+标准。它在保证原 H.263 标准核心句法和语义不变的基础上，增加了若干选项以提高压缩效率和改善某方面的功能。原 H.263 标准限制了其应用的图像输入格式，仅允许 5 种视频源格式。H.263+标准允许更大范围的图像输入格式，自定义图像的尺寸，从而拓宽了标准使用的范围，使之可以处理基于视窗的计算机图像、更高帧频的图像序列及宽屏图像。为提高压缩效率，H.263+采用先进的帧内编码模式；增强的 PB-帧模式改进了 H.263 的不足，增强了帧间预测的效果；去块效应滤波器不仅提高了压缩效率，而且改善了重建图像的主观质量。为适应网络传输，H.263+增加了时间分级、信噪比和空间分级，对在噪声信道和存在大量包丢失的网络中传送视频信号很有意义；另外，片结构模式、参考帧选择模式增强了视频传输的抗误码能力。

(4) H.263++标准

2000 年，又修订发布了 H.263++，其在 H.263+基础上增加了 3 个选项，主要是为了增强码流在恶劣信道上的抗误码性能，同时为了提高编码效率。

① 选项 U 称为增强型参考帧选择，它能够提供增强的编码效率和信道错误再生能力，特别是在包丢失的情形下，需要设计多缓冲区用于存储多参考帧图像。

② 选项 V 称为数据分片，它能够提供增强型的抗误码能力，特别是在传输过程中本地数据被破坏的情况下，通过分离视频码流中 DCT 的系数头和运动矢量数据，采用可逆编码方式保护运动矢量。

③ 选项W在H.263+的码流中增加补充信息，保证增强型的反向兼容性，附加信息包括：指示采用的定点IDCT、图像信息和信息类型、任意的二进制数据、文本、重复的图像头、交替的场指示、稀疏的参考帧识别。

(5) H.264标准

H.264标准是由ISO、IEC与ITU-T组成的联合视频组制定的新一代视频压缩编码标准。

H.264的主要优点如下：在相同的重建图像质量下，H.264比H.263+减小50%的码率；对信道时延的适应性较强，既可工作于低时延模式以满足实时业务，如会议电视等，又可工作于无时延限制的场合，如视频存储等；提高了网络适应性，采用"网络友好"的结构和语法，加强对误码和丢包的处理，提高解码器的差错恢复能力；在编/解码器中采用复杂度可分级设计，在图像质量和编码处理之间可分级，以适应不同复杂度的应用。

相对于先期的视频压缩标准，H.264引入了很多先进的技术，包括4×4整数变换、空域内的帧内预测、1/4像素精度的运动估计、多参考帧与多种大小块的帧间预测、上下文自适应二进制算术编码技术等。新技术带来了较高的压缩比，同时大大提高了算法的复杂度。

**3. 运动图像压缩标准MPEG**

ISO和IEC的运动图像专家组(Moving Picture Expert Group，MPEG)一直致力于运动图像及其伴音编码标准化工作，并制定了一系列关于一般活动图像的国际标准，在工业界获得巨大的成功。其中有应用于VCD存储/播放的音频视频压缩编码国际标准MPEG-1；有应用于数字电视、高清晰度电视和DVD存储/播放的音频视频压缩编码国际标准MPEG-2；有基于音频视频对象编码的MPEG-4等。

(1) MPEG-1标准

1992年制定的MPEG-1标准是针对1.5Mbps速率的数字存储媒体运动图像及其伴音编码制定的国际标准，该标准的制定使得基于CD-ROM的数字视频以及MP3等产品成为可能。该标准分为视频、音频和系统三部分。

MPEG-1标准是以两个基本技术为基础的，一是基于16×16子块的运动补偿，可以减少帧序列的时域冗余度；二是基于DCT的压缩技术，减少空域冗余度。在MPEG中，不仅在帧内使用DCT，而且对帧间预测误差也作DCT，以进一步减少数据量。

为了追求高的压缩效率，去除图像序列的时间冗余度，同时满足多媒体等应用所必需的随机存取要求，MPEG-1视频把图像编码分成内帧(I)、预测帧(P)、双向预测帧(B)和直流帧(D)共4种类型。内帧(I)，编码时采用类似JPEG的帧内DCT编码，内帧(I)的压缩比是几种编码类型中最低的。预测帧(P)，采用前向运动补偿预测和误差的DCT编码，由其前面的I或P帧进行预测。双向预测帧(B)，采用双向运动补偿预测和误差的DCT编码，由前面和后面的I或P帧进行预测，所以双向预测帧(B)的压缩效率最高。直流帧(D)，只包含每个块的直流分量。MPEG-1采用运动补偿去除图像序列时间轴上的冗余度，可使对预测帧(P)和双向预测帧(B)图像的压缩倍数比内帧(I)提高很多。

(2) MPEG-2标准

MPEG组织1993年推出的MPEG-2标准，是在MPEG-1标准基础上的进一步扩展和改进，主要是针对数字视频广播、高清晰度电视和数字视盘等制定的 4～15Mbps 运动图像及其伴音的编码标准，MPEG-2 是数字电视机顶盒与 DVD 等产品的基础。MPEG-2 系统要求必须与 MPEG-1 系统向下兼容，其具有如下的特点。

① 解码器通常支持 MPEG-1 和 MPEG-2 两种标准。

② 具有 CD 的音质。

③ 允许在一定范围内改变压缩比，以便在画面质量、存储容量和带宽之间做出权衡。

④ 压缩比依据节目的内容和所需的重放质量。

⑤ 能够对分辨率可变的视频信号进行压缩编码。

MPEG-2 的目标与 MPEG-1 相同，仍然是提高压缩比，改善音频、视频质量，采用的核心技术还是分块 DCT 和帧间运动补偿预测技术。MPEG-2 支持隔行扫描视频格式和许多高级性能。考虑到视频信号隔行扫描的特点，MPEG-2 专门设置了“按帧编码”和“按场编码”两种模式，并相应地对运动补偿和 DCT 方法进行了扩展，从而显著提高了压缩编码的效率。考虑到标准的通用性，增大了重要的参数值，允许有更大的画面格式、比特率和运动矢量长度。

(3) MPEG-4 标准

MPEG-1 和 MPEG-2 在多媒体数据压缩领域起着重要的作用，但随着多媒体技术的迅速发展，对于多媒体数据压缩编码的要求越来越高，MPEG-1 和 MPEG-2 已无法满足这种迅猛的趋势，因此产生了 MPEG-4 标准。

MPEG-4 采用基于对象的编码理念，即在编码时将一幅景物分成若干在时间与空间上相互联系的视频和音频对象，分别编码后，再经过复用传输到接收端，然后再对不同的对象分别解码，从而组合成所需要的视频和音频。这样既方便人们对不同的对象采用不同的编码方法和表示方法，又有利于不同数据类型间的融合，并且这样也可以方便地实现对各种对象的操作和编辑。

MPEG-4 已不再是一个单纯的视频音频编解码标准，它将内容与交互性作为核心，从而为多媒体提供了一个更为广阔的平台。它更多定义的是一种格式和框架，而不是具体的算法，这样人们可以在系统中加入许多新的算法。除了一些压缩工具和算法外，各种各样的多媒体技术如图像分析与合成、计算机视觉、语音合成等也可以充分应用于编码中。

(4) MPEG-7 标准

MPEG-7 标准于 1998 年 10 月提出，于 2001 年最终完成并公布，被称为“多媒体内容描述接口”，为各类多媒体信息提供一种标准化的描述，这种描述与内容本身有关，允许快速和有效地查询用户感兴趣的资料。MPEG-7 规定一个用于描述各种不同类型多媒体信息的描述符的标准集合。

MPEG-7 的目标是根据信息的抽象层次，提供一种描述多媒体材料的方法以便表示不同层次上的用户对信息的需求。以视觉内容为例，较低抽象层将包括形状、尺寸、纹理、颜色、运动(轨道)和位置的描述。对于音频的较低抽象层包括音调、调式、音速、音速变化、音响空间位置。最高层将给出语义信息，如“这是一个场景：一只鸭子正躲藏在树后并有一辆汽车正在幕后通过”。抽象层与提取特征的方式有关，许多低层特征能以完全自动的方式提取，而高层特征需要更多人的交互作用。MPEG-7 还允许依据视觉描述的查询去检索声音数据，反之也一样。

MPEG-7 由以下几部分组成。

① MPEG-7 系统：它保证 MPEG-7 描述有效传输和存储所必需的工具，并确保内容与描述之间进行同步，这些工具有管理和保护的智能特性。

② MPEG-7 描述定义语言：用来定义新的描述结构的语言。

③ MPEG-7 音频：只涉及音频描述的描述子和描述结构。

④ MPEG-7 视频：只涉及视频描述的描述子和描述结构。

⑤ MPEG-7 属性实体和多媒体描述结构。

⑥ MPEG-7 参考软件：实现 MPEG-7 标准相关成分的软件。

⑦ MPEG-7 一致性：测试 MPEG-7 执行一致性的指导方针和程序。

(5) MPEG-21 标准

新的商业模式必然带来新的问题，数字信息的获取、多媒体内容的知识产权的保护、媒体信息服务的提供、服务质量保证、商业机密与个人隐私的保护等，人们迫切需要一种结构或框架保证数字媒体消费的简单性来支持这种新的商业模式。MPEG-21 就是在这种情况下提出的。

MPEG-21 标准其实就是一些关键技术的集成，通过这种集成环境对全球数字媒体资源进行透明和增强管理，实现内容描述、创建、发布、使用、识别、收费管理、产权保护、用户隐私权保护、终端和网络资源抽取、事件报告等功能。

MPEG-21 的最终目标是要为多媒体信息的用户提供透明而有效的电子交易和使用环境。

MPEG-21 的基本框架要素包括数字项说明、多媒体内容表示、数字项识别与描述、内容管理与使用、知识产权管理与保护、终端和网络、事件报告等部分，具体如下。

① 数字项说明。数字项说明的目的是建立数字项统一、灵活的摘要和数字项的可互操作性方案。在 MPEG-21 的系统中有许多问题涉及数字项。

② 多媒体内容表示。MPEG-21 提供的内容可以通过分级和错误恢复方法有效地表示任何数据类型。多媒体场景的不同元素可以单独地访问，可以同步和复用，也允许各种各样的交互式访问。框架中的内容可以编码、描述、存储、传送、保护、交易和消费等。

③ 数字项识别与描述。MPEG-21 中数字项识别与描述提供如下功能：精确、可靠和独有的识别；在不考虑自然、类型和尺寸的情况下实现实体的无缝识别；相关数据项的稳固和有效的识别方法；在任何操作和修改的情况下数字项的 ID 和描述都能够保证其安全性与完整性；自动处理授权交易、内容定位、内容检索和内容采集。

④ 内容管理与使用。MPEG-21 框架能够对内容进行建立、操作、存储和重利用。随着时间的发展，网络内容及对内容的存取需求将呈指数式增长。MPEG-21 的目的是通过各式各样的网络和设备透明地使用网络内容。

⑤ 知识产权管理与保护。MPEG-21 框架提供对数字权利的管理与保护，允许用户表达他们的权利、兴趣以及各类与 MPEG-21 数字项相关的认定等，同时在某种程度上获得、传播相关的政策法规和文化准则，从而建立针对 MPEG-21 数字权利的商业社会平台。此外，还有可能提供一个统一的领域管理组织和技术用以管理与 MPEG-21 交互的

设备、系统和应用等，提供各种商业交易的服务。

⑥ 终端和网络。MPEG-21 通过屏蔽网络和终端的安装、管理和实现问题，使用户能够透明地进行操作和发布高级多媒体内容。它支持与任意用户的连接，可根据用户的需求提供网络和终端资源。MPEG-21 的目标是支持大范围的网络设备对多媒体资源的透明使用而不必考虑网络和终端。

⑦ 事件报告。事件报告能使用户精确理解框架中所有可报告事件的接口和计量。事件报告将为用户提供特定交互的执行方法，同样允许大量超范围的处理，允许其他框架和模型与 MPEG-21 实现互操作。

总体来说，MPEG-4 和 MPEG-21 的应用范围已超出了传统的传输和存储范畴，而是转向多媒体检索、交互式多媒体操作和内容管理等领域，它们已经不是一种单纯意义上的视频编码算法。

## 3.5 本章小结

本章详细介绍了多媒体数据压缩编码及算法的基本概念、原理以及各种压缩编码技术，对多媒体数据压缩各种编码技术做了详细讨论。如音频数据压缩方法中的波形编码、参数编码和混合编码的原理、特点均做了介绍；图像视频数据压缩方法中的预测编码、变换编码、统计编码的基本原理、特点等做了详细介绍。

根据解码后数据质量有无损失，压缩方法可分为有损压缩和无损压缩两大类。在这个基础上，根据编码原理进行分类，可分为预测编码、变换编码、统计编码、PCM 编码和混合编码。

波形编码利用采样和量化过程来表示音频信号的波形，将时间域信号直接变换为数字代码，力图使重建语音波形保持原语音信号的波形形状。参数编码又称为声源编码，是将音频信号表示成某种模型的输出，利用特征提取的方法抽取必要的模型参数和激励信号的信息，并对这些信息编码进行传输。混合编码使用参数编码技术和波形编码技术，结合这两种方法的优点，力图保持波形编码的高质量和参数编码的低速率。

预测编码是根据某一种模型，利用以前的(已收到)一个或几个样本值，对当前的(正在接收的)样本值进行预测，将样本实际值和预测值之差(差值)进行编码，这种编码方法称为预测编码方法。预测编码方法分为线性预测编码和非线性预测编码两种，其中线性预测编码又称为差分脉冲编码调制(DPCM)。变换编码不是直接对空域图像信号编码，而是首先将空域图像信号映射变换到另一个正交矢量空间(变换域或频域)，获得一批变换系数，然后对这些变换系数进行编码处理。该变换过程是逆过程，使用逆变换可以恢复原始数据。常用的变换编码方法有傅里叶变换、K-L 变换、哈希变换、离散余弦变换等。统计编码的基本思想是：根据信息出现概率的分布特征进行压缩编码，寻找概率与码字长度间的最优匹配。常见的统计编码有霍夫曼编码和算术编码。

本章对于多媒体数据压缩编码的国际标准，如音频信号压缩编码标准的 G. 711、G. 721、G. 722 等，静态图像压缩编码标准 JPEG、动态视频图像压缩编码标准 MPEG 等做了详细的介绍和分析。

## 3.6 练习题

1. 衡量数据压缩技术性能的重要指标是(　　)。

(1) 压缩比　(2) 算法复杂度　(3) 恢复效果　(4) 标准化

A. (1)(3)　　B. (1)(2)(3)　　C. (1)(3)(4)　　D. 全部

2. 图像序列中的两幅相邻图像,后一幅图像与前一幅图像之间有较大的相关,这是(　　)。

A. 空间冗余　　B. 时间冗余　　C. 信息熵冗余　　D. 视觉冗余

3. 下列哪种说法不正确?(　　)

A. 预测编码是一种只能针对空间冗余进行压缩的方法

B. 预测编码是根据某一模型进行的

C. 预测编码需将预测的误差进行存储或传输

D. 预测编码中典型的压缩方法有DPCM、ADPCM

4. 在JPEG中使用了哪两种熵编码方法?(　　)

A. 统计编码和算术编码　　B. PCM编码和DPCM编码

C. 预测编码和变换编码　　D. 霍夫曼编码和自适应二进制算术编码

5. 为什么要进行数据压缩?

6. 目前常用的压缩编码方法可分为哪两大类?区别是什么?

7. 已知信源符号及其概率如表3-1所示。

**表3-1　练习题7信源符号及其概率**

| 符号 | $x_1$ | $x_2$ | $x_3$ | $x_4$ | $x_5$ |
|---|---|---|---|---|---|
| 概率 | 0.5 | 0.25 | 0.125 | 0.0625 | 0.0625 |

求其Huffman编码及平均码长。

# 第4章

# 多媒体硬件环境

**学习目标**：

(1) 了解：MPC技术标准、光存储介质和常用的多媒体设备。

(2) 掌握：声卡和视频卡工作原理、功能。

## 4.1 多媒体个人计算机

多媒体个人计算机(Multimedia Personal Computer,MPC),是指具有多媒体功能的个人计算机,它是在PC基础上增加一些硬件板卡及相应软件,使其具有综合处理文字、声音、图像、视频等多种媒体信息的功能。

### 4.1.1 MPC的硬件组成

MPC联盟规定多媒体计算机包括5个基本组成部件：个人计算机(PC)、只读光盘驱动器(CD-ROM)、声卡、Windows操作系统、音箱或耳机。其结构原理图如图4-1所示。

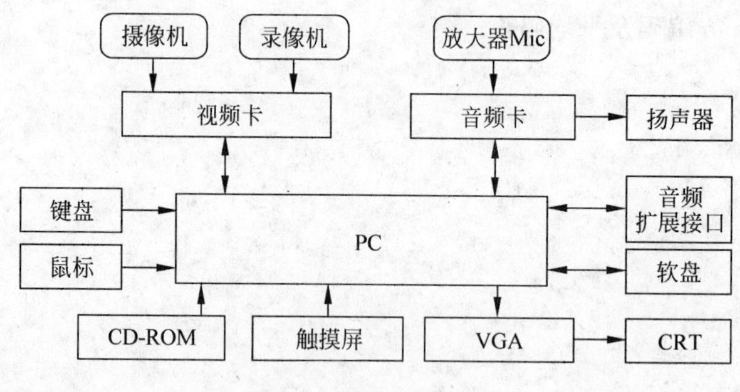


图4-1 MPC结构原理

### 4.1.2 MPC技术标准

MPC联盟对CPU、存储器容量和屏幕显示功能等规定了最低的规格标准。

**1. MPC-1 标准**

MPC-1 标准是 1990 年诞生的，建立在 10MHz 的 286AT 机器的基础之上，后来很快又修改为采用 16MHz 的 386SX 机器，具体配置见表 4-1。MPC-1 诞生后，得到许多硬件商的支持并发展了多媒体系统的标准操作平台，软件开发商也克服了以往无硬件标准而造成的软件的困境。

**表 4-1　MPC-1 标准**

| 设　备 | 标准配置 | 推荐配置 |
|---|---|---|
| CPU | 386SX | 386DX or 486SX |
| 时钟 | 16MHz | |
| 内存 | 2MB | 4MB |
| 硬盘 | 40MB | 80MB |
| 接口 | 串行、并行、游戏棒接口 | |
| MIDI | MIDI 合成、混音接口 | |
| 显示 | VGA 模式，分辨率 640×480，16 色 | 256 色 |
| 激光驱动器 | 单速 CD-ROM，数据传输速率 150KBps | |
| 声音输入/重放 | mV 级灵敏度输入，耳机、扬声器输出 | |
| 声卡 | 8bit/11.025kHz 采样，11.025kHz 或 22.05kHz 输出 | |
| 操作系统 | DOS 3.1 版本或以上，Windows 3.0 带多媒体扩展模块 | |

**2. MPC-2 标准**

MPC-1 标准诞生后，大量的多媒体软硬件产品上市，根据市场的情况，MPC 联盟于 1993 年 5 月又发布了第二代多媒体计算机标准 MPC-2，提高了基本部件的性能指标，具体配置见表 4-2。

**表 4-2　MPC-2 标准**

| 设　备 | 标准配置 | 推荐配置 |
|---|---|---|
| CPU | 486SX or 兼容 CPU | 486DX or DX2 |
| 时钟 | 25MHz | |
| 内存 | 4MB | 8MB |
| 硬盘 | 160MB | 400MB |
| 接口 | 串行、并行、游戏棒接口 | |
| MIDI | MIDI 合成、混音接口 | |
| 显示 | VGA 模式，分辨率 640×480，256 色 | |
| 激光驱动器 | 倍速 CD-ROM，数据传输速率 200KBps | |
| 声音输入/重放 | mV 级灵敏度输入，耳机、扬声器输出 | |
| 声卡 | 16bit 采样，11.025kHz、22.05kHz 或 44.1kHz 输出 | |
| 操作系统 | DOS 3.1 版本或以上，Windows 3.1 | |

**3. MPC-3 标准**

MPC-3 标准是 1995 年 6 月制定的，除了提高对基本部件的要求外，还增加了全屏幕、全动态视频及增强版的 CD 音质的视频和音频硬件标准，具体配置见表 4-3。

表 4-3 MPC-3 标准

| 设　　备 | 标 准 配 置 |
|---|---|
| CPU | Pentium CPU 或兼容 CPU |
| 时钟 | 75MHz |
| 内存 | 8MB |
| 硬盘 | 540MB |
| 接口 | 串行、并行、游戏棒接口 |
| MIDI | MIDI 合成、混音接口 |
| 显示 | VGA 模式，分辨率 640×480，64K 色 |
| 激光驱动器 | 4 倍速 CD-ROM，数据传输速率 600KBps |
| 视频播放 | NTSC 制：30 帧/秒，分辨率 352×240 |
| | PAL 制：25 帧/秒，分辨率 352×288 |
| | 数据格式：MPEG-1 压缩格式 |
| 操作系统 | Windows 98 |

MPC 标准只是提出了系统的最低要求，这 3 个标准并不能相互取代，仅仅是一种参照标准，所以在市场上见到的多媒体计算机配置是有所不同的。

### 4.1.3 MPC 系统的特点和功能

在设计 MPC 系统时应该在性能和价格之间寻求合理的平衡，达到高的性价比。下面介绍 MPC 系统的特点和实现的功能。

**1. 对音频信号的处理能力**

可以录入、处理和重放声波信号，声音的数字化方法是采样，每次采样数字化后的位数越多，音质就越好。声音的处理还分为单声道和立体声道。可以用 MIDI 技术合成音乐，MIDI 规定了电子乐器之间电缆的硬件接口标准和设备之间的通信协议，MIDI 技术把 MIDI 乐器上产生的每一活动编码记录下来存储在 MIDI 文件中，MIDI 文件中的音乐可通过音频卡中的声音合成器或 PC 连接的外部 MIDI 声音合成器来产生高质量的音乐效果。

**2. 图像处理功能**

图像处理功能包括图像获取、编辑和变换功能。MPC 通过 VGA 接口卡和显示器可以逼真、生动地显示静止图像；输入照片或静止图像可用彩色扫描仪；输入视频图像需要使用摄像机或录像机等视频设备，以及视频图像获取卡；如果自行输入图像，那么就需要增加图像输入设备和相应的接口卡。

**3. 动画处理**

计算机动画有两种：一种是造型动画，另一种是帧动画。

在 Windows 环境下有 3 种播放动画的方法。

(1) 使用多媒体应用程序接口，这时必须写一个放映动画的程序。

(2) 使用 Windows 的 Media Player 软件，该软件是可直接放映动画的应用软件。

(3) 使用任何含媒体控制接口(Media Control Interface，MCI)并支持动画设备的应用软件。

**4. 多媒体数据的存储**

有三类存储介质适合多媒体数据的存储：硬盘介质、光盘介质、磁带备用介质。后续章节将详细介绍。

**5. MPC 之间的信息传递**

MPC 之间的信息传递主要通过以下几种方式进行：可移动硬盘、光盘、网络、串口通信等。

## 4.2　多媒体计算机音频处理技术

随着多媒体技术的发展，音频卡也广泛地用于世界各地计算机，音频技术也越来越受到重视。

### 4.2.1　音频卡的功能

音频卡的主要功能是：音频的录制与播放、编辑与合成、MIDI、文语转换、CD-ROM 接口及游戏接口等。

**1. 录制与播放**

外部的声音信号通过音频卡输入计算机，以文件形式保存，在需要播放时，只需要调出相应的声音文件。

通常音频录放采用如下格式。

(1) 数字化音频采样频率范围：5～44.1kHz。

(2) 量化位数：8 位/16 位。

(3) 通道数：立体声/单声道。

(4) 编码与压缩：基本编码方法 PCM；压缩编码方法 ADPCM(8∶4,8∶3,8∶2,16∶4)、CCITT A 律(13∶8),CCITT $\mu$ 律(14∶8)；实时硬件压缩/软件压缩。

(5) 音频录放的自动动态滤波。

(6) 录音声源：麦克风、立体声线路输入、CD 输入可选麦克风自动增益控制放大器，以适应麦克风灵敏度(10～100mV)。

(7) 输出功率放大器，直接驱动扬声器，且输出音量可调。

**2. 编辑与合成**

可以对声音文件进行特效处理，如倒播、增加回音、静噪、淡入和淡出、往返放音、交换声道以及声音由左向右移位或由右向左移位等。

**3. MIDI 接口和音乐合成**

MIDI 是乐器数字接口的标准，它规定了电子乐器之间电缆的硬件接口标准和设备之间的通信协议。通过软件，计算机可以直接对外部电子乐器进行控制和操作。音乐合成功能和性能依赖于合成芯片。

**4. 文语转换和语音识别**

文语转换是指把计算机内的文本转换成声音。音频卡一般都提供文语转换软件。语音识别，有一些音频卡会提供语音识别软件，通过语音识别软件可以利用语音来控制计算机或执行 Windows 下的命令。

**5. 音频卡的其他接口**

CD-ROM 接口：目前音频卡的 CD-ROM 接口有多种。例如，Sound Blaster 专用 CD-ROM 接口；SCSI-I 标准 CD-ROM 接口。

游戏棒接口：标准的 PC 游戏棒接口，可接一个或两个游戏棒。

## 4.2.2 音频卡的体系结构

音频卡的体系结构可以分为：音效芯片/芯片组、数字信号编解码器(CODEC)芯片、功率放大芯片和波表音色库等几部分，其体系结构如图 4-2 所示。

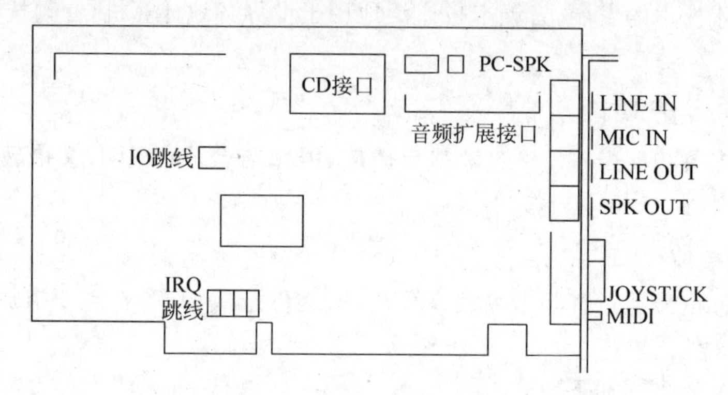


图 4-2 音频卡体系结构

其中，音效芯片/芯片组是音频卡的核心，它的功能是对数字化的声音信号进行各种处理。音效芯片能够使用的数字音源有以下几种：首先是普通音频信号(包括 WAV 文件、CD 唱片)或由 CODEC 芯片或数字音频接口(S/P DIF)送来的信号，因为未经压缩处理，数据量十分惊人；其次是 MIDI，MIDI 是一系列生成音乐的指令，由芯片接收后运用 FM 或波表合成等方式合成音乐，数据量较少，易于存储、传输；其他的数据格式，如 DOLBY Digital(AC-3)和数字影院系统 DTS 数据流等，也得到部分芯片的支持。音效芯片的处理功能有：一是混音，即将多个不同的音频数据流合二为一，再通过 CODEC 变为音频放出来；二是特殊音效的处理，如简单的高低音调调节功能或较复杂的 3D 声像扩展功能，至于 3D 声源定位和环境音效的处理更是运算密集型工作。所有这些数据处理工作都由芯片上的控制核心配合数字信号处理核心来完成。现在的音效芯片还往往集成了 S/P DIF 数字信号的接口，可以传输较长距离的数字信号。另外，很多芯片还具有 ACAPI、APM 等高级电源管理功能。

音频 CODEC 芯片是音频卡的另一个重要组成部分，它负责将模拟信号转换为数字信号的 A/D 转换和数字信号转换为模拟信号的 D/A 转换。音频卡上的 CD IN、LINE IN、MIC IN 等线路电平输入和 LINE OUT 等线路电平输出都是通过 CODEC 来实现的，所以音频卡音质的高低很大程度上取决于它的品质，比如声音的幅值、相位的准确度、信噪比和动态范围等。

功率放大芯片则是廉价音频卡常常省去的部分。音频卡上的功放一般功率都不太大(2～10W)，由于电源功率不足和空间、散热等问题的限制，音质也不会太出色，但高档音频卡上的功放并不比普通有源音箱内的功放差，有条件的用户可以用高效率的优质无源音箱。

MIDI 使用的波表音色库是可选部件，因为波表数据既可存在卡上，也可存在系统内存中。

过去的音频卡芯片也曾有过把音效芯片、CODEC 芯片合二为一的产品，目前采用这种分开的结构，其主要原因是：第一，模拟电路易受干扰，而数字电路恰恰是主要的噪声源，自然应将数字处理芯片同数模接口分开，并且是越远越好；第二，生产模拟电路和数字电路的工艺截然不同，要在一片硅片上同时集成这两种电路是困难而且矛盾的，所以当它们被分开后，不但可以各自提高性能，也可以使音效芯片极大地提高集成度。

## 4.2.3　音频卡的安装

安装音频卡的过程分为以下几个步骤。

**1. 硬件安装**

(1) 关闭计算机电源，拔下供电电源和所有外接线插头。

(2) 打开机箱外壳，选择一个空闲的 16 位扩展槽并将音频卡插入扩展槽。

(3) 连接来自 CD-ROM 驱动器的音频输出线到音频卡的 CD IN 针形输入线上。

(4) 盖上机箱外壳，并将电源插头插回。

(5) 音频卡与其他外设的连接，按图 4-3 进行。

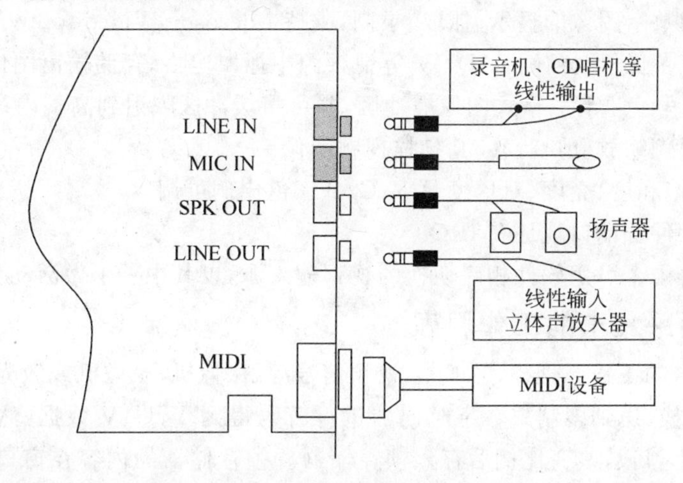


图 4-3　音频卡与其他外设连接图

**2. 软件安装**

(1) 安装驱动程序

音频卡的驱动程序是控制音频卡工作的必要程序，不同的音频卡驱动程序是不同的。

(2) 安装应用程序

安装音频卡的应用程序，例如混音器、录音师和 MIDI 编辑软件等。

**3. 安装测试**

音频卡安装完成后，即可对音频卡进行测试，以检查音频卡能否正常工作，可以使用 Windows 的“媒体播放程序”进行测试。

如果测试时,没有声音播出,可能是因为如下两种情况。

(1) 插孔接触不良,需检测扬声器插孔、音量开关等。

(2) 配置产生冲突,进入控制面板的"系统"设置查看是否有冲突。

# 4.3 多媒体计算机视频处理技术

视频采集卡又称视频捕捉卡,其功能是将模拟摄像机、录像机、电视机输出的视频信号等输入计算机,并转换成计算机可辨别的数字数据,存储在计算机中,成为可编辑处理的视频数据文件。

## 4.3.1 视频采集卡的功能

视频采集卡的主要功能是从动态视频中实时或非实时地捕获图像并存储,它可以将摄像机、录像机和其他视频信号源的模拟视频信号转录到计算机内部,也可以用摄像机将现场的图像实时输入计算机。视频采集卡能在捕捉视频信息的同时获得伴音,使音频部分和视频部分在数字化时同步保存、同步播放。视频采集卡不但能把视频图像以不同的视频窗口大小显示在计算机的显示器上,而且还能提供许多特殊效果,如冻结、淡出、旋转、镜像等。视频采集卡还提供以下功能。

(1) 全活动数字图像的显示、抓取、录制,支持 Microsoft Video for Windows。

(2) 可以从录像机、摄像机、ID、IV 等视频源中抓取定格,存储输出图像。

(3) 近似真彩色 YUV 格式图像缓冲区,并可将缓冲区映射到高端内存。

(4) 可按比例缩放、剪切、移动、扫描视频图像。

(5) 色度、饱和度、亮度、对比度及 R、G、B 三色比例可调。

(6) 可用软件选端口地址和 IRQ。

(7) 具有若干个可用软件相互切换的视频输入源,以其中一个做活动显示。

## 4.3.2 视频采集卡的工作原理

视频采集卡的工作原理概述如下:视频信号源、摄像机、录像机或激光视盘的信号首先经过 A/D 转换,送到多制式数字解码器进行解码得到 Y、U、V 数据,然后由视频窗口控制器对其进行剪裁,改变比例后存入帧存储器。帧存储器的内容在窗口控制器的控制下,与 VGA 同步信号或视频编码器的同步信号同步,再送到 D/A 转换器模拟彩色空间变换矩阵,同时送到数字式视频编辑器进行视频编码,最后输出到 VGA 监视器及电视机或录像机。视频信息获取的流程如图 4-4 所示。

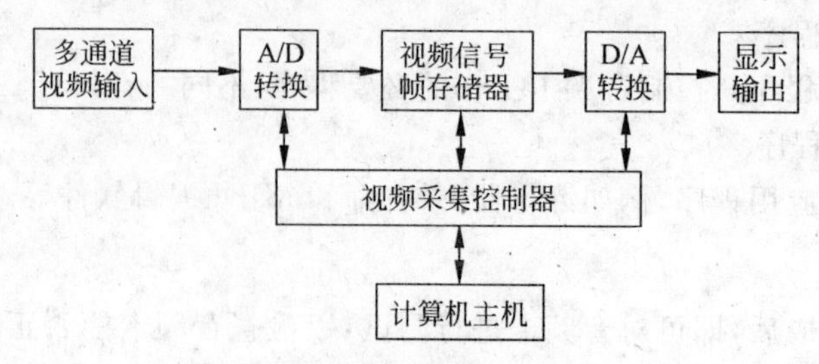


图 4-4 视频信息获取的流程

### 4.3.3　视频采集卡的类型

视频采集卡种类繁多，许多性能互相交错。按功能划分，视频采集卡可分为电视卡、TV 编码器、视频捕获卡、动态视频捕获和播放卡。

电视卡是接收全频道、全制式彩色电视节目的视频信号的转换卡，能将标准的 NTSC、PAL、SECAM 电视信号转换成 VGA 信号显示在计算机屏幕上，它的输出与计算机的 CRT 制式匹配。

TV 编码器把 VGA 信号转换为 NTSC、PAL、SECAM 制式的电视信号，供电视播放或录像制作使用，多用于广告电视片的后期处理。

视频捕获卡捕捉和编辑静态视频图像，完成视频数字化、编辑和处理等工作。

动态视频捕获和播放卡用于实时动态视频与声音的同时获取及压缩处理，该卡还具有存储和播放功能。常用于视觉传达系统中的现场监控、办公自动化和多媒体节目创作等场合。

按视频信号源和采集卡的接口划分，视频采集卡可分为模拟采集卡和数字采集卡。

模拟采集卡通过 AV 或 S 端子将模拟视频信号采集到计算机中，使模拟信号转换为数字信号。

数字采集卡通过 IEEE 1394 数字接口，以数字对数字的形式，将数字视频信号无损地采集到计算机中。

按视频采集卡档次的高低划分，可分为广播级视频采集卡、专业级视频采集卡、民用级视频采集卡。

广播级视频采集卡采集的图像分辨率高，视频信噪比高，但视频文件所需硬盘存储空间大。

专业级视频采集卡比广播级的性能稍微低一些，两者的分辨率是相同的，但压缩比稍微大一些。

民用级视频采集卡动态分辨率一般较低，绝大多数不具有视频输出功能。

### 4.3.4　视频采集卡的安装

**1. 硬件安装**

(1) 关闭计算机及所有外围设备的电源，并拔去电源插头。

(2) 触摸计算机金属外壳并使自己接地，从而放掉身上的静电。

(3) 打开主机箱。

(4) 将视频采集卡插入到主板上 16 位插槽内，再用螺钉固定好。

(5) 将机箱重新安装好。

(6) 视频采集卡与视频信号源的连接如图 4-5 所示。

**2. 软件安装**

视频采集卡在硬件安装完成之后，开机后 Windows 就会自动地显示找到一个新设备，支持即插即用的采集卡可使用安装向导安装驱动程序。驱动程序安装完毕后再安装视频捕捉应用软件。

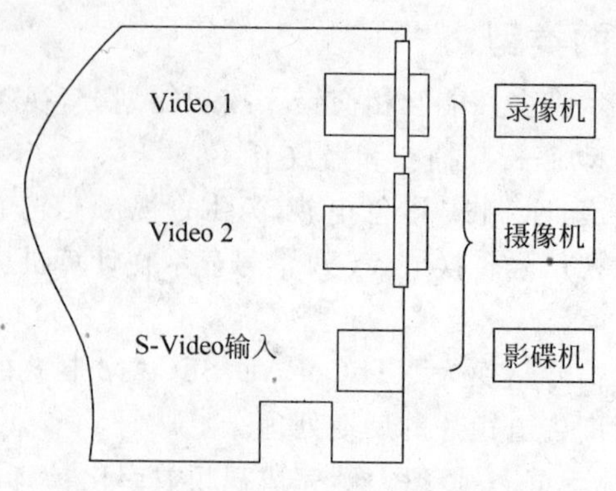


图 4-5　视频采集卡和视频信号源连接图

# 4.4 光存储介质

随着信息资源的数字化和多媒体信息量的迅猛增长，人们对存储器的存储密度、存取速率及存储寿命的要求不断提高。在这种情况下，光存储技术应运而生，光存储技术是通过光学的方法读写数据的一种存储技术，具有存储密度高、存储寿命长、非接触式读写和擦除、信息的信噪比高、便于携带、价格低廉等优点，已成为多媒体系统普遍使用的设备。

## 4.4.1 光存储设备概述

随着近代光学、微电子技术、光电子技术及材料科学的发展，光存储技术也日益发展成熟。

1980 年，日本的 KDD 公司推出了世界上第一台光存储系统。从那时起，世界各先进工业国就致力于光存储系统的开发和研究工作。

光存储系统由光盘驱动器和光盘盘片组成。光存储的基本特点是用激光引导测距系统的精密光学结构取代硬盘驱动器的精密机械结构。光盘驱动器的读写头是用半导体激光器和光路系统组成的光学头，记录介质采用磁光材料。驱动器采用一系列透镜和反射镜，将微细的激光束引导至一个旋转光盘上的微小区域，由于激光的对准精度高，所以写入数据的密度要比硬盘高得多。

光存储系统工作时，光学读写头与介质的距离比硬盘磁头与盘片的距离要远，光学头与介质无接触，所以读写头很少因撞击而损坏。虽然长时间使用后透镜会变脏，但灰尘不容易直接损坏机件，而且可以清洗。与磁带或磁盘相比，光存储介质更耐用，安全性高，不会因环境影响而消磁，使用寿命长。

## 4.4.2 光存储的类型

常用的光存储系统分为只读型、一次写入型和可重写型光存储系统三大类。

### 1. 只读型光存储系统

只读型光存储系统通常称为 CD-ROM(Compact Disc-Read Only Memory)。CD-ROM 只读式压缩光盘，其技术来源于激光唱盘，形状也类似于激光唱盘，能够存储

650MB 左右的数据，用户只能从 CD-ROM 中读取信息，而不能往盘上写信息。CD-ROM 盘常用于存储固定的软件和数据等。

**2. 一次写入型光存储系统**

一次写入型光存储系统（Write Once Read Many，WORM）可一次写入，任意多次读出。与 CD-ROM 相比，它具有由用户自己确定记录内容的优点。

**3. 可重写型光存储系统**

可重写型光存储系统（Rewritable 或 Erasable，E-R/W）像硬盘一样可任意读/写数据。其又分为磁光型（Magnetic Optical，MO）和相变型（Phase Change，PC）两种形式。

### 4.4.3　光存储系统的技术指标

光存储系统的技术指标分为以下几种。

**1. 尺寸**

光盘的尺寸多种多样。LV 的直径为 12 英寸（300mm），CD 激光唱盘和 CD-ROM 为 4.72 英寸（120mm），WORM 一次写光盘为 14.12 英寸和 5.25 英寸，可重写光盘向小尺寸方向发展，主要尺寸为 5.25 英寸和 3.5 英寸。

**2. 容量**

光盘的容量包含格式化容量和用户容量。

(1) 格式化容量

格式化容量是指按某种光盘标准进行格式化后的容量。采用不同的光盘标准就有不同的存储格式，容量也不同。如果改变每个扇区的字节数，或采用不同的驱动程序，都会较大地改变格式化容量。对于 SONY 的 SMO-D501 光盘，若格式化使每个扇区为 1024B，格式化容量是 325MB，而采用每扇区为 512B，格式化容量只有 297MB。

(2) 用户容量

用户容量是指盘片格式化后允许对盘片执行读/写操作的容量。由于格式、校正、检索等比特需要占用一定的容量空间，因此用户容量小于格式化容量。CD-ROM 的容量为 550MB 和 680MB。由于光盘外圈 5mm 区容易出错，所以有些 CD-ROM 的容量标为 550MB。

**3. 平均存取时间、平均寻道时间、平均等待时间**

平均存取时间是指从计算机向光盘驱动器发出命令开始，到光盘驱动器在光盘上找到需读/写信息的位置并接受读/写命令为止的一段时间。光学头沿半径移动全程 1/3 长度所需的时间为平均寻道时间。盘片旋转半周的时间为平均等待时间。把平均寻道时间、平均等待时间和读/写光学头稳定时间相加，就得到平均存取时间。

**4. 数据传输率**

数据传输率因观察角度和使用范围不同而有不同的定义。

(1) 数据传输率

数据传输率一般是指单位时间内光盘驱动器送出的数据比特数。该数值与光盘转速和存储密度有关。CD-ROM 的数据传输率已从初期的 150KBps 提高到 6MBps。

(2) 同步传输率、异步传输率和DMA传输率

数据传输率也指控制器与主机之间的传输速率，它与接口规范和控制器内的缓冲器大小有关。SCSI接口的同步传输率为4MBps，异步传输率为1.5MBps。AT总线规定的DMA方式的传输率为1MBps。

(3) 突发传输率

光盘驱动器中都包含有一个64KB、256KB或512KB的缓冲存储器。为了提高数据传输率，读数据过程中先把数据存入缓冲器，再进行集中传送；如果下次读取同一内容，就不必从光盘上读取，而是直接把缓冲器中的数据传送给主机就可以了，这种传输率称为突发传输率。

(4) 持续传输率

当传送的数据量很大时，缓冲器就起不到提高传输率的作用了，这时的传输率称为持续传输率。

**5. 误码率**

误码率(Bit Error Ratio，BER)是衡量数据在规定时间内数据传输精确性的指标。误码率＝传输中的误码/所传输的总码数×100%。采用复杂的纠错编码可以降低误码率。存储数字或程序对误码率的要求高，存储图像或声音数据对误码率的要求较低。CD-ROM要求的误码率为$10^{-16}$～$10^{-12}$。

**6. 平均无故障时间**

平均无故障时间(Mean Time Between Failures，MTBF)是指MO磁光盘机平均能够正常运行多长时间才发生一次故障。这是衡量MO磁光盘机可靠性的重要参数，平均无故障时间越长，MO磁光盘机的可靠性就越高。目前主流产品的平均无故障时间在100000小时以上。

**7. 接口类型**

市场上的光盘驱动器的接口类型主要有IDE、SCSI和USB等。后两种接口的传输速度较快，但是SCSI接口的CD-ROM价格较贵、安装较复杂，且需要专门的转接卡，因此对一般用户来说应尽量选择IDE接口的光存储设备。

**8. 旋转方式**

旋转方式是指激光头在光盘表面横向移动读取轨道数据时，光驱主轴电机带动光盘旋转分3种方式：恒定线速度(Constant Line Velocity，CLV)方式、恒定角速度(Constant Angular Velocity，CAV)方式、局部恒定角速度(Partial-Constant Angular Velocity，PCAV)方式。

### 4.4.4 CD-ROM光存储系统

**1. CD-ROM的盘片结构**

(1) 聚碳酸酯的透明衬底

CD-ROM盘片的底层是用聚碳酸酯压制的透明衬底。聚碳酸酯衬底含有凸区和凹坑区，代表信息的凹坑就压在透明衬底上，两个相邻凹坑区之间称为凸区。在使用时要特

别注意保护底面，不要沾上指纹、不要划伤。

(2) 铝反射层

聚碳酸酯上是覆盖着反射铝或合金的铝反射层，增加记录面的反射性，它可以提高盘片的反射率。

(3) 漆保护层

反射面由防止氧化的漆保护层保护。保护层上印有标识符，凡带 MPC 标识符的盘，都可以在 MPC 系统中读出。

**2. CD-ROM 驱动器的结构**

CD-ROM 驱动器的结构如图 4-6 所示，共由 6 个部分组成。

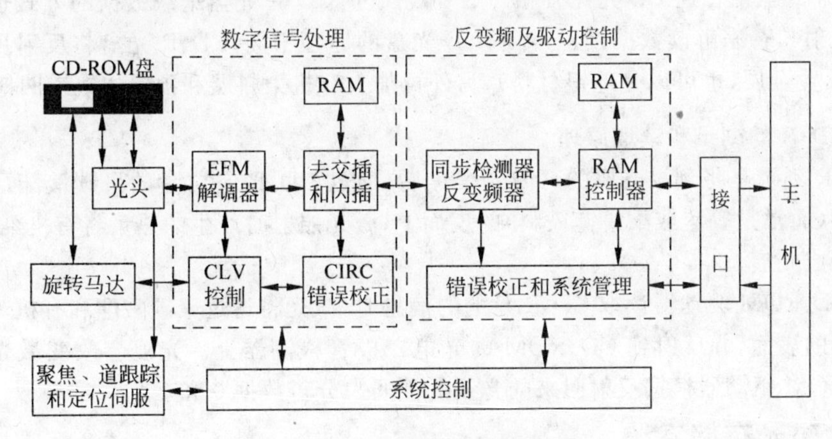


图 4-6　CD-ROM 驱动器结构图

(1) 光头

光头是 CD-ROM 驱动器的关键部件。它的功能是把存储在 CD-ROM 盘上的信息转换成电信号。

(2) 聚焦伺服

为使激光束的聚点落在光盘的信息面上，CD-ROM 驱动器采用自动聚焦伺服系统来实现。

(3) EFM 解调

从聚焦伺服系统输出的数据信号是经过 EFM 调制后的信号，EFM 解调过程是 EFM 调制过程的逆过程。

(4) 道跟踪伺服

为了确保聚焦光束能沿着道间距为 16μm、凹坑宽为 0.5μm 左右的螺旋形光道正确读出信息，CD-ROM 采用径向光道跟踪技术，以克服光盘可能的偏心，使道跟踪精度达到 0.1μm。

(5) CLV 伺服

由于 CD-ROM 盘要以恒定线速度(CLV)旋转，这就意味着，驱动光盘旋转的驱动马达的速度要随光头所处的位置而变化。

(6) 错误检测和校正处理

CD-ROM 采用二级错误校正,一级是 CIRC,另一级是 ECC。对那些由 CIRC 检测出来但不能纠正的错误,将由内插和噪声抑制功能部件处理,但对于程序一类的数字数据还需要做 ECC 校正。

### 4.4.5 CD-R 光存储系统

1991 年 11 月 Philips 公司制定了 CD-R(Compact Disc Recordable)标准,它是一种一次写、多次读的可刻录光盘系统。

**1. CD-R 盘片结构**

CD-R 光盘与普通 CD 光盘有相同的外观尺寸,CD-R 光盘记载数据的方式也是利用激光的反射与否来解读数据,但与普通 CD 光盘的原理不同,CD-R 光盘将反射用的铝层改用 24K 黄金层(也可以是纯银材料),另外再加上有机染料层和预置的轨道凹槽。

**2. CD-R 的刻录和读取原理**

CD-R 刻录是将刻录光驱的写激光聚焦后,通过 CD-R 空白盘的聚碳酸酯层照射到有机染料(通常是箐蓝或酞箐蓝染料)的表面上,激光照射时产生的热量将有机染料烧熔,并使其变成光痕。

当 CD-ROM 驱动器读取 CD-R 盘上的信息时,激光将透过聚碳酸酯和有机染料层照射镀金层的表面,并反射到 CD-ROM 的光电二极管检测器上。光痕会改变激光的反射率,CD-ROM 驱动器根据反射回来的光线的强弱来分辨数据 0 和 1。

### 4.4.6 磁光存储系统

磁光盘是利用激光和强磁场进行数据读/写和擦除的一种光存储系统。MO 利用聚焦激光照射在光盘记录层上形成极小的光斑,当光斑温度上升到居里点时,磁畴随外加磁场的作用而改变磁化方向(用 0 或 1 表示)。当磁畴温度恢复到环境温度时,磁畴呈高矫顽力,从而实现数据的写入;擦除时,只需翻转外加磁场的方向即可。

**1. 磁光盘的物理结构**

磁光盘片用树脂做基盘,其上集积了保护层(氮化硅)、记录层(铽、铁钴合金)和反射层(铝合金),数据都记录在记录层中。

**2. 磁光存储系统读/写原理**

数据的读取是利用低功率激光探测盘片表面,通过分析反射回来的偏振光的偏振面方向是顺时针或逆时针,来决定读取的数据是 1 还是 0。

写入数据是利用凸透镜进行聚焦,将高功率激光以极小的光点照射在磁光盘记录层上,在其表面温度上升到约 300℃的居里点时,用外部磁场改变其原磁化方向,然后中止激光光束让记录层冷却,形成不受外磁场影响的牢固记录层。

数据需要重写时,需经过“擦除”和“写入”两步,先利用中功率激光照射介质段区中的所有数据,使段区中的数据点都沿着与介质表面垂直的方向均匀磁化,即通过写入 0 来抹去原有数据,然后再根据要求用高功率激光在 0 位置写入数据 1,这样就完成了数据的重写。

### 4.4.7 DVD光存储系统

数字电视光盘(Digital Video Disc,DVD),它与Video CD有一定区别。DVD的问世是为了解决MPEG-2 Video节目的存储问题。

**1. DVD盘片的物理结构**

DVD盘片可分为单面单层、单面双层、双面单层和双面双层,一张DVD盘片的容量在4.7~17GB,DVD盘片的最小凹坑长度仅为0.4μm,道间距为0.74μm,采用波长为635~650nm的红外激光器读取数据,DVD盘片的厚度为1.2mm。对于单面盘而言,只有下层基底包含数据,上层基底没有数据;而双面盘的上下两层基底上均有数据。

**2. 5种规格的DVD光盘**

DVD用途广泛,有5种规格:电脑软件只读光盘DVD-ROM、家用的影音光盘DVD-Video、音乐盘片DVD-Audio、限写一次的DVD(DVD-R)、可多次读写的光盘DVD-RAM。

(1) DVD-ROM

DVD-ROM光驱可以读取大容量的DVD盘片,也可以向下兼容读取CD-ROM的盘片,还与CD-R兼容。

(2) DVD-R

DVD-R为单写多读型,且与DVD-Video、DVD-Audio、DVD-ROM兼容,1.0规格容量是3.95GB,需要高精密度的读写头,因为DVD-R的轨距只有0.8μm,是CD-R的一半,最短信号坑仅为0.293μm,约是CD-R的1/3,目前第三代后的DVD-ROM都可读。DVD-R光盘片采用有机色素膜,所以看起来是紫色的,可被356nm波长的激光吸收。

(3) DVD-RAM

DVD-RAM是用相变记录方式实现数据改写的一种DVD,所用的记录介质有两种类型:第一类是可以从机壳内取出的盘片,第二类是不能取出的盘片。双面介质只有第一类,单面介质两种类型都有。

DVD-RAM以岸道和沟道方式记录数据,除此之外,还使用更短波长的激光(650nm)、区域恒定线速度(Zoned Constant Linear Velocity,ZCLV)方式和标记边沿记录方式来提高记录密度。

(4) DVD-Audio

DVD-Audio采用的LPCM,就是未经压缩的原音重现,也是5.1声道,另外日本音响协会对CD下一代的超高音质提出了ADA(Advanced Digital Audio),针对100kHz的音域在非压缩情况下达到144dB以上的动态响应范围,并在CD中做到80分钟的长度。目前的DVD-Audio可达到94kHz、24bit的超高音质,每秒流量约384Kbps,也可以采用AC-3、DTS这两种规格,但是DVD-Audio需要自己的机器,有些DVD Player可以相容,PC上可能需要新的播放软件或是解压缩卡。

(5) DVD-Video

这就是熟知的DVD电影,与现有CD、VCD相比,DVD-Video光盘除了具有更大的存储容量外,还增加了如下功能:每一张盘上可放置多个节目(如可放置同一影片的不同版本);多声轨(如可放置多种语言);多种文字字幕;父母锁定控制;多角度观赏选择;版权保护;提供4:3或16:9的高品质视频图像,并能配以多通道伴音。

要实现这些功能,必须将所有数据按一定的格式存放在DVD盘上,DVD播放机才能读出这些数据,播放出高品质的画面和优美动听的音乐。

### 4.4.8 蓝光盘系统

蓝光盘(Blue-ray Disc,BD)是DVD之后的下一代光盘格式,用于存储高品质的影音以及大容量的数据存储,利用波长较短(405nm)的蓝色激光读取和写入数据,传统DVD需要光头发出红色激光(波长为650nm)来读取或写入数据,通常来说波长越短的激光,越能够在单位面积上记录或读取更多的信息。因此,蓝光极大地提高了光盘的存储容量,一个单层的蓝光盘的容量为25GB或是27GB,足够录制一个长达4小时的高解析影片。蓝光盘拥有一个异常坚固的层面,可以保护光盘里面重要的记录层。飞利浦的蓝光盘采用高级真空连接技术,形成了厚度统一的100$\mu$m的安全层。

## 4.5 常用多媒体设备

### 4.5.1 数码相机

数码相机是采用电荷耦合器件(Charge Coupling Device,CCD)或互补金属氧化物半导体(Complementary Metal-Oxide Semiconductor,CMOS)作为感光元件,把光学影像转换成电子数据的照相机。

**1. 数码相机的工作原理**

数码相机的核心部件是电荷耦合器件。使用数码相机时,只要对着被拍摄物体按动按钮,图像便会被分成红、绿、蓝3种光线,然后投影在电荷耦合器件上,电荷耦合器件把光线转换成电荷,其强度随被捕捉景物上反射的光线强度而改变,然后,电荷耦合器件把这些电荷送到模/数转换器,对光线数据编码,再储存到存储装置中。在软件支持下,可在屏幕上显示照片,还可以进行放大和修饰处理。

**2. 数码相机的结构**

数码相机主要的结构组成分为CCD矩形网格阵列、模/数转换器、存储介质、接口4个部分。

(1) CCD矩形网格阵列

数码相机的关键部件是CCD。数码相机的CCD阵列是排成一个矩形网格分布在芯片上的,形成一个对光线极其敏感的单元阵列,使相机可以一次摄入一整幅图像。

CCD是数码相机的成像部件,可以将照射于其上的光信号转变为电压信号。CCD芯片上的每一个光敏元件对应将来生成的图像的一个像素,CCD芯片上光敏元件的密度决定了最终成像的分辨率。

(2) 模/数转换器

数码相机内的A/D转换器将CCD上产生的模拟信号转换成数字信号,变换成图像的像素值。

(3) 存储介质

数码相机内部有存储介质,通常存储介质由普通的动态随机存取存储器、闪速存储器或小型硬盘组成。存储介质上可存储多幅图像,它们不需要电池供电也可以长时间保存数字图像。

(4) 接口

图像数据通过一个串行口或 SCSI 接口或 USB 接口从照相机传送到计算机。

**3. 数码相机的主要技术指标**

数码相机的性能指标可分成两部分：一部分指标是数码相机特有的；而另一部分指标与传统相机的指标类似,如镜头形式、快门速度、光圈大小以及闪光灯工作模式等。这里只简单介绍数码相机特有的性能指标。

(1) CCD 像素数

数码相机的 CCD 芯片上光敏元件数量的多少称为数码相机的像素数,是目前衡量数码相机档次的主要技术指标,决定了数码相机的成像质量。

(2) 色彩深度

色彩深度用来描述生成的图像所能包含的颜色数。数码相机的色彩深度有 24bit、30bit、高档的可达到 36bit。

(3) 存储功能

影像的数字化存储是数码相机的特色。数码相机内存的存储能力以及是否具有扩充功能成为重要的指标,在选购高像素数码相机时,要尽可能选择能使用更大容量存储介质的数码相机。

## 4.5.2 数码摄像机

数码摄像机是将光信号通过感光元件转换为电信号,再经过模数转换,以数字格式将信号保存在磁带、闪存卡、可重写光盘或硬盘上的一种摄像记录设备。在数码影像系统中,数码相机和数码摄像机都是数码影像的输入设备,其作用都是生成数码影像,区别在于数码相机主要用于拍摄静态图片,数码摄像机主要用于拍摄连续图片,生成影像。

**1. 工作原理**

数码摄像机的工作原理是光—电—数字信号的转变与传输,即通过感光元件将光信号转变成电流,再将模拟电信号转变成数字信号,由专门的芯片进行处理和过滤后得到的信息还原出来就是动态画面了。

数码摄像机的感光元件能把光线转变成电荷,通过模/数转换器芯片转换成数字信号,感光元件主要有两种：一种是广泛使用的 CCD,另一种是 CMOS。

**2. 分类**

数码摄像机按照不同的规则分为不同的类别。

按照用途分类,数码摄像机可分为广播级机型、专业级机型、消费级机型。

广播级机型主要应用于广播电视领域,图像质量高、性能全面,但价格较高,体积也比较大,它们的清晰度最高,信噪比最高,图像质量最好。

专业级机型一般应用在广播电视以外的专业电视领域,如电化教育等,图像质量低于广播级机型，不过近几年一些高档专业摄像机在性能指标等很多方面已超过旧型号的广播级摄像机，价格一般在数万元至十几万元之间。

消费级机型主要是适合家庭使用的摄像机，应用在图像质量要求不高的非业务场合，如家庭娱乐等，这类摄像机体积小、重量轻、便于携带、操作简单、价格便宜。在要求不高的场合可以用它制作个人家庭的 VCD、DVD，价格一般在数千元至万元之间。

按照存储介质分类，数码摄像机可分为磁带式、光盘式、硬盘式和存储卡式。

磁带式指以 Mini DV 为记录介质的数码摄像机，它最早在 1994 年由 10 多个厂家联合开发而成。通过 1/4 英寸的金属蒸镀带来记录高质量的数字视频信号。

光盘式是 DVD 数码摄像机，存储介质采用 DVD-R、DVR+R，或是 DVD-RW、DVD+RW 来存储动态视频图像，操作简单、携带方便，拍摄中不用担心重叠拍摄，更不用浪费时间去倒带或回放，尤其是可直接通过 DVD 播放器播放，省去了后期编辑的麻烦。

硬盘式指的是采用硬盘作为存储介质的数码摄像机。JVC 率先推出用微硬盘作存储介质，微硬盘体积和 CF 卡一样，和 DVD 光盘相比体积更小，使用时间上也是众多存储介质中最可观的，但是由于硬盘式 DV 产生的时间并不长，还存在诸多不足，如防震性能差等。随着价格的进一步下降，未来需求人群必然会增加。

存储卡式指的是采用存储卡作为存储介质的数码摄像机，例如风靡一时的“X 易拍”产品，作为过渡性简易产品，如今市场上已不多见。

**3. 数码摄像机的特点**

数码摄像机的特点如下。

(1) 清晰度高，色彩更加纯正。模拟摄像机记录模拟信号，所以影像清晰度不高，而数码摄像机记录的是数字信号，可以和专业摄像机相媲美。数码摄像机的色度和亮度信号带宽差不多是模拟摄像机的 6 倍，而色度和亮度带宽是决定影像质量的最重要因素之一。

(2) 体积小，重量轻。和模拟摄像机相比，数码摄像机的体积大为减小，重量大为减轻，极大地方便了用户。

(3) 记录声音达到 CD 水平。数码摄像机采用两种脉冲调制记录方式，一种是双声道立体声方式，一种是四声道方式。

(4) 能与计算机进行信息交换。数码摄像机可以方便地与计算机进行信息交换，可以无数次地转录，影像质量丝毫不会下降。

### 4.5.3 扫描仪

扫描仪是一种图形输入设备，由光源、光学镜头、光敏元件、机械移动部件和电子逻辑部件组成。主要用于输入黑白或彩色图片资料、图形方式的文字资料等平面素材。

**1. 扫描仪的工作原理**

扫描仪内部具有一套光电转换系统，可以把各种图片信息转换成计算机图像数据，并传送给计算机，再由计算机进行图像处理、编辑、存储、打印输出或传送给其他设备。其工作过程是：扫描仪的光源发出均匀光线照到图像表面，经过 A/D 模数转换，把当前“扫描线”的图像转换成电平信号，步进电机驱动扫描头移动，读取下一次图像数据，经过扫描仪

CPU处理后，图像数据暂存在缓冲器中，为输入计算机做好准备工作，按照先后顺序把图像数据传输至计算机并存储起来。

**2. 扫描仪的分类**

按扫描原理可将扫描仪分为以电荷耦合器件CCD为核心的平板式扫描仪、手持式扫描仪和以光电倍增管为核心的滚筒式扫描仪。

(1) 手持式扫描仪

体积较小、重量轻、携带方便，但扫描精度较低、质量较差。

(2) 平板式扫描仪

多数平板式扫描仪采用线性CCD阵列作为光电转换元件，是市场上的主力军，主要应用于A3和A4幅面图纸的扫描。分辨率通常为600～1200dpi，高的可达2400dpi，色彩数一般为30位，高的可达36位，扫描速度较快，原稿安装方便，价格较低。

(3) 滚筒式扫描仪

滚筒式扫描仪一般使用光电倍增管(Photo Multiplier Tube，PMT)，因此它的密度范围较大，而且能够分辨出图像更细微的层次变化；而平板式扫描仪使用的是电荷耦合器件，故其扫描的密度范围较小。电荷耦合器件CCD是一长条状感光元件，在扫描过程中用来将图像反射过来的光波转换为数位信号，平板式扫描仪使用的CCD大都是具有日光灯线性陈列的彩色图像感光器。一般应用于大幅面扫描领域中，如大幅面工程图纸的输入。

**3. 扫描仪的性能指标**

(1) 分辨率

分辨率是衡量扫描仪的关键指标之一。它表明了系统能够达到的最大输入分辨率，以每英寸扫描像素点数dpi表示，制造商常用“水平分辨率×垂直分辨率”的表达式作为扫描仪的标称，其中水平分辨率又被称为“光学分辨率”，垂直分辨率又被称为“机械分辨率”。光学分辨率是由扫描仪的感光元件以及感光元件中的单元数量决定的，机械分辨率是步进电机在平板上移动时所走的步数。光学分辨率越高，扫描仪解析图像细节的能力越强，扫描的图像越清晰。

(2) 灰度级

灰度级表示图像的亮度层次范围，级数越多，扫描仪图像亮度范围越大、层次越丰富。

(3) 色彩位数

色彩位数是影响扫描仪表现的另一个重要因素，是指彩色扫描仪支持的色彩范围，用像素的数据位表示。色彩位数越高，所能得到的色彩动态范围越大，也就是说，对颜色的区分更加细腻。

(4) 扫描速度

扫描速度是指在指定的分辨率和图像尺寸下的扫描时间，主要与扫描的分辨率、颜色模式和扫描的幅面有关。

(5) 扫描幅面

扫描幅面是指扫描图稿尺寸的大小，常见的有A4、A3和A0幅面等。

(6) 接口形式

接口形式是指扫描仪与计算机的连接形式，有 IDE、USB 和 SCSI 接口。

**4. 扫描仪的最新技术**

(1) 镜头技术

扫描仪的关键技术主要有镜头技术和 CCD 技术，它们决定扫描仪分辨率的高低。在镜头技术中包含可变焦镜头技术和多镜头技术。

(2) RGB 同步扫描技术

RGB 同步扫描技术所解决的是光电转换中的技术问题。先把彩色原稿分成三基色，然后分别进行光电转换，形成颜色数据，最后进行颜色合成，形成数字化图像。

(3) 高速图像处理器

在扫描仪中增加高速图像处理器，不但能减轻 CPU 和内存的负担，还可以加快数据传输的速度。

(4) 色增强技术

色增强技术是软件技术，是采用差值算法增加表现色彩的数据位数，达到增加色彩的目的。

(5) 智能去网技术

智能去网技术是硬件技术，通过电脉冲的方式，使生成的网格与图像网点保持严格的对应关系。

(6) 光学分辨率倍增技术 VAROS

光学分辨率倍增技术 VAROS 是一种硬件技术，可将扫描仪的光学分辨率提高一倍。

## 4.5.4 触摸屏

触摸屏是一种坐标定位装置，当用户用手触摸显示器上显示的菜单或按钮时，实际上触摸的是触摸检测装置，该装置将触摸位置的坐标数据通过通信口传送给计算机，并做出相应的响应。目前，触摸屏主要用于触摸式多媒体信息查询系统，改善了人机交互方式。

**1. 触摸屏的组成**

触摸屏系统一般由三部分组成：触摸屏控制器、触摸检测装置和驱动程序。

(1) 触摸屏控制器

触摸屏控制器有自己的 CPU，固化的监控程序，它的作用是分析触摸坐标信息，并将坐标信息数字化，通过电缆传送至主机，同时还能接收并执行主机发来的命令。

(2) 触摸检测装置

触摸检测装置直接安装在监视器前，用来检测用户的触摸坐标信息，并将信息传递给触摸屏控制卡。其特点是透明度高、可触摸。

(3) 驱动程序

触摸屏的驱动程序主要是提供数据分析方法、规范信号传送格式和控制硬件动作。

**2. 触摸屏的原理及特点**

触摸屏按照技术原理可以分为电阻式触摸屏、电容式触摸屏、红外线触摸屏、矢量压力触摸屏、表面声波触摸屏 5 种。

(1) 电阻式触摸屏

电阻式触摸屏的主要部分是一块与显示器表面非常配合的电阻薄膜屏，这是一种多层的复合薄膜，它以一层玻璃或硬塑料平板作为基层，表面涂有一层透明氧化金属(透明的导电电阻)导电层，上面再盖有一层外表面硬化处理、光滑防擦的塑料层，它的内表面也涂有一层导电涂层材料，在它们之间有许多细小的透明隔离点把两层导电层隔开绝缘。当手指触摸屏幕时，两层导电层在触摸点位置就有了接触，电阻发生变化，在 X 和 Y 两个方向上产生信号，然后传送至触摸屏控制器，控制器侦测到这一接触并计算出触摸的位置。

(2) 电容式触摸屏

电容式触摸屏在触摸屏四边均镀上狭长的电极，在导电体内形成一个低电压交流电场。在触摸屏幕时，由于人体电场，手指与导体层间会形成一个耦合电容，四边电极发出的电流会流向触点，而电流强弱与手指到电极的距离成正比，位于触摸屏幕后的控制器便会计算电流的比例及强弱，准确计算出触摸点的位置。电容触摸屏的双玻璃不但能保护导体及感应器，更有效地防止外在环境因素对触摸屏造成的影响，即使屏幕沾有污垢、尘埃或油渍，电容式触摸屏仍然能准确计算出触摸位置。

(3) 红外线式触摸屏

红外线式触摸屏是利用 X、Y 方向上密布的红外线矩阵来检测并定位用户的触摸。红外线触摸屏在显示器的前面安装一个电路板外框，电路板在屏幕四边排布红外发射管和红外接收管，一一对应形成横竖交叉的红外线矩阵。用户在触摸屏幕时，手指就会挡住经过该位置的横竖两条红外线，因而可以判断出触摸点在屏幕的位置。

因为红外线触摸屏不受电流、电压和静电干扰，所以适宜某些恶劣的环境，其主要优点是价格低廉、安装方便、不需要卡或其他任何控制器，可以用在各档次的计算机上。不过，由于只是在普通显示器前增加了框架，在使用过程中架框四周的红外线发射管和接收管很容易损坏。

(4) 矢量压力触摸屏

矢量压力触摸屏是在屏幕四角装上压力感应仪，当对触摸屏施加压力时，会由此引起感应仪的电阻抗变化，通过监测这些变化，将触摸压力点的位置和压力转换成坐标信息，从而计算出触摸点的确切位置。

(5) 表面声波触摸屏

表面声波是一种沿介质表面传播的机械波，表面声波触摸屏由触摸屏、声波发生器、反射器和声波接收器组成，声波发生器能发送一种高频声波跨越屏幕表面，当手指触及屏幕时，触点上的声波即被阻止，由此确定坐标位置。表面声波触摸屏不受温度、湿度等环境因素影响，分辨率极高，有极好的防刮性，寿命长(5000 万次无故障)，透光率高，能保持清晰透亮的图像质量，没有漂移，只需安装时一次校正，有第三轴(即压力轴)响应，适合公共场所使用。

### 4.5.5 投影仪

投影仪又称投影机，目前投影技术日新月异，随着科技的发展，投影行业也发展到了一个至高的领域。

**1. 投影仪的分类**

按显示技术划分，投影仪分为LCD(Liquid Crystal Display)投影仪、DLP(Digital Lighting Process)投影仪和CRT(Cathode Ray Tube)投影仪三大类。

按应用环境划分，投影仪可分为家庭影院型、便携商务型、教育会议型、主流工程型和专业剧院型。

**2. 投影仪技术原理**

LCD投影仪分为液晶板和液晶光阀两种。液晶是介于液体和固体之间的物质，本身不发光，但液晶分子的排列在电场作用下发生变化，影响其液晶单元的透光率或反射率，从而影响它的光学性质，产生具有不同灰度层次及颜色的图像。

(1) LCD液晶光阀投影仪

LCD液晶光阀投影仪采用CRT管和液晶光阀作为成像器件，是CRT投影仪与液晶和光阀相结合的产物。为了解决图像分辨率与亮度间的矛盾，它采用外光源，也叫被动式投影方式。一般的光阀主要由三部分组成：光电转换器、镜子、光调制器。目前，亮度、分辨率最高的投影仪，亮度可达15000流明，分辨率为1600×1200。

(2) LCD液晶板投影仪

LCD液晶板投影仪的成像器件是液晶板，也是一种被动式的投影方式。利用外光源金属卤素灯或冷光源，若是三块LCD板设计的则把强光通过分光镜形成R、G、B三束光，分别透射过RGB三色液晶板；信号源经过模数转换，调制加到液晶板上，控制液晶单元的开启、闭合，从而控制光路的通、断，再经镜子合光，由光学镜头放大，显示在大屏幕上。

(3) DLP数码投影仪

DLP数码投影仪以数字微反射器(Digital Micro mirror Device，DMD)作为光阀成像器件。其工作原理是：光束通过一高速旋转的色轮分解为R、G、B三原色后，投射DMD芯片。DMD芯片由很多微小的镜片组成，每个小镜片均可在+10°与-10°之间自由旋转并且由电磁定位。信号输入后，经过处理作用于DMD芯片，从而控制镜片的开启和偏转。入射光线在经过DMD镜片的反射后由投影镜头光学透镜投影成像，投射在大屏幕上。

### 4.5.6 语音识别系统

语音识别是将人发出的声音、字或短语转换成文字、符号或给出响应，如执行控制、做出回答等。语音识别将可能取代键盘和鼠标成为计算机的主要输入手段。

**1. 语音识别系统的分类**

语音识别系统的分类有多种方法，主要的分类标准如下。

(1) 按可识别的词汇量多少，语音识别系统分为小、中、大词汇量3种。

(2) 按语音的输入方式，语音识别的研究集中于对孤立词、连接词和连续语音的识别。

(3) 按发音人可分为特定人、限定人和非特定人语音识别3种。

(4) 对说话人的声纹进行识别，称为说话人识别。

**2. 语音识别系统的最终目标**

语音识别系统的最终目标如下。

(1) 不存在对说话人的限制,即非特定人的。

(2) 不存在对词汇量的限制,即基于大词汇表的。

(3) 不存在对发音方式的限制,即可识别连续自然的发音。

(4) 系统的整体识别率相当高,接近于人类对自然语音的识别能力。这也正是听写机系统最终要达到的目标。

**3. 语音识别系统目前存在的困难**

目前要完全实现上述目标,还存在很多困难。

(1) 很难适应各种年龄、性别、口音、发音速度、语音强度、发音习惯与方式等的差异。

(2) 系统随着能够识别的词汇量增大,所需要的空间和时间的花销就越多,最终将导致系统的识别性能急剧下降而丧失可用性。

(3) 尽管连续发音是人们最为自然的发音方式,但是识别系统很难也不可能把连续语音作为一个整体来进行识别。

(4) 实用的识别系统要求提高语音特征参数的鲁棒性,对不同非高斯噪声的非敏感性,以及对不同用户的适应能力等,这些复杂性需求的实现是非常困难的。

**4. 语音识别的应用**

语音识别的应用领域非常广泛,常见的应用系统有:语音输入系统,相对于键盘输入方法,它更符合人的日常习惯,也更自然、更高效;语音控制系统,即用语音来控制设备的运行,相对于手动控制来说更加快捷、方便,可以用在诸如工业控制、语音拨号系统、智能家电、声控智能玩具等许多领域;智能对话查询系统,根据客户的语音进行操作,为用户提供自然、友好的数据库检索服务,例如家庭服务、宾馆服务、旅行社服务系统、订票系统、医疗服务、银行服务和股票查询服务等。

## 4.6 本章小结

本章介绍了多媒体计算机(MPC)的定义、标准,介绍了音频卡和视频卡的工作原理、功能等,讨论了常用的光存储介质的类型、原理等,介绍了常用的多媒体设备的原理、功能、分类和相关技术指标。

多媒体个人计算机(Multimedia Personal Computer,MPC),是指具有多媒体功能的个人计算机,它是在PC基础上增加一些硬件板卡及相应软件,使其具有综合处理文字、声音、图像、视频等多种媒体信息的功能。MPC联盟对CPU、存储器容量和屏幕显示功能等规定了最低的规格标准,如MPC-1、MPC-2、MPC-3。

音频卡的主要功能是:音频的录制与播放、编辑与合成、MIDI、文语转换、CD-ROM接口及游戏接口等。

视频采集卡又称视频捕捉卡,其功能是将模拟摄像机、录像机、电视机输出的视频信号等输入计算机,并转换成计算机可辨别的数字数据,存储在计算机中,成为可编辑处理的视频数据文件。

常用的光存储系统分为只读型、一次写入型和可重写型光存储系统三大类。只读型光存储系统通常称为CD-ROM,CD-ROM只读式压缩光盘,其技术来源于激光唱盘,形状也类似于激光唱盘,能够存储650MB左右的数据,用户只能从CD-ROM中读取信息,而不能往盘上写信息。一次写入型光存储系统(Write Once Read Many,WORM)可一次写入,任意多次读出。可重写光存储系统(Rewritable或Erasable,E-R/W)像硬盘一样可任意读写数据。

数码相机是采用电荷耦合器件(Charge Coupling Device,CCD)或互补金属氧化物半导体(Complementary Metal-Oxide Semiconductor,CMOS)作为感光元件,把光学影像转换成电子数据的照相机。

数码摄像机是将光信号通过感光元件转换为电信号,再经过模数转换,以数字格式将信号保存在磁带、闪存卡、可重写光盘或硬盘上的一种摄像记录设备。在数码影像系统中,数码相机和数码摄像机都是数码影像的输入设备,其作用都是生成数码影像,区别在于数码相机主要用于拍摄静态图片,数码摄像机主要用于拍摄连续图片,生成影像。

扫描仪是一种图形输入设备,由光源、光学镜头、光敏元件、机械移动部件和电子逻辑部件组成。主要用于输入黑白或彩色图片资料、图形方式的文字资料等平面素材。

触摸屏是一种坐标定位装置,当用户用手触摸显示器上显示的菜单或按钮时,实际上触摸的是触摸检测装置,该装置将触摸位置的坐标数据通过通信口传送给计算机,并做出相应的响应。

按显示技术划分,投影仪分为LCD(Liquid Crystal Display)投影仪、DLP(Digital Lighting Process)投影仪和CRT(Cathode Ray Tube)投影仪三大类。

按应用环境划分,投影仪可分为家庭影院型、便携商务型、教育会议型、主流工程型和专业剧院型。

语音识别是将人发出的声音、字或短语转换成文字、符号或给出响应,如执行控制、做出回答等。语音识别将可能取代键盘和鼠标成为计算机的主要输入手段。

## 4.7 练习题

1. 简述音频卡的工作原理和功能。
2. 简述视频卡的工作原理。
3. 常用的光存储介质有哪些?
4. 列举几种常见的多媒体设备。
5. 简述触摸屏的工作原理。
6. 简述语音识别技术的最终目标和目前存在的困难。

# 第 5 章

# 多媒体应用系统的设计与开发

**学习目标：**

(1) 了解：多媒体开发工具的特点、多媒体应用系统的类型。

(2) 理解：多媒体开发工具的功能、多媒体应用系统界面设计的原则和内容。

(3) 掌握：多媒体应用系统的设计流程。

随着计算机技术和多媒体技术的发展，多媒体应用系统已被广泛用于各种领域，应用系统形式也多种多样，例如电子出版物、多媒体教学软件等。要开发多媒体应用系统需要专门的多媒体开发工具，按照规范的设计流程进行生产和制作。

## 5.1 多媒体开发工具

多媒体开发工具是进行多媒体制作、多媒体应用系统开发的基础工具，利用多媒体开发工具可以将文本、图形、图像、音频、动画和视频等各种多媒体素材集成到多媒体应用软件中，并添加交互控制。

### 5.1.1 多媒体开发工具的特点

多媒体开发工具有以下特征。

**1. 编辑特性**

在多媒体创作系统中，通常会包括一些编辑正文和静态图像的编辑工具。

**2. 组织特性**

多媒体的组织、设计与制作过程涉及编写脚本及流程图。某些创作工具提供可视的流程图系统，或者在宏观上用图表示项目结构的工具。

**3. 编程特性**

多媒体创作系统通常提供下述方法：提示和图符的可视编程；脚本语言编程；传统的语言工具，如 C 语言、C++语言等；文档开发工具。

借助图符进行可视编程大多数是最简单和最容易的创作过程。如果用户打算播放音频或者把一个图片放入项目中，只要把这些元素的图符“拖进”播放清单中即可。像 Action、Authorware、IconAuther 这样一些可视创作工具对播放和展示幻灯片特别有用。

创作工具提供脚本语言供导向控制之用,并使用户的输入功能更强,如 HyperCard、SuperCard、Director 等。脚本语言提供的命令和功能越多,创作系统的功能越强。

功能很强的文档参照和提交系统是某些项目的关键部分。某些创作系统提供预格式化的正文输入、索引功能、复杂正文查找机构以及超文本链接工具。

#### 4. 交互式特性

交互式特性使项目的最终用户能够控制内容和信息流。创作工具应提供一个或多个层次的交互式特性。

简单转移:通过按键、鼠标或定时器超时等,提供转移到多媒体产品中另外一部分的能力。

条件转移:根据 IF-THEN 的判定或事件的结果转移,支持 GOTO 语句。

结构化语言:支持复杂的程序设计逻辑,比如嵌套的 IF-THEN、子程序、事件跟踪,以及在对象和元素中传递信息的能力。

#### 5. 性能精确特性

复杂的多媒体应用常常要求事件精确同步,因为用于多媒体项目开发和提交的各种计算机性能差别很大,要实现同步是有难度的。在很多情况下,人们需要使用自己创作的脚本语言和传统的编程工具,再由处理器构成的系统定时和定序。

#### 6. 播放特性

在制作多媒体项目的时候,要不断地装配各种多媒体元素并不断测试它,以便检查装配的效果和性能。

创作系统应具有建立项目的一个段落或一部分并快速测试的能力,测试时就好像用户在实际使用它一样。

#### 7. 提交特性

提交项目的时候,可能要求使用多媒体创作工具建立一个运行版本。运行版本允许播放用户的项目,而不需要提供全部创作软件及其所有的工具和编辑器。通常,运行版本不允许用户访问或改变项目的内容、结构和程序,出售的项目应是运行版本的形式。

### 5.1.2 多媒体开发工具的类型

多媒体开发工具是多媒体应用系统开发的基础,基于多媒体开发工具的创作方法和结构特点的不同,可将其划分为以下几类。

#### 1. 基于时基的多媒体创作工具

基于时基的多媒体创作工具所制作出来的节目,是由可视的时间轴来决定事件的顺序和对象上演的时间。这种时间轴包括许多行道或频道,以便安排多种对象同时展现,它还可以用来编程控制转向一个序列中的任何位置的节目,从而增加了导航功能和交互控制。通常基于时基的多媒体创作工具中都具有一个控制播放的面板,它与一般录音机的控制面板类似。在这些创作系统中,各种成分和事件按时间路线组织。

优点:操作简便、形象直观,在一时间段内,可任意调整多媒体素材的属性,如位置、转向等。

缺点：要对每一素材的展现时间做出精确安排，调试工作量大。

典型代表：Director 和 Action。

**2. 基于图标或流线的多媒体创作工具**

在这类创作工具中，多媒体成分和交互队列按结构化框架或过程组织为对象。它使项目的组织方式简化而且多数情况下是显示沿各分支路径上各种活动的流程图，创作多媒体作品时，创作工具提供一条流程线，供放置不同类型的图标使用。多媒体素材的展现是以流程为依据的，在流程图上可以对任一图标进行编辑。

优点：调试方便，在复杂的航行结构中，流程图有利于开发过程。

缺点：当多媒体应用软件规模很大时，图标及分支增多，进而复杂度增大。

典型代表：Authorware 和 IconAuther。

**3. 基于页面或卡片的多媒体创作工具**

基于页面或卡片的多媒体创作工具提供一种可以将对象连接于页面或卡片的工作环境。一页或一张卡片便是数据结构中的一个结点，它类似于教科书中的一页或数据袋内的一张卡片，只是这种页面或卡片的结构比教科书上的一页或数据袋内的一张卡片的数据类型更为多样化。在基于页面或卡片的多媒体创作工具中，可以将这些页面或卡片连接成有序的序列，这类多媒体创作工具以面向对象的方式来处理多媒体元素，这些元素用属性来定义，用剧本来规范，允许播放声音元素、动画和数字化视频节目。在结构化的导航模型中，可以根据命令跳至所需的任何一页，形成多媒体作品。

优点：便于组织和管理多媒体素材。

缺点：在要处理的内容非常多时，由于卡片或页面数量过大，不利于维护和修改。

典型代表：ToolBook 和 HyperCard。

**4. 以传统程序语言为基础的多媒体创作工具**

以传统程序语言为基础的多媒体创作工具通过编写程序集成各种多媒体素材，可以提供丰富的控件对作品进行控制，可以访问多媒体数据库，可以将创建的应用程序打包成可执行文件。

优点：功能强大、编程灵活、可扩展性好。

缺点：由于需要编写程序，对制作人员要求高，编程量较大，而且重用性差，不便于组织和管理多媒体素材，调试困难。

典型代表：VB、VC 等可视化编程语言。

如果按多媒体开发工具的创作界面进行分类，可分为幻灯式、书本式、窗口式、时基式、网络式、流程图式和总谱式。

幻灯式，线性表现结构，如 Microsoft PowerPoint；书本式，建立像书一样的多维结构，如 ToolBook；窗口式，一个窗口就是屏幕上的一个与用户交互的对象，在窗口中的所有控件和对象都通过窗口接受控制，如 ToolBook；时基式，采用按时间轴顺序的创作方式，如 Action；网络式，最具交互式的应用程序，允许用户从应用程序空间的任意一个对象不受限制地跳转至任何其他对象；流程图式，它提供直观的编程界面，利用各种功能图标逻辑结构的布局，体现程序运行的结构，如 Authorware；总谱式，以角色和帧为对象的多媒体创作工具软件，可以视为时基式与脚本的结合，如 Director。

### 5.1.3　多媒体开发工具的功能

基于应用目标和使用对象的不同，多媒体创作工具的功能将会有较大的差别。归纳起来，多媒体开发工具的功能如下。

**1. 良好的面向对象的编程环境**

多媒体开发工具能够向用户提供编排各种媒体数据的环境，也就是说能够对媒体元素进行基本的信息和信息流控制操作，包括条件转移、循环、算术运算、逻辑运算、数据管理和计算机管理等。多媒体创作工具还应具有将不同媒体信息输入程序能力、时间控制能力、调试能力、动态文件输入与输出能力等。

**2. 具有较强的多媒体数据 I/O 的功能**

媒体数据制作由多媒体素材编辑工具完成，在制作过程中经常使用原有的媒体素材或加入新的媒体素材，因此要求多媒体开发工具应具备数据输入输出能力和处理能力。另外对于参与创作的各种媒体数据，可以进行即时展现和播放，以便能够对媒体数据进行检查和确认。

**3. 动画处理功能**

利用多媒体开发工具可以通过程序控制实现显示区的位块移动和媒体元素的移动。多媒体创作工具也能播放由其他动画软件生成的动画的能力，以及通过程序控制动画中的物体的运动方向和速度，制作各种过渡等。

**4. 超链接功能**

超链接是指从一个对象跳到另一个对象、程序跳转、触发、链接等。从一个静态对象跳到另一个静态对象时，允许用户指定跳转链接的位置，也允许从一个静态对象跳到另一个基于时间的数据对象。

**5. 应用程序的连接功能**

多媒体开发工具能将外界的应用控制程序与所创作的多媒体应用系统连接，使得多媒体应用程序可激发另一个多媒体应用程序并加载数据，然后返回运行的多媒体应用程序。

**6. 友好的交互性**

多媒体开发工具具有友好的人机交互界面，具备必要的联机检索帮助和导航功能，使多媒体应用软件能够根据用户的要求和使用情况做出不同响应，实现真正的人机对话。

## 5.2　多媒体应用系统概述

多媒体技术引入到计算机领域后，计算机可以综合处理文本、图形、图像、音频、动画和视频等信息，增强了信息处理的种类和能力，由于其良好的交互性，也大大增强了系统的功能，拓展了应用范围。

### 5.2.1　多媒体应用系统的特点

多媒体应用系统具有以下特点。

**1. 增强计算机的友好性**

由于多媒体技术处理音频和视频等这些信息，缩短了人机的距离，增强了人机交互性。

**2. 多媒体技术的标准化**

由于多媒体技术涉及的范围广，需要相关的标准进行研究和开发，现在已有相关的标准，如 JPEG 标准、MPEG 标准等为多媒体应用系统的开发和应用制定了规范。

**3. 多媒体技术的集成性和工具化**

在多媒体软件方面有许多集成环境和工具，用来辅助完成多媒体应用系统的开发。这些集成环境和工具支持多种多媒体标准和产品，无须编写程序也能够制作多媒体应用系统。

**4. 技术含量高**

多媒体技术涉及音频、动画、视频、信息压缩与解压缩、网络等多个领域，这些领域都是尖端技术，发展也十分迅速。

### 5.2.2　多媒体应用系统开发团队

多媒体应用系统是集体智慧的结晶，要进行专业水平的开发，需要成立专门的多媒体应用系统开发团队。一个完整的开发团队，应配备下列人员。

**1. 开发组长**

组长是整个团队的核心，主要负责整个应用系统的开发、实施、监控，以及其他日常工作，做成本评估、预算、合理安排进度、召开工作会议、把握整个团队的开发动态等。

**2. 多媒体设计师**

多媒体设计师包括信息设计师、图形设计师、动画设计师、图像处理专家等。其中信息设计师要对应用系统的内容进行结构化处理，决定用户的信息走向和反馈，选择合适的展示媒体等；图形设计师负责图形的设计，将图形扫描至计算机并进行处理；动画设计师负责动画的设计，通过专门的动画处理软件制作和加工相关动画；图像处理专家负责整个系统的图像的加工和处理。

**3. 音频专家**

音频的质量是多媒体应用系统成功开发的重要因素之一。音频专家主要负责产生音乐、配音和音响效果。

**4. 视频专家**

视频专家必须具备项目管理经验，而且从概念提出一直到最后编辑的各个阶段有着高超技艺的专业人员，他们除了具备一些基础的拍摄知识之外，还需要十分熟悉在计算机上综合处理和加工数字编辑的工具。

**5. 写作专家**

写作专家需要创造角色、情节等，撰写建议书和配音稿，写发送消息的屏幕文字说明等。

**6. 多媒体程序员**

多媒体程序员利用创作工具进行多媒体应用编程，把应用系统中所有多媒体元素集成为一个整体。

在实际开发过程中，团队里的成员常常一人兼做几件事。比如，团队组长可能也是个视频专家。除了上述介绍的6种人员外，还可能需要其他类型的人才，如艺术指导、编辑人员、摄影师等。

## 5.3 多媒体应用系统的设计流程

设计多媒体应用系统，先需要做好应用系统的选题、分析工作；接着设计脚本；编辑素材，选择合适的素材编辑处理软件，对所需的各种媒体素材进行加工处理；然后进行编码，并将相关素材集成；进行系统测试和修改，修改错误，优化系统；最后系统包装、发行。

**1. 确定主题**

在设计多媒体应用系统前，需要针对系统的使用人群和市场需求，做好需求分析工作。确定主题时应考虑以下问题。

(1) 确定对象和目标

调查使用者范围、消费能力、采购动机、作品要达到的目的和效果。

(2) 确定内容和形式

分析系统的主题内容、资料版权，明确系统的内容、表现策略和表现形式。

(3) 明确条件与限制

分析系统内容的可行性和必要性，预估开发成本、开发周期、发行量、成本效益、市场竞争力、投资回收率和播放环境等内容，确定现有的水平能否顺利完成系统的制作。

**2. 设计脚本**

设计脚本是成功开发多媒体应用系统的关键步骤之一。由于多媒体产品的特点不同，其脚本格式和表述方法也不同，但设计脚本时应把握多媒体的集成性和交互性。多媒体脚本在某种程度上和电影剧本类似，如版面设计、图文比例、显示方式、音乐节奏和交互方式等。脚本不仅要规划出各项内容显示的顺序和步骤，还要描述其间的分支路径、衔接的流程和每一步的详细内容。脚本的设计还要根据创作工具的特点和人接受信息的心理特征等综合因素来考虑。在设计脚本时，还要注意媒体的选择、脚本内容顺序及控制路径的设计。

**3. 编辑素材**

编辑素材是指根据设计方案的具体要求，把组织好的素材变成计算机能够处理的资源。也就是说，将文字输入计算机中，将图形、图像扫描到计算机中，录音、录像分别通过音频卡、视频卡数字化后存入计算机中。

**4. 编码集成**

根据预先设计好的多媒体脚本，将各种制作好的文本、图形、图像、音频、动画和视频等素材，利用现有的编辑工具、创作工具或程序进行集成，生成完整的多媒体应用系统。

**5. 系统测试和优化**

多媒体应用系统制作完成后，需要对系统进行测试，改正错误，修补漏洞，并请专家和用户进行评审。根据测试结果进行修改，有必要的话，可以进行优化系统，从而达到最佳效果。测试的具体内容主要包括：内容的正确性测试、系统功能测试、安装测试、执行效率测试、兼容性测试、内部人员和外部人员测试。

**6. 系统包装、发行**

经过检查、优化，确定没有问题后，需要将多媒体应用系统打包，刻录成光盘发行。与此同时，还需要提供使用说明书、帮助信息和宣传材料等。

## 5.4　多媒体应用系统人机界面设计

人机界面是人与计算机之间传递、交换信息的媒介和对话接口，是计算机系统的重要组成部分。

### 5.4.1　人机界面设计内容

设计多媒体应用系统人机界面的主要内容包括以下几个方面。

(1) 调查用户对界面的要求和环境。

(2) 用户特性分析。

(3) 任务分析。

(4) 建立界面模型。

(5) 任务设计。

(6) 环境设计。

(7) 界面类型设计。

(8) 交互设计。

(9) 屏幕显示和布局设计。

(10) 帮助和出错信息设计。

(11) 原型设计。

(12) 界面测试和评估。

在人机界面设计中，首先收集有关用户及其应用环境信息后，分析用户特性，如使用该界面的用户是从未使用过计算机的外行，还是略有使用经验的初学者，还是熟练的操作用户等。还要进行用户任务分析，了解用户使用系统的频率、用途等，记录用户有关系统的概念、术语等，用户任务分析的过程中对界面设计要有界面规范说明，选择合适的界面设计类型，并确定设计的主要组成部分。然后进行任务设计，需在考虑用户工作方式、系统环境和支持因素下进行任务设计，设计时应给出人与计算机的活动，使设计者能够理解在设计界面时所遇到的问题，这样形成操作手册和用户说明书的基础。接着确定界面类型，在确定界面类型时要考虑使用的难易程度、学习的难易程度、操作速度、复杂程度和开发的难易程度等，一方面要考虑用户状况，选择一个或几个适合的界面类型；另一方面要匹配界面任务和系统需要，对交互形式进行分类，当界面类型确定后，就可以将界面分析结果综合成设计决策，进行界面结构的设计与实现，包括界面对话设计、数据输入界面设计、屏幕显示设计、控制界面设计等。

## 5.4.2 人机界面设计原则

根据用户心理学和认知科学，提出了如下基本原则指导人机界面交互设计。

### 1. 用户原则

信息的反馈和屏幕的显示都是面向用户的，界面设计应通过任务提示和反馈信息来指导用户，做到“以用户为中心”。因此，在满足用户需求的情况下，应使显示的信息量减到最小。其次，反馈信息应能被用户正确理解和使用。最后，指导和帮助用户尽快适应、熟悉和正确掌握新系统的环境。

### 2. 一致性原则

从任务和信息的表达、界面控制操作等方面与用户理解熟悉的模式尽量保持一致。在设计界面时，应使界面尽可能地与用户原来的模式一致，如果原来没有模型，就给出一个新系统的清晰结构，使用户容易适应。

### 3. 布局适当性原则

屏幕布局因功能不同，考虑的侧重点也不同。各功能区要重点突出、功能明显，无论哪一种功能设计，其屏幕布局都应遵循以下五项原则。

(1) 平衡原则

注意屏幕上下左右平衡，不要堆挤数据，过分拥挤的显示也会产生视觉疲劳和接收错误。

(2) 预期原则

屏幕上所有对象，如窗口、按钮、菜单等处理应一致化，使对象的动作可预期。

(3) 经济原则

在提供足够的信息量的同时要注意简明、清晰。

(4) 顺序原则

对象显示的顺序应按照需要排列，通常应最先出现对话，然后通过对话将系统分段实现。

(5) 规则化

画面应对称，显示命令、对话及提示行在一个应用系统的设计中尽量统一规范。

### 4. 简洁性原则

界面的信息内容应准确、简洁，并能给出强调的信息显示。

(1) 准确：信息表达意思明确，无二义性。

(2) 简洁：用尽可能少的文字表达所需的信息，在有关键字的数据输入对话和命令语言对话中采用缩码作为略语形式。

(3) 尽量用肯定句而不要用否定句，用主动语态而不用被动语态，英文词语尽量避免缩写。

(4) 在屏幕显示设计中，一幅画面不要文字太多，若必须有较多文字时，尽量分组分页，在关键词处进行加粗、改变字体等处理，但同行文字尽量字形统一。

**5. 颜色合理使用原则**

颜色的调配对屏幕显示也是重要的一项设计，颜色不仅是一种有效的强化技术，还具有美学价值。使用颜色时应注意以下几点。

(1) 限制同时显示的颜色数，一般同一画面颜色不宜超过 4 或 5 种，可用不同层次及形状来配合颜色，增加变化。

(2) 画面中活动对象颜色应鲜明，而非活动对象应暗淡。对象颜色应尽量不同，前景色宜鲜艳一些，背景色则应暗淡一些。

(3) 尽量避免不兼容的颜色放在一起，如黄与蓝，红与绿等，除非作对比的时候使用。

(4) 若用颜色表示某种信息或对象属性，要使用户懂得这种表示，且尽量用常规准则表示。

**6. 媒体最佳组合原则**

多媒体界面设计的成功并不在于仅向用户提供丰富的媒体，而应在相关理论指导下，注意处理好各种媒体间的关系，并恰当选用。

**7. 帮助和提示原则**

要对用户的操作命令做出反应，帮助用户处理问题，系统要设计有恢复出错现场的能力，在系统内部处理工作要有提示，尽量把主动权让给用户。

**8. 结构性原则**

界面设计应注重结构化，减少复杂度。结构化应与用户知识结构相兼容，因此，信息组织的要求是用一种简单的方法只把相关信息提供给用户。

## 5.5　开发多媒体应用系统应注意的问题

多媒体应用系统的开发是一项复杂的、系统性的工作，在开发过程中需注意以下几点。

**1. 准确定位**

首先定位要准确，选题既要合适又要有创新，内容前后要衔接流畅。这是多媒体应用系统开发成功与否的关键。

**2. 注意脚本编写**

编写脚本是多媒体应用系统开发中的一项重要内容。规范的脚本对软件质量的保证、软件开发效率的提高起到积极的作用。脚本的编写除了由具有丰富开发经验的脚本编写人员制作外，还需要和参与开发的人员一起讨论，集体完成。

**3. 选择合适的媒体素材**

多媒体应用系统要有效地集成多种媒体素材，因此，在设计时应注意使多种媒体信息实现时间上的重合和空间上的并置。选择媒体素材时，要以适当为原则，各种媒体素材的选择应该围绕表达软件内容、突出软件主题进行，另外，还需要根据多媒体应用系统的使用环境、范围等设置素材的格式和质量。

**4. 注重友好的界面和清晰的导航**

交互性是多媒体的主要特性之一，在开发多媒体应用系统时，应尽可能设计图文并茂、丰富多彩的交互界面，遵循简洁性、容错性和反馈性原则。另外，多媒体应用系统的信息量大、开放性强，用户在使用时容易出现迷航现象，因此在设计时应当为用户提供明确、清晰的导航系统，提高其可操作性，设计导航时应综合考虑用户类型和水平、软件类型和内容等因素。

## 5.6 多媒体应用系统实例

下面简单介绍两种典型的多媒体应用系统的开发设计过程：多媒体教学软件和多媒体电子出版物。

### 5.6.1 多媒体教学软件

多媒体教学软件是根据课程教学大纲的培养目标要求，用文本、图形、图像、音频、动画和视频等多媒体与超文本结构去展现教学内容，并且用计算机技术进行记录、存储与运行的一种教学软件，它能让学生进行交互操作，并对学生的学习做出评价的教学媒体。

**1. 多媒体教学软件的特点**

多媒体教学软件是一种根据教学目标设计的，能表现特定教学内容的教学媒体，它具有以下特点。

(1) 多样性

多媒体教学软件实现了教学信息载体的多样化或者多维化，实时地处理文本、图形、图像、音频、动画和视频等多种媒体信息。

(2) 集成性

多媒体教学软件的集成性是指信息多通道统一获取和合成，统一组织和存储。把分散的、单一的、不同类别的素材经过加工和处理后，集成为一个逻辑系统。

(3) 交互性

多媒体教学软件利用图形交互界面，提供友好的人机界面。学生可以根据自己的情况选择学习路径和学习内容，它还可以对学生的学习效果进行分析和评价，并反馈结果。

(4) 超链接性

多媒体教学软件的结构是一种非线性、超链接的网状结构，这种结构能够实现知识点之间的超链接，使学习内容的组织符合人类的认知规律和思维方式。

**2. 多媒体教学软件的类型**

根据多媒体教学软件内容和作用的不同，可以将多媒体教学软件分为以下几种类型。

(1) 课堂演示型

课堂演示型多媒体教学软件主要演示在课程教学中难以看到的各种现象、运动过程和规律等，是为了解决某一学科的教学重点与教学难点而开发的。

(2) 自主学习型

自主学习型多媒体教学软件具有完整的知识体系结构，能反映一定的教学过程和教学策略，提供相应的练习供学生进行学习和评价，学生可以很方便地进行人机交互活动。

(3) 智能学习型

智能学习型多媒体教学软件是利用人工智能技术开发的，它根据学生的已经掌握的知识和技能，建立有针对性的教学策略，确定要传递给学生解决的问题，评价其学习行为和学习效果等。

(4) 操作复习型

操作复习型多媒体教学软件主要是通过问题的形式来训练和强化学生某方面的知识和能力，让学生模拟实验操作，全面提高学生的能力和水平。

(5) 资料工具型

资料工具型多媒体教学软件用于提供某类教学资料或某种教学功能，它主要包括各种电子工具书、电子字典、各类图像库、图形库、音频库和视频库等。

(6) 教学游戏型

教学游戏型多媒体教学软件是基于学科的知识内容，寓教于乐，通过游戏的形式，激发学生学习的兴趣，让学生更好地掌握学科知识内容。

**3. 多媒体教学软件的开发过程**

多媒体教学软件的开发，一般分为以下步骤。

(1) 选题

选题除遵循前面介绍的多媒体应用系统的设计流程中确定主题时需考虑的问题外，还要注重选择能够发挥多媒体技术优势、切实优化教学过程的题材。

(2) 多媒体教学软件的教学设计

教学设计是以认知学习理论为基础，以教育传播过程为对象，采用系统科学方法进行的一种教学规则过程和操作程序。多媒体教学软件的教学设计是应用系统论的方法和观点，首先要分析学生原有的知识结构和能力，根据教学内容、学生特征和社会需要，确定教学目标，接着合理地选择与设计多媒体信息，并把它们作为要素分别安排在不同的信息单元中，再建立教学内容知识结构，以实现预期的教学目标，最后根据教学目标和教学内容设计一些练习题，对学生进行考核，优化教学效果。

(3) 多媒体教学软件的系统设计

教学设计阶段结束后，接下来需要对多媒体教学软件进行系统设计，主要包括超媒体结构设计、导航策略设计和友好交互界面设计。

(4) 多媒体教学软件的文字稿本编写

稿本编写是多媒体教学软件开发中的一项重要内容。文字稿本是按照教学过程的先后顺序描述教学环节的内容及其呈现方式的一种稿本形式，通常是由学科专业教师来完成的。

多媒体教学软件的文字稿本应包含软件名称、学科名称、使用对象、使用方式、教学单元、教学目标、知识结构流程图等。

(5) 脚本的编写

由于多媒体教学软件的制作需考虑所呈现的各种媒体信息内容的位置、大小和显示特点，因此文字稿本不能作为多媒体教学软件制作的直接依据，还需要将文字稿本改写成制作脚本。制作脚本体现了多媒体教学软件的系统知识结构和教学功能，并作为软件制作的直接依据的形式。一般情况下，制作脚本包括封页与封底设计、屏幕设计、单元主页设计、链接关系的描述和软件系统结构说明等。

(6) 软件制作

软件开发人员根据所编写好的脚本，将各种制作好的多媒体素材，利用开发工具和处理软件等进行整合集成，生成最终产品。

(7) 课件调试打包

经过测试、调试，课件就可以打包生成程序，即可投入使用了。

**4. 多媒体教学软件制作中需注意的问题**

多媒体教学软件有利于引导学生的注意力，激发学生的学习兴趣，提高教学质量和教学效率。要使多媒体教学软件达到很好的教学效果，制作多媒体教学软件成功与否是关键，在制作过程中需注意以下几个问题。

(1) 选题环节很重要

选择好课题是制作多媒体教学软件的首要环节。对于那些教学内容比较抽象，难以理解，教师用语言不易描述，某些规律和动态难以捕捉，需要学生反复练习的内容，在条件允许的情况下可以用多媒体教学软件进行辅助教学。通过认真的可行性分析选择课题，进而设计的多媒体教学软件才真正具有作用大、效率高、最具代表性的特点。

(2) 认真确定多媒体教学软件的类型

多媒体教学软件类型的确定关系到如何去设计、采用什么形式、什么风格去设计多媒体教学软件，这是在动手制作多媒体教学软件之前必须解决的问题。确定多媒体教学软件的类型，要充分考虑教学对象和教学内容的特点，只有确定了多媒体教学软件的类型，才可以有计划、有步骤、有目的地利用各种工具软件来设计、制作多媒体教学软件。

(3) 教育性、科学性、艺术性相结合

教育性是多媒体教学软件的根本属性，科学性是制作多媒体教学软件的根本保证，艺术性在教学中可以起到渲染教学气氛、激发学习兴趣、寓教于乐、美化人心灵的作用，并且在培养抽象思维和智能型人才方面具有独特的影响。教育性、科学性、艺术性都是制作多媒体教学软件必不可少的组成部分，只有有机地、充分地结合这 3 个方面制作出来的多媒体教学软件才算是成功的软件。

(4) 布局要合理、色彩要和谐

在制作多媒体教学软件时，注意画面要疏密有致、比例协调、重点突出、视点明确、形式合理，画面的色彩要清晰、明快、简洁，颜色搭配要合理，前景与背景在色彩上要有明显的区别，形成明暗对比。只有合理地布局屏幕画面，选择色彩才能使屏幕版面协调完整、主题突出，让学生更好地感知和理解，从而全面地完成学习任务。

(5) 界面要友好

交互界面是人和计算机进行信息交换的通道，用户通过交互界面向计算机输入信息进行询问、操纵和控制，计算机则通过交互界面向用户提供信息以阅读、分析、判断。友好的交互界面是指用户对屏幕提供的界面很容易理解、接受、掌握和使用。交互界面的友好与否，关系到制作的多媒体教学软件能否很快地被人接受和采纳。

### 5.6.2　多媒体电子出版物

多媒体电子出版物是以电子数据的形式，把文字、图像、视频、音频、动画等信息存储在光、磁、电介质等非纸张载体上，并通过电脑或网络通信来播放以供人们阅读的出版物。

**1. 多媒体电子出版物的特点**

与传统媒介相比，多媒体电子出版物具有以下特点。

(1) 存储容量大

一张 CD-ROM 光盘可存储几百部长篇小说，便于管理。

(2) 丰富的多媒体信息表现

电子出版物集成了文本、图形、图像、音频、动画和视频等多种在传统出版物中无法表现的信息。

(3) 运输与携带方便

可以长期保存，不会出现纸面出版物那样变色、虫蛀等现象。

(4) 良好的交互能力，检索迅速

借助于超文本技术和计算机的交互能力，可以对信息进行有效的组织，因而能方便快速地检索查询所需的信息。

(5) 价格低廉

电子出版物的加工成本比纸质出版物少很多，而且发行速度快。

**2. 多媒体电子出版物的类型**

按照多媒体电子出版物的应用范围，可将其划分为以下几种类型。

(1) 教育应用类

教育应用类的电子出版物一般包括少儿故事、自然科学、音乐、语文和历史等。

(2) 电子图书类

电子图书包括电子字典、百科全书和参考杂志。电子图书的数据量非常庞大，内容丰富，信息的表现形式多样，而且借助于多媒体光盘进行查找，检索与查询快速、正确。

(3) 旅游与地图类

多媒体节目以电视或电影的纪录片为基础，加上各种多媒体信息，使观众获得完整的信息，而且还可以由用户自已来选择参观的地方，旅游与地图类的电子出版物已成为旅行社推销产品很有效的辅助工具。

(4) 家庭应用类

在家庭中只要有一台多媒体计算机，就可以从多媒体光盘中获取多种多样的信息。

(5) 商业应用类

多媒体可以协助商业界来训练员工，以最经济有效的方式给员工实施在职教育，还可以使用多媒体来展示产品或举办展览会，吸引更多的顾客，还能为顾客提供查询功能。

**3. 多媒体电子出版物的制作过程**

多媒体电子出版物的制作过程分为以下几个步骤。

(1) 选题

选题应遵循实用性和小而精的原则。

实用性：制作的电子出版物要能充分发挥多媒体技术的优势，具有灵活的交互性，声、文、图合一的吸引力，相比传统出版物要有一定的创新性。

小而精：由于多媒体电子出版物需要耗费大量人力、物力和财力，如果追求大而全，势必会增加成本，进而导致价格抬高。可消费者的购买力又非常有限，有时很难收回投资，所以要采取小而精的原则。

除遵循以上两个原则外，还要进行选题论证，要体现5个基本要素，即社会效益、原创性和开拓性、新技术应用、受众对象、市场可行性，并且明确以下问题：确切地说明该项目是什么样的产品及使用对象；确定该项目包含的内容；基本数据资源的组织方案；该项目的文化价值或特色；该项目的技术创新或要求；市场可行性分析；成本或费用预算。

(2) 组织资源

选定了题目之后，就可以组织资源了。组织资源就是搜集整理资源，例如，搜集整理要用到的文字、图形、图像、音频、视频等。在组织资源时，一定要严把质量关，尽可能多地向有关专家咨询，以保证资源的准确性、完整性和权威性。

(3) 编写多媒体脚本

多媒体脚本是多媒体电子出版物的核心。脚本是电子出版物内容的具体文本描述，表达出版物的主题和思想，是出版物功能设计和程序设计的具体实现。

脚本的创作者要了解项目策划的要求和特点，并且把握电子出版物的本质和特性，如多媒体的集成性和交互性等。

不同的项目，其脚本的格式可以灵活多样，脚本稿件的具体要求如下。

① 主题和脉络清晰，内容精练，重点突出。

② 格式规范，并易于通过计算机实现。

③ 媒体内容、分类和标引明确。

④ 显示文本和配音文本分列。

⑤ 屏幕界面说明、程序功能说明与正文内容分开。

(4) 编辑资源

编辑资源就是把组织好的资源变成计算机能够接受的资源。

(5) 系统制作

由软件工程师根据预先编写好的多媒体脚本，将各种制作好的文字、图形、音频、视频、动画等多媒体资料，利用现成的编辑工具、创作工具或程序进行集成，生成最终产品。

(6) 样盘测试、优化

电子出版物制作完成后，需进行测试，逐一检验各种功能，并对文字等进行核对，以便产品能够正常运行，保证质量。有可能的话还要进行优化。

(7) 批量制作发行

经过调试后，就可以批量制作发行了。

**4. 多媒体电子出版物制作过程中需注意的问题**

多媒体电子出版物以它独特的优势，现在越来越广泛地应用于各种领域，在制作多媒体电子出版物时，应在制作人员组成、制作工具和技术支持方面做好准备。

(1) 制作人员组成

多媒体电子出版物的制作队伍一般采用工作组制，主要人员有总体设计、文字编辑和美术编辑等，具体由以下人员组成。

总体设计人员，在艺术上具备导演技能，并熟悉多媒体编辑创作工具。视频编辑人员，熟悉计算机视频软硬件的使用，负责视频材料的收集、制作和编辑。音频编辑人员，熟悉计算机音频软硬件的使用，负责语音、音乐材料的收集、制作和编辑。文本编辑人员，熟悉字处理软件的应用，负责文字编辑。图形动画编辑人员，熟悉图形、动画软件的应用，负责图形、动画的制作。图像编辑人员，熟悉图像软件的应用，负责图像的制作。程序设计人员，熟悉各种计算机语言，具有程序设计能力，能够根据需要编写程序。语言与文字翻译人员，通晓外语，负责口语或文字翻译。

上述分工并不是绝对的，可以根据项目的特点和工作组成员的实际情况做适当调整。

(2) 准备制作工具

选择合适的制作工具，运用各种媒体数据的准备工具，并通过多媒体创作工具进行集成。例如，分别运用文字制作工具、音频制作工具、视频制作工具、动画制作工具和图像制作工具制作各种媒体素材，并在多媒体制作工具中集成。

(3) 技术支持

提供全面的技术支持，主要的支持技术包括多媒体技术、超媒体技术和全文检索技术。

## 5.7　本章小结

本章介绍了多媒体开发工具的功能、特点、类型，多媒体应用系统的开发过程和开发过程中应注意的问题，并以多媒体教学软件和多媒体电子出版物的两个实例来说明多媒体应用系统的开发流程。

多媒体开发工具是进行多媒体制作、多媒体应用系统开发的基础工具，利用多媒体开发工具可以将文本、图形、图像、音频、动画和视频等各种多媒体素材集成到多媒体应用软件中，并添加交互控制。

多媒体开发工具有以下特征：编辑特性、组织特性、编程特性、交互式特性、性能精确特性、播放特性和提交特性。

多媒体开发工具基于创作方法和结构特点的不同，可分为基于时基的多媒体创作工具、基于图标或流线的多媒体创作工具、基于页面或卡片的多媒体创作工具、以传统程序语言为基础的多媒体创作工具。

设计多媒体应用系统的步骤如下：①做好应用系统的选题、分析工作；②设计脚本；③编辑素材，选择合适的素材编辑处理软件，对所需的各种媒体素材进行加工处理；④进行编码，并将相关素材集成；⑤进行系统测试和修改，修改错误，优化系统；⑥系统包装、发行。

## 5.8 练习题

1. 多媒体创作工具分为几大类？典型代表工具有哪些？
2. 多媒体开发工具的特点和功能是什么？
3. 人机界面的设计应遵循什么原则？
4. 开发多媒体应用系统时应注意哪些问题？
5. 什么是多媒体电子出版物？它有哪些优点？
6. 叙述多媒体电子出版物的应用类型。

# 第6章

# 超媒体和Web系统

学习目标：

(1) 了解：超媒体的发展历史、HTML语言和XML语言的基础知识。

(2) 理解：Web系统的关键技术。

(3) 掌握：超文本和超媒体的基本概念、超文本的组成要素。

## 6.1 超文本、超媒体的概念和发展历史

随着信息数据的不断增长，人们感到现有的信息存储与检索机制越来越不足以使信息得到全面有效的利用，不能像人类思维方式那样以"联想"来明确信息内部的关联性。而当今信息之多，相互之间又有复杂的关联性，因此迫切需要一种技术或工具，来建立存储于计算机网络中信息之间的链接结构，集成为可供访问的信息空间，使人类可以方便地访问信息资源。

人类的记忆是一种具有网状结构的联想式的记忆，具有跳跃式、多层次、多路径、多方位思维和访问信息的非线性结构。人类的记忆的这种联想结构不同于传统的文本结构，传统的文本以字符为基本单位表达信息，以线性形式组织数据，线性形式体现在阅读文本时只能按照固定的线性顺序阅读，这种方式的缺点是不符合人类的联想思维模式，不能很好地反映现实世界的信息结构。然而，人类的联想方式实际上表明了信息的结构和动态性，这是传统文本无法管理的，必须采用一种比文本更高层次的信息管理技术，即超文本。

### 6.1.1 超文本和超媒体的概念

超文本是一个类似于人类联想思维的非线性的网状结构，它以结点作为一个信息块，它采用一种非线性的网状结构组织信息，把文本按其内容固有的独立性和相关性划分成不同的基本信息块，并且可以按需要用一定的逻辑顺序来组织和管理信息，它提供联想式、跳跃式的查询功能，极大地提高获得知识和信息的效率。图6-1是一个完整的小型超文本结构，从图中可以看到超文本是由若干内部互联的信息块组成，这些信息块可以是文件、文本等，这样一个信息单元就称为结点，每个结点都有若干指向其他结点或从其他结点指向该结点的指针，这些指针被称为链。超文本的链通常连接的是结点中有关联的词或词组而不是整个结点。当用户主动点击该词时将激活这条链从而迁移到目的结点。

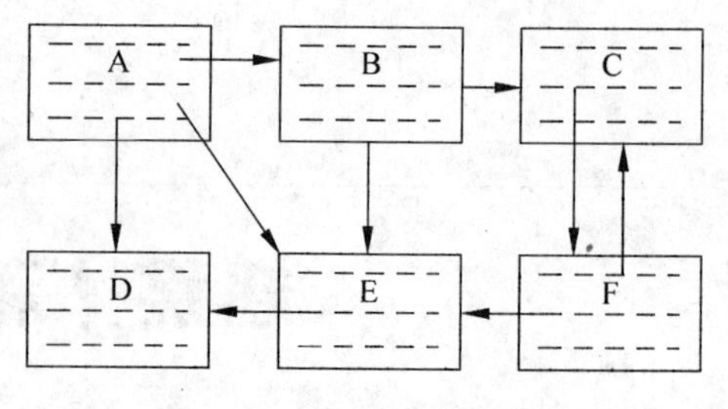

图 6-1 超文本结构示意图

图 6-1 所示的超文本结构实际上就是由结点和链构成的一个信息网络，称为 Web。用户在这个超文本结构里可以主动决定阅读结点的顺序。例如，用户从标记为 A 的文本块开始阅读，此时，该超文本结构有 3 条阅读路径摆在用户面前，即可以到 B、D 或 E，如果选择 B，则可以继续选择 C 或 E，从 E 又可以到 D，用户也可以从 A 直接选择到 D。可以看出，用户可以主动自由地选择阅读文本的路径，这就要求超文本的制作者事先必须为用户建立一系列可选择的路径，而不是单一的线性路径。

早期超文本的表现形式仅是文字，随着多媒体技术的发展，各种各样多媒体接口的引入，使信息的表现形式越来越多样化，多媒体和超文本技术的结合大大改善了信息的交互程度和表达思想的准确性，也使得交互界面更为丰富。把多媒体信息引入超文本，这就产生了多媒体超文本，也即超媒体，即超文本中的结点数据不仅是文本，还可以是图形、图像、动画、音频，甚至是计算机程序或它们的组合。

可以用一个表达式来表示超文本与超媒体之间的关系，即“超媒体＝超文本＋多媒体”。

### 6.1.2 超文本和超媒体的发展历史

超文本这个概念最早是由美国的 Ted Nelson 在 20 世纪 60 年代提出的，超文本是对信息进行表示和管理的一种方法。超文本系统类似于人的联想记忆结构，采用一种非线性网状结构组织信息，这种组织信息的结构早期用于存储、管理文本信息，所以称为超文本。但是随着多媒体技术的出现和发展，超文本这种组织管理信息的方式自然被引入到对多媒体信息的管理中，这种系统就被称为超媒体系统。

在 Ted Nelson 提出超文本概念之后的十几年中，超文本属于概念研究阶段。此时超文本以研究为目的，并未投入市场。20 世纪 80 年代后期，超文本研究迅速发展，出现了许多商业化、实用化的超文本系统，例如，Hypercard、Guide、Intermedia 等。1987 年至 1989 年之间的几次超文本国际会议最终确定了超文本领域的形成，标志着超文本进入了成熟期。20 世纪 90 年代后，随着多媒体技术和计算机网络的迅速发展，超文本技术得到了进一步的发展，出现了许多超媒体系统，其应用也从集中式的超媒体系统向分布式超媒体系统发展。尤其是随着 Internet 应用的发展，出现了全球最大的分布式超媒体系统——WWW 系统（全球范围信息系统）。这样，超媒体系统的应用得以空前的普及和发展。

国内超文本和超媒体的研究起步较晚，由国防科技大学设计的 HWS 系统和 HDB 系统是最早的工作之一，前者是一个以多媒体创作为主的单机超媒体系统，而后者是一个可以在网络上运行的、具有丰富创作功能的，并且可以进行多媒体数据库管理的超媒体系统。

### 6.1.3 超文本和超媒体的组成要素

超文本和超媒体是由结点、链构成的信息网络，其组成要素如下。

**1. 结点**

结点是表达信息的单位，是围绕一个特殊主题组织起来的数据集合，这个集合可以是有形的,也可以是无形的,既可以是一个数据块也可以是信息空间中的一个部分。结点的内容可以是文本、图形、图像、动画、音频、视频等,也可以是一般计算机程序。

结点有许多种,分类方法也不同。根据媒体的种类、内容和功能的不同,结点可以是媒体类结点,其中包括各种媒体、数据库和文献等,也可以是动作与操作类结点、组织类结点、推理型结点等。

(1) 媒体类结点

媒体类结点中存放各种媒体信息,包括文本、图形、图像、声音、动画、视频等各种媒体,也包括数据库、文献,存放这些媒体信息的来源、属性和表现方法等。每一个结点中包含媒体数据,但在一些情况下特别是网络环境下,许多媒体数据需要临时从网络中获得,所以这些结点中只有路径和属性等信息,不包含数据本身。

结点中对媒体数据的描述直接关系到多媒体数据的表现,不同的媒体会有不同的属性和表现方法。例如,对文本要能够表现出文本的字号、字体等;对视频要能够定义如快进、暂停之类的操作。

(2) 动作与操作类结点

动作与操作类结点定义了一些操作,是一种动态结点,典型的操作结点是按钮结点,通过这种结点为用户提供动作和操作的可能。例如,有一些超媒体系统引入了传真服务,并与电视通信结合,用户只要按下"传真"按钮,系统就在当前结点上发送所需传送的内容。动作与操作型结点实际上是通过按钮做一些超媒体表现以外的工作,使用户操作或做其他动作。

(3) 组织类结点

组织类结点是用来组织其他结点的结点,可以实现数据库的部分查询工作,组织类结点包括各种媒体结点的索引结点和目录结点。索引结点由索引项组成,索引项指针指向目的结点,或指向相关的索引项,或指向相关表中的相对应的一行,或指向原媒体的目录结点。目录结点包含各个媒体结点的索引指针,指向索引结点。

(4) 推理类结点

推理类结点用于辅助链的推理和计算,它包括对象结点和规则结点。推理类结点的产生是超媒体智能化发展的产物。

**2. 链**

链是固定结点之间的信息联系,用来以各种形式连接相应的结点,提供了在超文本结构中进行浏览和探索结点的能力。由于超文本没有规定链的规范与形式,因此,超文本与超媒体系统的链也是各异的,信息间的联系丰富多彩使链的种类复杂多样。但最终达到效果却是一致的,即建立起结点之间的联系。链是有向的,可分为 3 个部分:链源、链宿及链的属性。

(1) 链源

一个链的起始端称为链源。链源是导致结点信息迁移的原因,可以是热字、热区、图元、热点、媒体对象等。

(2) 链宿

链宿是链的目的所在,链宿一般是结点,也可以是其他任何媒体内容。

(3) 链的属性

链的属性决定链的类型,如版本和权限等。

由于各超媒体系统的链型不完全一样,下面介绍一些典型的链型。

① 基本结构链。基本结构链是构成超媒体的主要形式,在建立超媒体系统前需创建基本结构链,具有固定明确的导航和索引信息链,它的特点是层次与分支明确。基本结构链包括基本链、交叉索引链、结点内注释链、缩放链和全景链。

基本链用来建立结点之间的基本顺序,类似于一本书中具有的章、节、小节、段落等结构,它使信息在总体上呈现出层次结构。在表现时常用"前一结点"、"后一结点"等来表现结点的先后顺序,即链的方向。

交叉索引链将结点连接成交叉的网络结构,交叉索引链的链源可以是各种热标、单媒体对象及按钮,链宿为结点或任何内容。在表现时常用热标激活转移,"后退"、"返回"等表示先后顺序。交叉索引链的动作决定的是访问顺序,而基本链的动作决定结点间的固定顺序。

结点内注释链是一种指向结点内部附加注释信息的链,这类链的链源和链宿均在同一结点内,一般这种结点都是混合媒体结点。在表现形式上,注释需要对热标进行激活才能动作。结点内注释在需要时注释才出现,不用另设结点。

缩放链可以扩大或缩小当前的结点。

全景链返回超文本系统的高层视图。

② 索引链。索引链将用户从一个索引结点引到该结点相应的索引入口。索引用于与数据库的接口及查找共享同一索引项的文献,按钮表现常是"总目录"、"影片索引"等。实现结点的"点"、"域"之间的链接。索引链的开始给出链的标识符、名字、类型以及目标结点的名字和类型等信息。

③ 推理链。主要形式是蕴涵链,用在推理系统中事实的连接,通常等价于规则。

④ 隐形链。又称关键字链或查询链,它为结点定义关键字,通过对关键字的查询操作即可驱动相应的目标结点。

**3. 网络**

超文本由结点和链构成的网络是一个有向图,这种有向图与人工智能中的语义网有类似之处。语义网是一种知识表示法,也是一种有向图。

结点和链构成网络具有如下特点。

(1) 超文本的数据库是由声、文、图各类结点组成的网络。

(2) 屏幕中的窗口和数据库中的结点是一一对应的,即一个窗口只显示一个结点,每一个结点都有名字或标题显示在窗口中,屏幕上只能包含有限个同时打开的窗口。

(3) 支持标准窗口的操作,窗口能被重定位、调整大小、关闭或缩小成一个图符。

(4) 窗口中可含有许多链标识符,它们表示链接到数据库中其他结点的链,常包含一个文域,指明被链接结点的内容。

(5) 制作者可以很容易地创建结点和链接新的结点的链。

(6) 用户对数据库进行浏览和查询。

**4. 热标**

热标是超媒体中特有的元素，它确定相关信息的链源，通过它可以引起相关内容的转移。根据媒体种类的不同，热标可分为热字、热区、热元、热点和热属性 5 类。

(1) 热字

热字往往存在于文本当中，把需要进一步解释和含有特殊含义的字、词或词组做成带下画线和特别颜色，与其他内容区别开来，而各保留字和转移目的却不显示出来，用户通过点击这些热字可得到进一步的解释和说明，或出现更形象的演示，或转移到另外相关内容显示。例如，单击“图像”一词时，将会出现一幅图片，如图 6-2 所示。

| ***多媒体***信息包含了文字、图形、***图像***、音频、动画、***视频***等。 |
|---|

图 6-2　带热字的文本

对于热字的处理关键是热字的识别和按要求进行转移。制作者定义热字和热字的转移。转移的目的地与转移的处理方法，与超媒体系统本身的设计有关。

(2) 热区

热区是在图像等静态视觉媒体结点中某一感兴趣的区域，作为触发转移的源点。在一幅图像中的不同区域可以有不同的信息表现。例如，一幅地图中不同的省份可以设置成不同的热区，当单击某个热区时，系统就会按设定好的方法进行显示，介绍该省份的详细信息。热区的设定不同于热字，一般采用所见即所得的方式在图中直接指定热区。早期的热区一般使用矩形，但矩形会因为当敏感区域为复杂边缘时有较大的误差，所以现在一般都用多边形，通常使鼠标标志在进入热区时变形为一种多边形，用户便知道可以转移到另一幅能够更详尽地描述当前图像部位的新图片。热区在触发后会引起的转移与文本中的热字相同，所不同的是文本热字必须在文中描述转移的目的地，而热区则需要在生成时指明并存于结点的链中。

(3) 热元

热元主要用于图形结点，在图形媒体中，图元是其最基本的单位，如一张图、一条线、一个圆等，引入热元的概念，是为了使这些相对独立的图形能够作为信息转移的链源。当图形在超媒体页面中移动时，图元跟着移动。如果为了在另一幅图形中详细描述本图形的某一部分，便可用热元的形式与转换的目标图形相链接，这是热区、热字无法做到的。热元在 CAD 工程设计中的建筑图注释、机器设备联机维护手册等方面有广泛的用途。由热元导致的转移与热区相似。

(4) 热点

热点是另外一种热标概念，是对于具有时间特性的媒体结点而言的，如动画、视频、声音结点，如果用户对其中某一段时间内的信息感兴趣，就记录下这段时间的起止，把这一段(或几帧)信息称为热点。这一点它与文本媒体非常相似，帧序列可以像文本段一样在序列内、文献内或文献间进行转移。比如有一段视频影像介绍泰山上的四季美景。用户想要了解冬季景象，可在时间轴上设定一个[b,a,c]的敏感区间，其中 a 为冬季，b、a、c 按时间顺序排列。那么,用户触发了[b,a,c]区间内任意一点都有效,都可以调出冬季泰山附近的景色。由于时基类媒体有一定的滞后效应,往往在理解了某一段内容后才可能有了解其他信息的愿望,此时该时刻已过。因此,热点区间可往后对应,一般至少区间[b,a]要远小于区间[a,c],以适应该滞后效应。

(5) 热属性

热属性是将关系数据库中的属性作为热源来使用。由于数据媒体是一种特定的格式化符号数据,所以可以采用类似于热字的热标方法,把热标定为一个属性,用特定的保留属性字的方法指明热标触发后表现的内容。如用 IMAGE 属性表示后继各元组中该属性字符为图像对象名。属性中的元组有多个,每个元组又对应不同的内容,所以在把属性当作热源时,要对每一个元组都指明不同的链。当元组改变时,方向也随之改变。

**5. 宏结点**

宏结点是指链接在一起的结点群。准确地说,一个宏结点就是超文本网络的一部分,即子网(Web)。由于超媒体信息网络分散在各个物理地点,只有一个层次的超媒体信息网络管理很复杂,所以引入分层的方法来简化网络拓扑结构。人们用宏文本和微文本表示不同层次的超文本。微文本也称小型超文本,支持对结点信息的浏览;宏文本也称大型超文本,由多个微文本组成,支持对微文本(即宏结点)的查找与索引,它强调存在于许多文献之间的链,可以跨越文献进行查询和检索。在计算机网络中,很多超媒体的 Web 网分散在多台计算机中,这些 Web 网称为宏结点或者文献,它们之间通过跨越计算机网络的链进行链接,如图 6-3 所示。宏文本和微文本概念的引入,在应用上符合常规的信息存取习惯。

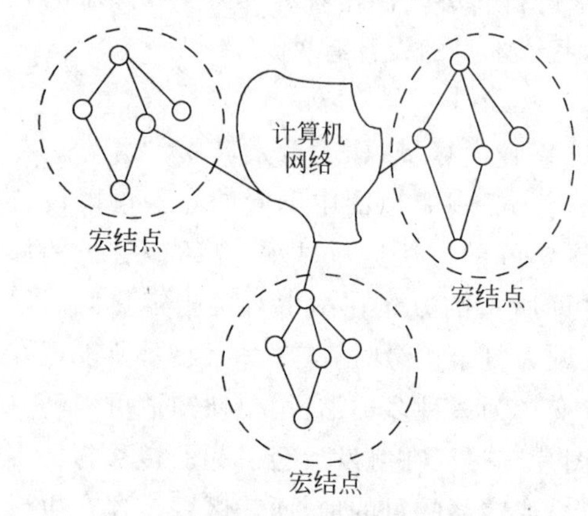


图 6-3 宏结点示意图

# 6.2 超文本和超媒体系统的体系结构

超文本和超媒体的系统结构较著名的是 1988 年 Campbell 和 Goodman 提出的 HAM 模型,另一个是从事超文本标准化研究的 Dexter 小组提出的 Dexter 模型。

这两个模型是基本相似的,它们都是将超文本和超媒体体系结构分为 3 个层次。

## 6.2.1 HAM 模型

HAM 模型将超文本和超媒体体系结构分为 3 个层次,如图 6-4 所示。

| 用户接口层 |
| --- |
| 超文本抽象机层(HAM) |
| 数据库层 |

图 6-4 HAM 模型

**1. 数据库层**

数据库层是三层模型的最低层,涉及所有传统的有关信息存储的问题。实际上这一层并不构成超文本系统的特殊性，但是它以庞大的数据库作为基础，而且在超文本系统中的信息量大，需要存储的信息量也就大。一般要用到磁盘、光盘等大容量存储器，或把信息存放在经过网络访问的远程服务器上，不管信息如何存放，必须要保证信息的快速存取。另外，数据库层还必须解决传统数据库中也必须要解决的问题，如信息和多用户访问信息的安全性、信息备份等。在实现数据库层时需考虑如何更有效地管理存储空间以提高响应速度。

**2. 超文本抽象机层**

超文本抽象机层是三层模型中的中间层，超文本抽象机层是超文本的关键。这一层决定了超文本系统结点和链的基本特点，记录了结点之间链的关系，并保存了有关结点和链的结构信息。在这一层中可以了解到每个相关联的属性，例如结点的"物主"属性，这一属性指明该结点由谁创建、谁有修改权限、版本号或关键词等。超文本抽象机层是实现超文本输入输出格式标准化转换的最理想层次，因此也可以将其理解为超文本的概念模式，它提供了对数据库下层的透明性和对上层用户接口层的标准性。

**3. 用户接口层**

用户接口层又称表示层或用户界面层，也是构成超文本系统特殊性的重要表现，并直接影响着超文本系统的成功与否，可用于处理超文本抽象机层中的信息表示，包括判断用户的有效命令，结点和链的显示方式，是否有总体图解及多媒体信息的表现组织等，它应该具有简明、直观、生动、灵活、方便等特点。用户接口层是超文本和超媒体系统人机交互的界面，用户接口层决定了信息的表现方式、交互操作方式以及导航方式等。

## 6.2.2 Dexter 模型

Dexter 模型的目标是为开发分布信息之间的交互操作和信息共享提供一种标准或参考规范。Dexter 模型分为三层：成员内部层、存储层和运行层。各层之间通过锚定接口和表现规范相互连接，如图 6-5 所示。

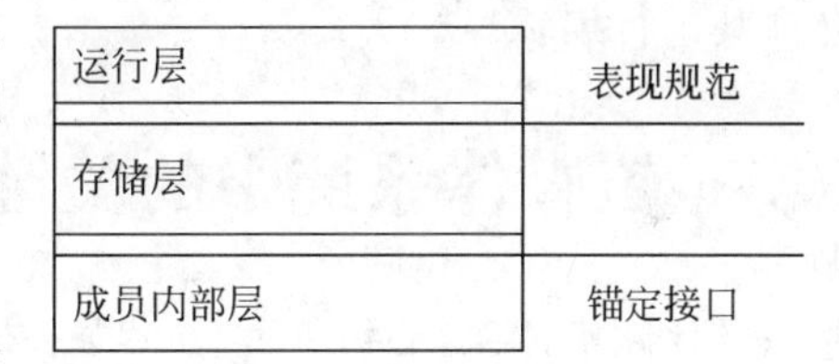


图 6-5　Dexter 模型

**1. 成员内部层**

成员内部层描述超文本中成员的内容和结构，对应于各个媒体单个应用成员。成员内部层并不是 Dexter 模型的核心，却是必不可少的组成部分。成员中的内容和结构是没有限制的，从内容上，可以是任何媒体的任何可用数据模型；从结构上，成员可由简单结构和复杂结构组成。简单结构就是每个成员内部仅由同一种数据媒体构成，复杂结构的成员内部又由各个子成员构成。Dexter 模型对成员内部的实现不做硬性规定，可由应用程序根据实际情况做出灵活处理。

**2. 存储层**

Dexter 模型的关键是存储层，它是描述成员和链的网络，描述超媒体系统中的结点成员之间的网状关系，并不涉及成员的内部结构。存储层描述了超媒体由一个有限元素组成的集合、分解函数和访问函数组成。

每个成员都有一个唯一的标识符，称为 UID。存储层定义了访问函数，通过 UID 可以直接访问到该成员，由于 Dexter 模型中成员的检索定位完全依赖于链，因此有时仅指定某个成员的 UID 并不能马上找到该成员，需要定义分解函数，分解函数的功能是当用户指定某个成员的 UID 而不能直接找到该成员时，需要将目标成员的 UID 分解为一个或多个中间 UID 组成的集合，这样访问函数就可以根据中间 UID 集合中的成员找到目标 UID 指定的成员。存储层还定义了由多个函数组成的操作集合，用于实时地对超文本系统进行访问和修改。

**3. 运行层**

运行层描述支持用户和超文本交互作用的机制，负责在运行时处理链、锚接口和成员。运行层为用户提供了可视可听的工具，它可直接访问和操作在存储层和成员内部层定义的网状数据模型。

**4. 锚定接口**

在 Dexter 模型中，存储层和成员内部层都是各自独立的，在检索定位过程中需要一个接口来完成定位工作，这个接口称为锚定接口。

锚定接口的基本组成部分是锚，锚由标识锚的锚号和指定成员内部的位置及子结构的锚值组成。锚号是一个相对固定的值，锚值是一个经常变化的值，由于超媒体系统的成员内部结构在运行过程中可能会发生变化，因此成员内部层的应用程序必须实时调整锚值的变化，保持它原有的指向。

**5. 表现规范**

表现规范是介于运行层和存储层之间的接口。表现规范规定了同一数据呈现给用户的不同表现性质，在操作方面也是如此，给用户看的不允许编辑，而给系统设计者看的就允许其进行编辑。

## 6.3 超媒体系统中的关键技术

设计超媒体系统时，一些关键技术有待于突破和发展，具体如下。

### 6.3.1 超媒体系统的浏览和导航机制

浏览是沿链在超媒体信息空间中航行，是超媒体信息访问的基本方法。浏览访问在一些诸如小的、熟悉的超媒体系统中及面向显示的表现任务中是非常合适的，但在多灵敏应用中仅有浏览机制是不够的，尤其在大信息空间中浏览会造成信息空间迷路或找不到所需要的信息的现象。

导航是在信息空间中指导航行以避免迷路的机制，导航机制有以下几种实现方法。

**1. 导游方法**

导游方法是最简单的航行方法，一个“导游”可认为是连接一串结点的“超链”。只要用户停留在一“导游”线路上，他们就可以发出“下一结点”的命令去看更相关的信息。

**2. 回溯方法**

回溯方法是最重要的航行设施，它保证无论用户走到哪里，都能回到熟悉的区域。

**3. 历史列表**

历史列表是指记录所有前面访问过的结点，用户可以直接返回到前面任意一结点。

**4. 书签**

在某些结点上定义书签，以便于返回。利用它还可以提供特殊用途，例如，可通过附加信息以防止迷路。

**5. 概况图**

概况图显示了信息空间的信息结构及它们之间的相互关系，指明"我在哪里"及如何到达目的地。

### 6.3.2　超文本系统搜索和查询机制

基于查询的访问机制是对浏览和导航机制的补充，它可以直接快速得到所要访问的信息。在超媒体信息系统中，它应作为与导航平行的基本访问机制，包括内容查询和结构查询。

**1. 内容查询**

内容查询是用于超媒体信息库的标准信息检索，它将给定的查询条件与整个信息网络中的信息实体(结点、链、媒体等)进行相似性匹配，以寻找出所要检索的内容。但是，按内容查询忽略了超媒体网络的结构，与浏览体系相脱节，自成系统。按内容查询的方法有：全文检索、图像和声音等的检索、基于规则的检索机制和简单的统计技术。

**2. 结构查询**

结构查询是指专门查询超媒体结构中哪些子结构匹配于给定的模式，以确定结点和链通过这种结构而构造出的语义信息。例如，查询被一支持链连接的两个结点的子网，其中目的结点包含"超文本"。研究结构化查询机制涉及两个相互关联的子任务。要设计一种查询语言，适合于可描述的超文本网络结构，这种模式语言需要包括标准规范表达算子。要提供超媒体用户可访问的简单接口，使用户易于使用这一查询语言。一些超文本系统采用图形查询语言，例如，I. F. Gruz 和 A. O. Mendelzon 设计了一种支持递归的图形查询语言，在这种查询语言中，搜索引擎是不可能执行前面所讨论的全部模式匹配能力的。所以，关键问题是定义一限制的模式匹配能力，使之能够易于执行，同时又能满足一般超媒体模式匹配要求的一个重要子集。

### 6.3.3　超媒体网络计算

超媒体网络计算是指超媒体网络主动指导、创建和修改超媒体网络所包含的信息。现有超媒体系统一般是被动存储和检索信息，它们为用户提供定义、存储和操纵超媒体网络的工具，系统只对网络和它们所包含的信息作一定地处理，例如，计算链类型的集合，然而它们不具有计算能力，它们没有主动获取信息并加入超媒体网络的"推理引擎"。

实现计算引擎的方法有两种：外部引擎和内部计算组件。外部引擎是指系统与计算引擎是分离的，它是独立的外部实体，通过标准的程序接口创建、访问、修改信息。内部计算组件是系统的一部分，它能自动处理存储于超媒体网络中的信息。这种系统更像基于知识的 AI 系统，具有存储和主动处理信息的能力，这种系统更灵活、约束较少，也更有效。

### 6.3.4 超媒体网络的版本化

版本化是超媒体网络的重要特征，允许用户维护和操作它们网络变动的历史，也允许用户为单一网络同时开发几种配置，在现有超文本系统中有如下几种版本化机制。

**1. 基于时间的线性版本化机制**

每个结点和链都由一系列随时间而变动的不同版本组成，这样结点或链的不同版本可以组成非循环的线性有向图，如 Neptune 系统就是采用这种版本化机制。

**2. 分支化版本机制**

分支化版本机制是指从某一版本可同时发展多个版本。这种机制会引起复杂的问题，例如，选定哪一个链将直接影响到整个超文本系统，在设计组合结点时尤为重要。

**3. 网状版本**

例如 Intermedia 系统，在这种结构中，每个结点只有单一版本，但是它有一"信息版本"的概念，即有一将所有文档集合互连起来的集合。每个应用在这一公共文档集合之上都有自己的网状结构。

**4. 扩展版本机制**

扩展版本机制是指将整个超文本网络中的一定数量的实体集合作为一个整体进行版本化。

### 6.3.5 超文本系统中的虚结构

大部分超文本系统在快速改变信息方面是有困难的，原因是其超媒体模型的静态和分片属性，尤其是网络不能自动重配置以反映它所包含的信息的改变，即缺乏动态机制。虚结构即动态结构，是指通过组件的描述定义一组件的虚结构，这样，当系统访问该组件时，它的结构和内容根据它的"描述"动态生成。

虚结构可用于组合结点和链。组合结点允许用户在访问时间由其他结点、链和组合结点动态构造组合特点，通过改变组合结点的描述来动态改变组合特点，还可以利用虚链实现"悬链"和"航行链"。

虚结构的实现依赖于搜索、查询机制，利用查询语言来描述组件，利用查询过程来计算并生成组件的内容。虚结构并不能完全取代静态结构，因为并不是每个关系都可以用查询语言来描述。

## 6.4 Web 系统的超文本标记语言

运行在 Internet 上的 WWW 系统，简称 Web 系统，是目前最广泛的运行于 Internet 上的超文本系统，WWW 系统采用客户/服务器(Client/Server)体系结构，实现了在广域网上多媒体信息的动态查询。

下面介绍运行于 WWW 上的 HTML(Hypertext Markup Language，超文本置标语言)和 XML(Extensible Markup Language，可扩展置标语言)。

### 6.4.1　HTML 语言

HTML 是 Web 系统使用的超文本置标语言，是一种用于建立超文本/超媒体文献的置标语言，是标准通用置标语言(Standard Generalized Markup Language，SGML)的一种应用。

HTML 的应用很广泛，主要用于描述超文本化的新闻、文献、操作菜单和数据查询结果等。HTML 语言编写的网页超文本信息按多级标题结构进行组织，其结构如下。

**1. 基本结构**

HTML 文档的基本结构如下：

```
<html>
<head><title>标题名</title></head>
 <body>
 <h1>一级标题名</h1>
   Web 页主体
 </body>
</html>
```

HTML 标记包含空标记和包容标记。空标记用于说明一次性指令，如换行标记为<br>。包容标记由开始标记和结束标记构成，结构如下：

```
<标记名> 数据 </标记名>
```

HTML 标记有些可以带有属性，如<img src="test. gif">，其中 src 为属性，该属性告诉浏览器图像的文件名。

**2. 超文本标记方法**

(1) 字体

① 粗体：<B>文本</B>。

② 斜体：<I>文本</I>。

③ 下画线：<U>文本</U>。

④ 打字体：<TT>文本</TT>。

(2) 字号与颜色

设定基准字号的标记方法如下：

```
<basefont size=#>
  # = 1,2,3,4,5,6,7
```

设定指定字号的标记方法如下：

```
<font size=#>文本</font>
```

其中：#=1,2,3,4,5,6,7 表示指定的字体大小；#=+(−)2,3,4,5,6 表示字体大小的相对改变。

可通过如下两种方式设定字体颜色：

```
<font color="#RRGGBB "> 文本 </font>
<font color ="color name"> 文本 </font>
```

(3) 段落格式

段落格式包括换行符<br>、分段符号<p>等。

(4) 文字链接

可通过点击文本检索浏览另一超文本网页。

如通过点击文本 Click here for test1，浏览由 test1. htm 定义的另一超文本，格式如下：

```
<a herf ="test1.htm">Click here for test1 </a>
```

(5) 图像链接

可通过点击一幅图像从而跳到另一超文本网页。

如通过点击由 Dog1. gif 指定的图像，浏览由 olddog. htm 定义的另一个超文本，格式如下：

```
<a herf="olddog.htm"><img src="Dog1.gif"></a>
```

(6) FTP 和 E-mail 链接

在 HTML 页面中可实现 FTP 和 E-mail 系统的链接。

如通过点击 GetFreeware 和 Mailtome 实现与 FTP 和 E-mail 系统的链接，格式如下：

```
<a herf = "ftp://ftp.myDomain.com/Pub/freeware.txt">GetFreeware</a>
<a herf = "mailto:myName@myDomain.com">Mailtome </a>
```

**3. 多媒体信息**

(1) 图像显示

显示图像的标记方法如下：

```
<img src = "file:///d:/html/dog.gif" width=? Height=? Vspace=? Hspace =? >
```

width、Height 为图像的宽、高；Vspace、Hspace 为垂直、水平空格数。

(2) 音频

HTML 中可指定背景音乐，例如：

```
<bgsound src="path/filename.wav" Loop=#>
```

#为循环次数。

利用链接启动声音，如当用户单击文本 test2 后，声音才播放。

```
<a herf="path/filename.wav"> test2</A>
```

(3) 视频和动画

在 HTML 页面中播放视频与动画标记格式如下：

```
<img dynsrc="user.avi"start =fileopen (or mouseover) width=? Height=? Vspace =? Loop =? >
<img dynsrc="user.flc" start =fileopen (or mouseover) width=? Height=? Vspace =? Loop =? >
```

start＝fileopen 表示 Web 页一旦被装入便播放；start＝mouserover 表示鼠标从该区域滑过才播放。

(4) Web 页中背景的实现

一种常用的方法是利用图像填充背景，格式如下：

<body background ="path/filename.gif">

另一种方法是用颜色填充背景，格式如下：

<body bgcolor="#RRGGBB">

或

<body bgcolor="颜色名">

RR、GG、BB 分量表示红、绿、蓝分量，用十六进制表示。

### 6.4.2 XML 语言

**1. XML 概述**

XML 是 1998 年 2 月正式公布的网络超文本的元置标语言，由 W3C 的 XML 工作小组定义，其目的不仅在于满足不断增长的网络应用需求，同时还希望借此能够确保在通过网络进行交互合作时，具有良好的可靠性和互操作性。

XML 是 SGML 的一个子集，它保留了 80% 的功能，并使其复杂程度降低了 20%，XML 兼取 HTML 和 SGML 之长，既通用全面又简明清晰，并具有很强的伸缩性和灵活性。XML 实际上是一种定义语言，用户可以定义任何标记来描述文件中的任何数据元素，使文件的内容更丰富，并形成一个完整的信息体系。

XML 是自描述的，显示样式可以从数据文档中分离出来，放在样式单文件中。由于标记为要表现的数据赋予一定的含义，并且高度结构化，所有数据非常明晰，同时使得数据搜索引擎可以简单高效地运行。XML 具有遵循严格的语法要求，便于不同系统之间信息的传输，有较好的保值性等优点。

**2. XML 三要素**

XML 三要素是文档类型定义(Document Type Definition, DTD)，也就是 XML 的布局语言；可扩展的样式语言(Extensible Style Language, XSL)，也就是 XML 的样式表语言；可扩展链接语言(Extensible Link Language, XLL)。

(1) 文档类型定义 DTD

DTD 规定 XML 文件的逻辑结构，它定义了 XML 文件中的元素、元素的属性以及元素属性之间的关系，它可以帮助 XML 的分析程序校验 XML 文件标记的合法性。例如，DTD 能够规定某个表项只能在某个列表中使用。

DTD 不是强制性的。对于简单应用程序来说，开发商不需要建立他们自己的 DTD，他们可以使用预先定义的公共 DTD，或者根本就不使用。即使某个文档已经有了 DTD，只要文档是组织良好的，语法分析程序也可以不对照 DTD 来检验文档的合法性。服务器可能已经执行了检查，所以检验的时间和带宽得以节省。

(2) 可扩展的样式语言 XSL

XSL 是用于规定 XML 文档样式的语言，它能在客户端使 Web 浏览器改变文档的表现形式，从而不再需要与服务器进行交互通信。通过变换样式表，同一个文档可以显示得更大，或者经过折叠只显示外面的一层，或者变为打印格式。可以设想一个适合用户学习特点的技术手册，它为初学者和更高一级的用户提供不同的样式，而且所有的样式都是由同样的文本产生的。

XSL凭借其可扩展性能够控制无穷无尽的标记，而控制每个标记的方式也是无穷无尽的。这就给Web提供了高级的布局特性，例如旋转的文本、多列和独立区域，它支持国际书写格式，可以在一页上混合使用从左至右、从右至左和从上至下的书写格式。

(3) 可扩展链接语言XLL

XLL支持目前Web上已有的简单链接，还支持扩展链接，包括结束死链接的间接链接以及可以从服务器中仅查询某个元素的相关部分的连接符"|"。允许链接XML文件，它允许多个链接目标以及其他先进的特性。

## 6.4.3 动态网页生成技术

目前最常用的动态网页技术主要有ASP(Active Server Pages)、PHP(PHP: Hypertext Preprocessor)、JSP(Java Server Pages)。它们都是应用于服务器端的技术，以便于快速开发基于Web的应用程序。

**1. ASP**

ASP是微软公司开发的代替CGI脚本程序的一种应用，ASP内含于IIS (Internet Information Server) 当中，提供一个服务器端的脚本运行环境，它可以与数据库和其他程序进行交互，是一种简单、方便的编程工具。

与HTML相比，ASP具有以下特点。

(1) 利用ASP可以突破静态网页的一些功能限制，实现动态网页技术。

(2) ASP文件是包含在HTML代码所组成的文件中的，易于修改和测试。

(3) 服务器上的ASP解释程序会在服务器端执行ASP程序，并将结果以HTML格式传送到客户端浏览器上，因此使用各种浏览器都可以正常浏览ASP所产生的网页。

(4) ASP提供了一些内置对象，使用这些对象可以使服务器端脚本功能更强。例如，可以从Web浏览器中获取用户通过HTML表单提交的信息，并在脚本中对这些信息进行处理，然后向Web浏览器发送信息。

(5) ASP可以使用服务器端ActiveX组件来执行各种各样的任务，例如，存取数据库、发送E-mail或访问文件系统等。

(6) 由于服务器是将ASP程序执行的结果以HTML格式传回客户端浏览器，因此用户不会看到ASP所编写的原始程序代码，可防止ASP程序代码被窃取。

(7) 方便连接Access与SQL数据库。

**2. PHP**

PHP是一种HTML内嵌式的语言，是一种在服务器端执行的嵌入HTML文档的脚本语言，语言的风格类似于C语言，被广泛地运用。PHP独特的语法混合了C、Java、Perl以及PHP自创新的语法，它可以比CGI或者Perl更快速地执行动态网页。PHP还可以执行编译后代码，编译可以加密和优化代码运行，使代码运行更快。PHP可以支持具有与许多数据库相连接的函数。但是 PHP 提供的数据库接口不统一,这是 PHP 的一大弱点。

**3. JSP**

JSP 是 SUN 公司推出的新一代 Web 站点开发语言,JSP 技术有点类似于 ASP 技术,它是在传统的网页 HTML 文件( *. htm, *. html)中插入 Java 程序段(Scriptlet)和 JSP 标记(tag),从而形成 JSP 文件( *. jsp)。用 JSP 开发的 Web 应用是跨平台的,既能在 Linux 中运行,也能在其他操作系统中运行。它完全克服了目前 ASP 和 PHP 的脚本级执行的缺点。

JSP 具有以下特点。

(1) JSP 可以在 Servlet、JavaBean、EJB、CORBA、JNDI 等 J2EE 技术的支持下,构建功能强大的网络应用平台。

(2) JSP 的最大特点是将内容的生成和显示进行分离。使用 JSP 技术,Web 页面开发人员可以使用 HTML 或者 XML 标记来设计和格式化最终页面。

(3) 使用 JSP 标记或者 JSP 脚本来生成页面上的动态内容。生成内容的逻辑被封装在 JSP 标记和 JavaBean 组件中,并且捆绑在 JSP 脚本中,所有脚本在服务器端运行。如果核心逻辑被封装在标记和 Beans 中,那么 Web 管理人员和界面设计者等能够编辑和使用 JSP 页面,而不影响内容的生成。

(4) 在服务器端,JSP 引擎解释 JSP 标记和 JSP 脚本,生成所请求的内容,并且将结果以 HTML 或者 XML 页面形式发送给浏览器。

### 6.4.4 JMF 介绍

Java 媒体框架(Java Media Framework,JMF),是一些多媒体功能包组合,包括 Java Sound、Java 2D、Java 3D 等,通过 Java 开发多媒体软件主要使用 JMF 软件包。

它提供的媒体处理功能包括:媒体捕获、压缩、流转、回放以及对各种媒体编码的支持,如 M-JPEG、H. 263、MP3、RTP/RTSP(实时传送协议和实时流转协议)、Flash 和 RMF 等,还支持 QuickTime、AVI 和 MPEG-1 等。

JMF 是一个开放的媒体架构,可使开发人员灵活采用各种媒体回放、捕获组件,或采用自己定制的内插组件,从而大大缩减了开发时间和降低了开发成本。

JMF 为 Java 中的多媒体编程提供了一种抽象机制,向开发者隐藏了实现的细节,开发者利用它提供的接口可以方便地实现强大的功能。

## 6.5 Web 系统的关键技术

### 6.5.1 Web 系统的结构

**1. 基本结构**

Web 系统是采用超文本传送协议(Hypertext Transfer Protocol,HTTP)的超文本系统,其基本结构是一个客户机/服务器模型,如图 6-6 所示。

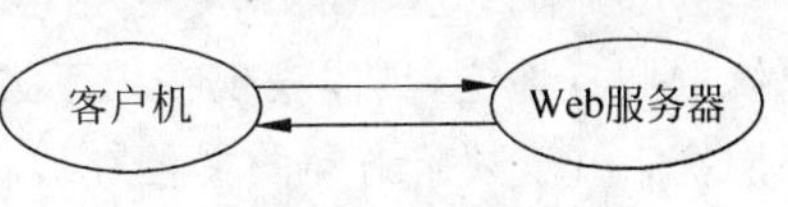

图 6-6　Web 系统基本结构

用户通过客户端的浏览器发出访问请求,如输入 http://www.tsinghua.edu.cn，通过 Internet 网络进入网址为 www.tsinghua.edu.cn 的服务器，服务器下载页面信息（HTML 格式）作为请求的响应。

**2. 扩展结构**

Web 系统的扩展结构分为两种，一种是网络服务器站点镜像扩展结构，另一种是基于代理服务器的扩展结构。

（1）网络服务器站点镜像

为了提高响应速度、减少网络负担、增强系统的强壮性，重要站点常常采用服务器站点镜像的方法，将网站服务器部署在不同的地点，而每个服务器具有相同的服务内容，信息动态地实时同步更新。这种结构的优点是分担服务器的负载，提高系统的服务质量。这类扩展结构如图 6-7 所示。

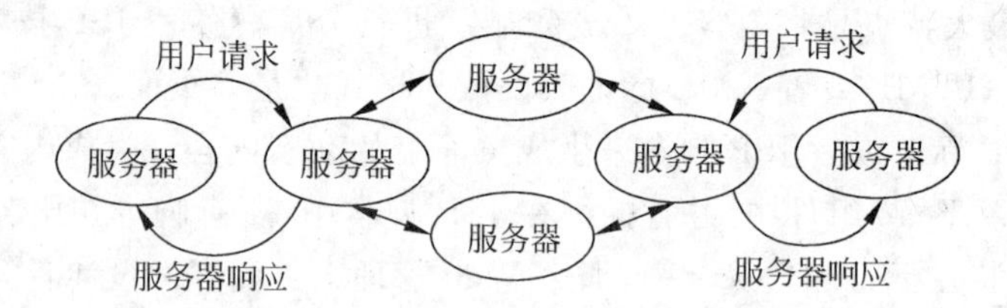


图 6-7　服务器站点镜像结构

（2）代理服务器

在靠近客户端的合适位置缓存热点访问信息被认为是缓解 Web 服务瓶颈、减少 Internet 流量和改进 Web 系统可扩展性的一种有效方案。使用防火墙中的代理服务器来缓存防火墙内用户访问的信息是自然可行的途径，因为同一个防火墙内用户通常很可能有相同的兴趣，他们很有可能访问相同的站点页面，并且每个用户可能在短时间内反复浏览，因此一个前面请求并缓存在代理中的文档可能在将来被点击。当然这类缓存代理可以放置在客户机和服务器间的其他地方，而文档可缓存在客户机、服务器和代理中的任一位置。这种基于代理服务器的扩展结构如图 6-8 所示。

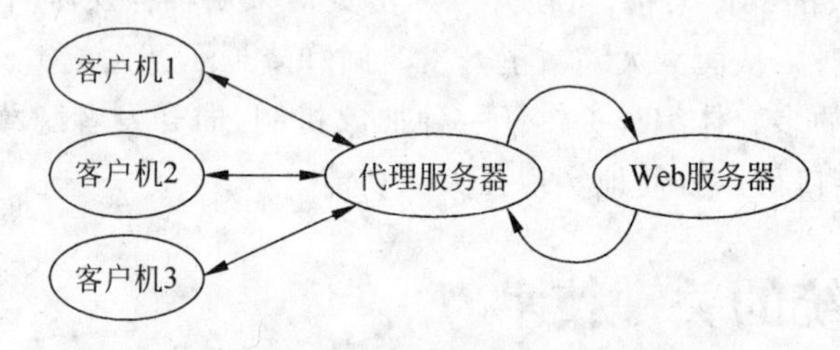


图 6-8　基于代理服务器的扩展结构

## 6.5.2　Web 缓存系统的关键问题

Web 服务质量性能参数包括准入延时、媒体播放质量等，Web 缓存可显著改善 Web 系统的服务性能，具体表现在以下方面：Web 缓存减少带宽消耗，降低网络流量并缓解网络阻塞；由于频繁访问的文档存放在离客户端较近的代理，Web 缓存减少了用户访问延时；Web 缓存通过分散数据在缓存代理中从而减少了远程 Web 服务器的工作负荷；如果远程服务器或网络不能访问时,用户可获得在代理中复制的信息,因此 Web 服务的强壮性加强;Web 缓存的其他好处是它提供了分析一个机构的 Web 服务使用模式的机会,另外,一组缓存的互相合作可进一步改进缓存的有效性。

在 Web 服务中使用缓存系统也可能会出现下述缺点:由于缺乏缓存代理更新,用户也许查看的是陈旧的数据;由于额外的代理处理,在缓存中查不到目标数据的情况下,访问延时可能增加;单一的代理总是系统服务的瓶颈,针对一个代理所服务的客户数应有所限制;使用代理缓存会减少原远程服务器的点击率从而引起多数信息提供者的失望,因为他们不能维持对他们页面点击的管理。

针对 Web 缓存系统的优缺点,在设计时应解决下述问题。

缓存系统的体系结构、代理的放置、缓存的内容、代理间的合作、数据共享、缓存的路由选择、预先抽取、缓存的放置与替换、缓存的一致性、控制信息的分布和动态数据的缓存等。

通过上述问题的解决,使 Web 缓存系统具有以下特点:快速访问、强壮性、透明性、可伸缩性、有效性、自适应性、稳定性、负载平衡、能处理异构性和简单性。

## 6.6　本章小结

本章主要介绍了超文本和超媒体的概念、发展历史、组成要素;超文本和超媒体的体系结构;超媒体系统中的关键技术;HTML 语言和 XML 语言的基础;动态网页生成技术中的 ASP、PHP、JSP 语言的基础及各自特点;最后介绍了 Web 系统的关键技术,Web 系统的结构以及在设计 Web 缓存系统时需要解决的问题。

超文本是一个类似于人类联想思维的非线性的网状结构,它以结点作为一个信息块,它采用一种非线性的网状结构组织信息,把文本按其内容固有的独立性和相关性划分成不同的基本信息块,并且可以按需要用一定的逻辑顺序来组织和管理信息,它提供联想式、跳跃式的查询能力,极大地提高获得知识和信息的效率。把多媒体信息引入超文本,这就产生了多媒体超文本,也即超媒体,即超文本中的结点数据不仅是文本,还可以是图形、图像、动画、音频,甚至是计算机程序或它们的组合。

超文本和超媒体的组成要素是结点、链、网络、热标、宏结点。

超文本和超媒体的系统结构较著名的一个是 1988 年 Campbell 和 Goodman 提出的 HAM 模型,另一个是从事超文本标准化研究的 Dexter 小组提出的 Dexter 模型。

HAM 模型将超文本和超媒体体系结构分为 3 个层次,用户接口层、超文本抽象机层(HAM)和数据库层。Dexter 模型的目标是为开发分布信息之间的交互操作和信息共享提供一种标准或参考规范。Dexter 模型分为三层:成员内部层、存储层和运行层。各层之间通过锚定接口和表现规范相互连接。

设计超媒体系统时,一些关键技术有待于突破和发展,具体如下:超媒体系统的浏览和导航机制、超文本系统搜索和查询机制、超媒体网络计算、版本化和超文本系统中的虚结构。

超文本标记语言 HTML 是 Web 系统使用的超文本标记语言,是一种用于建立超文本/超媒体文献的标记语言，是标准通用标记语言（Standard Generalized Markup Language，SGML）的一种应用。可扩展标记语言（Extensible Markup Language，XML）是1998年2月正式公布的网络超文本的元标记语言，由W3C的XML工作小组所定义，其目的不仅在于满足不断增长的网络应用需求，同时还希望借此能够确保在通过网络进行交互合作时，具有良好的可靠性和互操作性。

目前最常用的动态网页技术主要有ASP、PHP、JSP。

Web系统是采用超文本传输协议（Hypertext Transfer Protocol，HTTP）的超文本系统，其基本结构是一个客户机/服务器模型。

## 6.7 练习题

1. 下列的叙述哪些是正确的？（　　）

(1) 结点在超文本中是信息的基本单元

(2) 结点的内容可以是文本、图形、图像、动画、视频和音频

(3) 结点是信息块之间连接的桥梁

(4) 结点在超文本中必须经过严格的定义

A. (1)(3)(4)　　B. (1)(2)　　C. (3)(4)　　D. 全部

2. 叙述超文本和超媒体的基本概念和区别。

3. 叙述超文本和超媒体的体系结构。

4. Web系统的体系结构是什么？

5. 超文本中的结点一般有哪几种类型？各自的用途是什么？

6. 叙述超文本中链的组成部分。

# 第7章

# 多媒体信息安全技术

学习目标：

(1) 了解：多媒体数字水印算法。

(2) 理解：多媒体加密技术。

(3) 掌握：多媒体信息保护策略。

## 7.1 概述

信息安全是网络时代面临的一个严重问题。多媒体信息安全是信息安全的一个重要方面，随着多媒体技术的发展和应用领域的逐渐广泛，多媒体信息安全也越来越重要。

### 7.1.1 多媒体信息的威胁和攻击

对一个多媒体系统或多媒体信息安全的攻击，最好通过观察正在提供信息的系统的功能来表征。一般而言，有一个多媒体信息流从一个源(例如一个文件或主存储器的一个区域)流到一个目的地(例如另一个文件或一个用户)，这个正常流如图 7-1(a)所示，图 7-1 中的其余部分显示了 4 种一般类型的攻击。

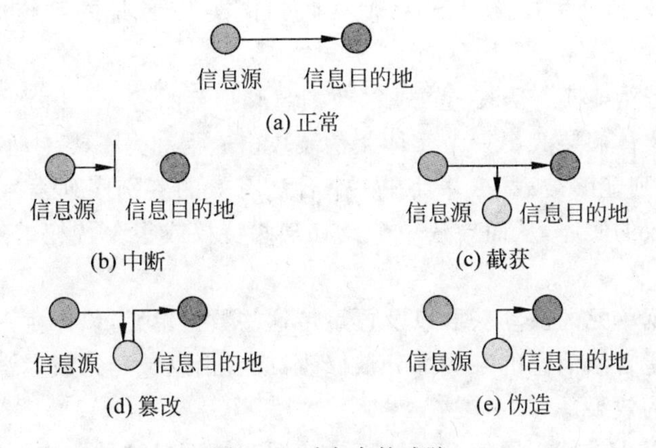


图 7-1 对安全的威胁

攻击可分为中断、截获、篡改、伪造 4 种类型。

(1) 中断,该系统的资产被破坏或变得不可利用或不能使用,这是对可用性的攻击。例如,毁坏部分硬件(如一个硬盘)、切断一条通信线路或某文件管理系统的失效。

(2) 截获,一个攻击者获取了对某个资产的访问,这是对机密性的攻击。该攻击者可以是一个人、一段程序或一台计算机。例如,在网络上搭线窃听以获取数据、违法复制文件或程序等。

(3) 篡改,攻击者不仅获得了访问,而且篡改了某些资产,这是对完整性的攻击。例如,修改数据文件的值,改变程序使得它的执行结果不同,篡改在网络中传输的消息的内容等。

(4) 伪造,攻击者将伪造的对象插入系统,这是对真实性的攻击。例如,在网络中插入伪造的消息或为文件增加记录等。

以上攻击可根据被动攻击和主动攻击来进行分类。

被动攻击主要是收集信息而不是进行访问,数据的合法用户对这种活动一点也不会觉察到,其本质是在传输过程中的偷听或监视,以便从传输过程中截取信息。被动攻击又可分成消息内容分析和通信量分析两类。

消息内容分析容易理解。例如,一次电话通信、一份电子邮件报文、正在传送的文件都可能包含敏感信息或秘密信息。为此要防止攻击者获得这些传输过程的内容。

通信量分析的攻击比较微妙。假定用某种方法屏蔽了消息内容或其他信息通信量,即使攻击者截取了该信息,也无法从消息中提取信息。最常用的屏蔽内容技术是加密。但是即使用加密进行保护,攻击者可能还是可以观察这些消息的模式。攻击者能够锁定通信主机的位置和标识,能够观察被交换消息的频度和长度。这些信息对猜测正在发生的通信的性质是有用的。

被动攻击很难检测,因为它们并不会导致数据有任何改变,因此,对付被动攻击的重点是防止而不是检测。

主动攻击涉及对某些数据流的篡改或一个虚假流的产生,主要是包括了攻击者访问他所需信息的故意行为。比如远程登录到指定机器的端口,找出公司运行邮件服务器的信息;伪造无效 IP 地址去连接服务器,使接收到错误 IP 地址的系统浪费时间去连接那个非法地址。

主动攻击可分为 4 类:伪装、重放、篡改消息和拒绝服务。

伪装是一个实体假装为另一个实体。伪装攻击通常和另一类主动攻击同时进行。例如,身份鉴别的序列能够被截取,并且在一个合法有效的鉴别序列发生后做出回答,通过伪装具有这些特权的实体,从而导致一个具有某些特权或很少特权的实体获得某些额外特权。

重放包含数据单元的被动获取以及再重传这些数据单元,以产生一个未授权的效果。

篡改消息是指合法消息的某些部分被修改,或者消息被延迟或者消息被改变顺序,以产生一个未授权的效果。

拒绝服务是阻止或禁止通信设备的正常使用和管理。这种攻击可能是针对某一种特定目标的,可能抑制所有的消息指向某个特定目的地;另一种形式的拒绝服务是破坏整个网络,使其瘫痪,或者使网络超负荷致使其不能工作,或者滥发消息使之过载,以达到降低性能的目的。

主动攻击表现出与被动攻击相反的特点。虽然被动攻击难以检测，但可采用措施防止此类攻击；完全防止主动攻击比较困难，因为这需要对所有通信设施和路径进行完全的物理保护，防止主动攻击的目的是检测主动攻击，并从主动攻击引起的任何破坏或时延中予以恢复，因为检测具有某种威慑效应，因此它能起到防止攻击的作用。

### 7.1.2　多媒体信息安全的要素

多媒体信息安全的要素包括机密性、完整性、可用性、可控性和不可抵赖性，具体如下。

#### 1. 机密性

机密性是指信息不泄露给非授权的个人和实体，或供其利用的特性。例如，数位版权管理是经过证实可于计算机或网络上安全传送内容的机制。

#### 2. 完整性

完整性是指信息在存储或传输过程中保持不被修改、不被破坏、不被插入、不延迟、不乱序和不丢失的特性。破坏信息的完整性是对信息安全发动攻击的目的之一。例如，个人提交给某一网站的个人信息不应在数据传输过程中或者被该网站公司更改；在传送重要文件或数据时不应被攻击者修改或破坏。

#### 3. 可用性

可用性是指信息可被合法用户访问并按要求使用的特性，即确保授权方在需要时可以取用所需信息。对可用性的攻击就是阻断信息的可用性，例如，破坏网络和有关系统的正常运行就属于这种类型的攻击。

#### 4. 可控性

可控性指授权机构可以随时控制信息的机密性，对信息和信息系统实施安全监控管理，不允许不良内容通过公共网络传输。

#### 5. 不可抵赖性

不可抵赖性也称为不可否认性，是防止发送方或接收方抵赖所传输的消息。在网络系统的信息交互过程中，确定参与者的真实同一性，即所有参与者都不可能否认或抵赖曾经完成的操作和承诺。利用信息源证据可以防止发送方否认已发送信息，利用递交接收证据可以防止接收方事后否认已接收的信息。

在多媒体信息安全方面，其基本要求是保证多媒体信息的机密性、完整性和可用性。

## 7.2　多媒体信息保护策略

多媒体数据的数字化为多媒体信息的存取提供了极大的便利，同时也极大地提高了信息表达的效率和准确性。随着 Internet 的日益普及，多媒体信息的交流已达到了前所未有的深度和广度，其发布形式也愈加丰富了，但是随之而出现的问题也十分严重，如作品侵权更加容易，篡改也更加方便。因此，如何既充分利用 Internet 的便利，又能有效地保护知识产权,已受到人们的高度重视。针对多媒体信息的威胁和攻击,要有效保护多媒体信息有以下策略:数据置乱、数字信息隐藏、数字信息分存、数据加密、防病毒等。

**1. 数据置乱**

数据置乱技术是指借助数学或其他领域的技术,对数据的位置或数据内容做变换使之生成面目全非的杂乱数据,攻击者无法从杂乱的数据中获得原始数据信息,从而达到保护数据安全的目的。其特点是可逆,例如数字图像置乱,起源于早期的经典加密学理论和电视图像应用技术,对数字图像的空间域进行类似于经典密码学对一维信号的置换,或者修改数字图像的变换域参数,使得生成的图像成为面目全非的杂乱图像,从而保护了数字图像所要表达的真实内容。基于数学变换技巧的算法,如幻方排列、Arnold 变换、FASS 曲线、Gray 代码、生命模型等,有效地应用于数字图像信息安全处理过程的预处理和后处理,更大程度地保证数字图像的信息安全。这些算法还可以作为对数字图像甚至是其他数字化信息的一种特殊的加密手段。对于音频,也可采用类似的置乱技术。

**2. 数字信息隐藏**

信息隐藏,或称为信息伪装,就是将秘密信息秘密地隐藏于另一非机密的信息之中,然后通过公开信息的传输来传递机密信息,这样,攻击者难以从公开信息中判断机密信息是否存在,难以截获机密信息,从而能保证机密信息的安全。待隐藏的信息称为秘密信息,它可以是版权信息或秘密数据,也可以是一个序列号;而公开信息则称为载体信息,其形式可以是任何一种数字媒体,如图像、声音、视频或一般的文档等。这种信息隐藏过程一般由密钥(Key)来控制,即通过嵌入算法将秘密信息隐藏于公开信息中,而隐蔽载体(隐藏有秘密信息的公开信息)则通过信道传递,然后检测器利用密钥从隐蔽载体中恢复检测出秘密信息。

信息隐藏技术主要由信息嵌入算法和隐蔽信息检测/提取算法两部分组成。信息嵌入算法利用密钥来实现秘密信息的隐藏。隐蔽信息检测/提取算法利用密钥从隐蔽载体中检测恢复出秘密信息。在密钥未知的前提下,第三者很难从隐蔽载体中得到或删除,甚至发现秘密信息。

根据信息隐藏的目的和技术要求,信息隐藏技术存在以下特性。

(1) 鲁棒性

鲁棒性指不因图像文件的某种改动而导致隐藏信息丢失的能力。所谓"改动"包括传输过程中的信道噪声、滤波操作、重采样、有损编码压缩、D/A 或 A/D 转换等。

(2) 不可检测性

不可检测性指隐蔽载体与原始载体具有一致的特性。如具有一致的统计噪声分布等,以便使攻击者无法判断是否有隐藏的数据。

(3) 透明性

透明性利用人类视觉系统或人类听觉系统属性,经过一系列隐藏处理,使目标数据没有明显的降质现象,而隐藏的数据却无法人为地看见或听见。

(4) 安全性

安全性指隐藏算法有较强的抗攻击能力,即它必须能够承受一定程度的人为攻击,而使隐藏信息不会被破坏。

(5) 自恢复性

由于经过一些操作或变换后，可能会使原图产生较大的破坏，如果只从留下的片断数据仍能恢复隐藏信号，而且恢复过程不需要宿主信号，这就是所谓的自恢复性。

**3. 数字信息分存**

数字信息分存是指为了进行信息安全处理，把信息分成 $n$ 份，这 $n$ 份信息之间没有互相包含关系。只有拥有 $m(m\leqslant n)$ 份信息后才可以恢复原始信息，而任意少于 $m$ 份信息就无法恢复原来的信息。它的优点是丢失若干份信息并不影响原始信息的恢复，例如数字图像分存，不仅可以实现保密信息的隐藏，还可以达到保密信息分散的目的。这样不仅使得攻击者要耗费精力去获取所有恢复保密信息需要的内容，而且使得保密信息拥有者们互相牵制，提高了信息的保密程度。

**4. 数据加密**

数据加密技术是指将原始数据信息(称为明文)经过加密密钥及加密函数转换，变成无意义的密文，而合法接收方将此密文经过解密函数、解密密钥还原成明文。加密的数据信息必须经过解密后才能正确的获取，而解密需要密钥和解密算法。只要保护好密钥和加、解密算法，从理论上说，不知道密钥的对方就不能正常地获取被加密的数据信息。因此，数据加密技术的两个重要元素是算法和密钥。

**5. 防病毒**

计算机病毒指蓄意编制或在计算机程序中插入的一组计算机指令或者程序代码。这种程序能够潜伏在计算机系统中，并通过自我复制传播和扩散，在一定条件下被激活，旨在干扰计算机操作，记录、毁坏或删除数据，或自行传播到其他计算机和整个 Internet。这种程序具有类似于生物病毒的繁殖、传染和潜伏等特点。

随着数字多媒体技术的发展，利用音频、视频文件或数据流等传播计算机病毒是计算机病毒变化的一种新趋势。因此，多媒体信息保护的另一策略就是病毒防护。

## 7.3　多媒体加密技术

密码学是与信息的机密性、数据完整性、身份鉴别和数据原发鉴别等信息安全问题相关的一门学科。4000 多年前埃及人就运用密码学传递信息。到 20 世纪，密码学的应用和发展取得了长足进展，但当时密码学研究和应用多属于军队、外交和政府行为。至 20 世纪 60 年代，随着计算机与通信系统的迅猛发展，如何保护私人的数字信息，如何通过计算机和通信网络安全地完成各项事务成了新的需求，因此密码学技术也逐渐开始应用于民间。

20 世纪 70 年代，IBM 公司设计出 DES 私钥密码体制，成为历史上最早的私钥密码体制。1976 年 Diffie 和 Hellman 公钥密码学的思想是密码学发展史上最为重要的里程碑之一，他们在 *New Directions in Cryptography* 中利用离散对数问题的难解性构造了如何安全交换数据以及密钥的新方法，只是当时没有给出这些方法的具体实现。1978

年，Rivest、Shamir 和 Aldleman 设计出了第一个在实践中可用的公开密钥加密和签名方案，即 RSA，这个方案的安全性基于另一类数学难题，即大数难分解问题。到 1985 年，El Gamal 给出了另一个极具实用性的公钥密码体制，即 El Gamal 体制，这种体制的安全性仍然基于离散对数问题。

进入 20 世纪 90 年代，计算机处理能力的提高以及传输技术的发展使得 DES 的安全性受到严重的威胁，人们已能在 20 小时之内利用穷举法破译 56 位密钥的 DES 加密。人们对公钥密码体制和私钥密码体制提出了新的安全要求。因此美国政府制定了一种新型的联邦信息处理标准 AES，以代替 DES。同时，基于安全性和可操作性方面的考虑，密码工作者正设计新型的公钥密码体制，例如，基于椭圆曲线和超椭圆曲线的有理点构成的基础交换群的椭圆密码公钥体制正成为研究的热门。

现代密码体制由一个将明文(P)和密钥(K)映射到密文(C)的操作构成，人们把它写成：

$$C \leftarrow K[P]$$

通常，存在一个逆操作，将密文和密钥 $K^{-1}$ 映射到原来的明文：

$$P \leftarrow K^{-1}[C]$$

攻击者的目标通常是恢复密钥 K 和 $K^{-1}$。对一个优良的密码体制来说，除非遍历所有可能的值，否则是不可能恢复 K 和 $K^{-1}$ 的。而且，无论攻击者俘获多少密文和明文都无济于事。

一个普遍接受的假设是，攻击者熟悉该加密函数，密码体制的安全性完全依赖于密钥的保密性，因此保护密钥不被泄露最为重要。一般而言，密钥使用越多，就越有可能被破译。因此，对每一项任务，都使用一个分离的密钥，称为会话密钥，会话密钥通常是被主密钥加密后传输的，其来自于一个集中的密钥分发中心。

### 7.3.1 概述

在多媒体信息安全的诸多涉及面中，密码学主要为存储和传输中的多媒体信息提供 4 个方面的安全保护。

**1. 机密性**

机密性是指只允许特定用户访问和阅读信息，其他非授权用户对信息都不可理解的服务。在密码学中，机密性通过数据加密得到。

**2. 数据完整性**

数据完整性是用以确保数据在存储和传输过程中未被未授权修改的服务。为提供这种服务，用户必须有检测未授权修改的能力。未授权修改包括数据的篡改、删除、插入和重放等。密码学通过数据加密、数据散列或数字签名来提供这种服务。

**3. 鉴别**

这是一种与数据和身份识别有关的服务。鉴别服务包括对身份的鉴别和对数据源的鉴别。身份鉴别是指对于一次通信，必须确信通信的另一方是预期的实体；数据源鉴别是指每一个数据单元发送到或来源于预期的实体，数据源鉴别隐含地提供数据完整性服务。密码学通过数据加密、数据散列或数字签名来提供这种服务。

**4. 抗否认性**

这是一种用于阻止用户否认先前的言论或行为的服务。密码学通过对称加密或非对称加密，以及数字签名等，并借助可信的注册机构或证书机构的辅助提供这种服务。

除了以上4个方面的安全保护外，密码学还对其他的欺骗和恶意攻击行为提供阻止和检测手段。

## 7.3.2 密码体制

目前有两种主要的密码体制：对称密码体制和非对称密码体制。

**1. 对称密码体制**

对信息进行明/密变换时，加密与解密使用相同密钥的密码体制，称为对称密码体制。在该体制中，记 $E_k$ 为加密函数，密钥为 $k$；$D_k$ 为解密函数，密钥为 $k$；$m$ 表示明文消息，$c$ 表示密文消息。对称密码体制的特点可以表示如下。

$$D_k(E_k(m)) = m \text{（对任意明文信息 } m\text{）}$$

$$E_k(D_k(c)) = c \text{（对任意密文信息 } c\text{）}$$

利用对称密码体制，可以为传输或存储的信息进行机密性保护。为了对传输信息提供机密性服务，通信双方必须在数据通信之前协商一个双方共知的密钥（即共享密钥），假定通信双方已安全地得到了一对共享密钥 $k$。此时，通信一方（称发送方）为了将明文信息 $m$ 秘密地通过公网传送给另一方（称接收方），使用某种对称加密算法 $E_k$ 对 $m$ 进行加密，得到密文 $c$：

$$c = E_k(m)$$

发送方通过网络将 $c$ 发送给接收方，在公网上可能存在各种攻击，当第三方截获到信息 $c$ 时，由于他不知道 $k$ 值，因此 $c$ 对他是不可理解的，这就达到了秘密传送的目的。接收方利用共享密钥 $k$ 对 $c$ 进行解密，复原明文信息 $m$，即

$$m = D_k(c) = D_k(E_k(m))$$

利用对称密码体制为数据提供加密保护的流程如图7-2所示。

对于存储中的信息，信息的所有者利用对称加密算法 $E$ 及密钥 $k$，将明文信息变换为密文 $c$ 进行存储。由于密钥 $k$ 是信息所有者私有的，因此第三方不能从密文中恢复明文信息 $m$，从而达到对信息的机密性保护的目的。对存储信息有如图7-3所示的保护模型。

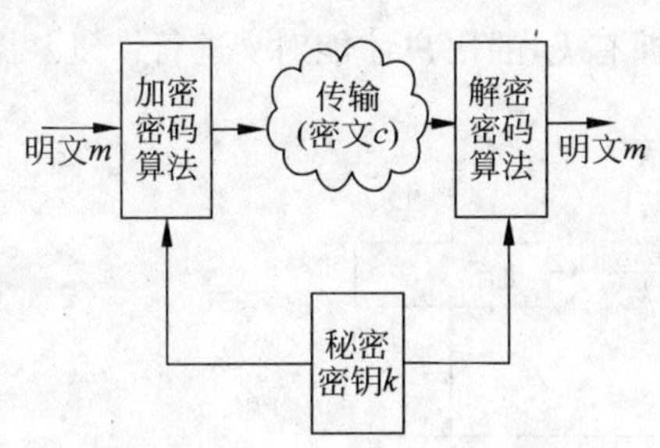


图7-2　对称密钥保密体制模型

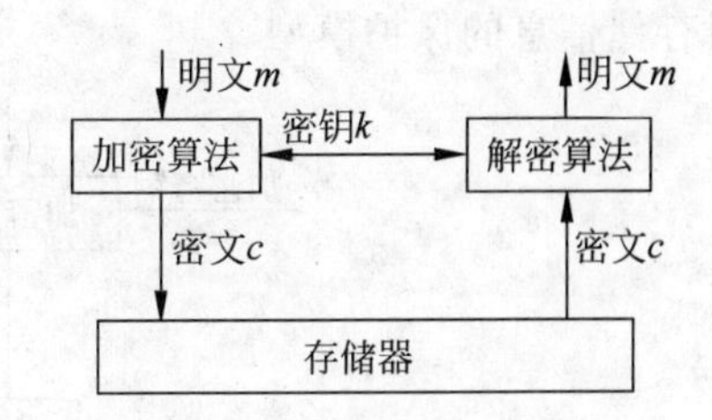


图7-3　对存储信息的保护模型

**2. 非对称密码体制**

对信息进行明/密变换时，使用不同密钥的密码体制称非对称密码体制。在非对称密码体制中，每个用户都具有一对密钥，一个用于加密，一个用于解密。其中加密密钥可以在网络服务器、报刊等场合公开，而解密密钥则属用户的私有密钥，只有用户一人知道。这要求所有非对称密码体制具有如下特点：即由公开的加密密钥推导出私有解密密钥在实际上不可行的。所谓实际上不可行，即理论上是可以推导的，但却几乎不可能实际满足推导的要求，如计算机的处理速度、存储空间的大小等限制，或者说，推导者为推导解密密钥所花费的代价是无法承受的或得不偿失的。

假设明文仍记为 $m$，加密密钥为 $k_1$，解密密钥为 $k_2$，$E$ 和 $D$ 仍表示相应的加密、解密算法。非对称密码体制有如下的特点。

$$D_{k_2}(E_{k_1}(m)) = m\text{（对任意明文 } m\text{）}$$

$$E_{k_1}(D_{k_2}(c)) = c\text{（对任意密文 } c\text{）}$$

利用非对称密码体制可实现对传输或存储中的信息进行机密性保护。

在通信中，发送方 A 为了将明文 $m$ 秘密地发送给接收方 B，需要从公开刊物或网络服务器等处查寻 B 的公开加密密钥 $k_1$（$k_1$ 也可以通过其他途径得到，如由 B 直接通过网络告知 A）。在得到 $k_1$ 后，A 利用加密算法将 $m$ 变换为密文 $c$ 并发送给 B：

$$c = E_{k_1}(m)$$

在 $c$ 的传输过程中，第三方因为不知道 B 的密钥 $k_2$，因此，不能从 $c$ 中恢复明文信息 $m$，因此达到机密性保护的目的。接收到 $c$ 后，B 利用解密算法 $D$ 及密钥 $k_2$ 进行解密：

$$m = D_{k_2}(E_{k_1}(m)) = D_{k_2}(c)$$

对传输信息的保护模型如图 7-4 所示。

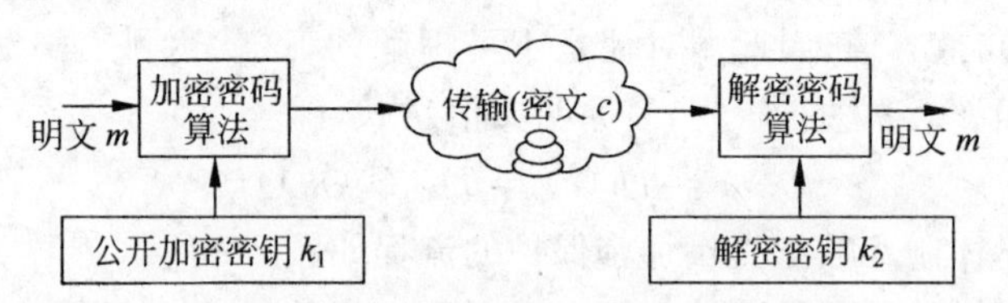


图 7-4 非对称密码体制对传输信息的保护

对于存储信息 $m$ 的机密性保护，非对称密码体制有类似的工作原理，信息的拥有者使用自己的公钥 $k_1$ 对明文 $m$ 加密生成密文 $c$ 并存储起来，其他人不知道存储者的解密密钥 $k_2$，因此无法从 $c$ 中恢复出明文信息 $m$。只有拥有 $k_2$ 的用户才能对 $c$ 进行恢复。图 7-5 是对存储信息的保护模型。

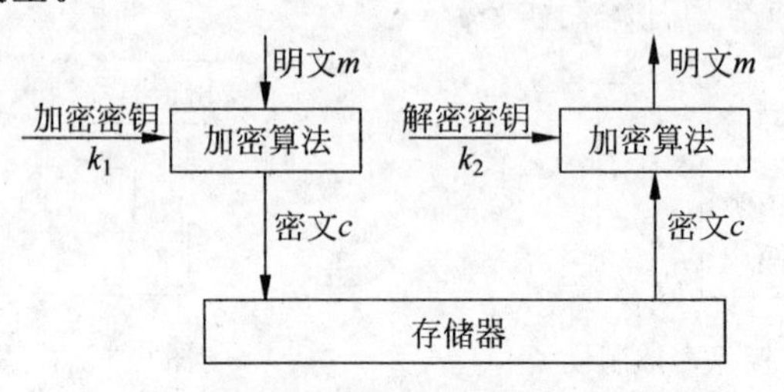


图 7-5 非对称密码体制对存储信息的保护

非对称密码体制也称公钥密码体制。与对称密码体制相比，采用非对称密码体制的保密体系的密钥管理较方便，而且保密性比较强，但实现速度比较慢，不适应于通信负荷较重的应用。

# 7.4　多媒体信息隐藏

## 7.4.1　概述

实际上，基于加密的数据传输没有绝对的安全，除非加密算法足够强大，让攻击者无机可乘，但随着硬件技术的高速发展、并行化计算的日新月异，强大的计算处理能力使破解加密传输的数据也不无可能。而且加密后传输的数据更加容易引起攻击者的注意，成为攻击的焦点。因此，最安全的传输方式还是信息隐藏。

信息隐藏，或称为信息伪装，就是将秘密信息秘密地隐藏于另一非机密的信息之中。其形式可为任何一种数字媒体，如图像、声音、视频或一般的文档等。其首要目标是隐藏技术要好，也就是使加入隐藏信息后的媒体目标的质量下降尽可能的小，使人无法觉察到隐藏的数据，达到令人难以觉察的目的。

信息隐藏将信息藏匿于一个宿主信号中，使不被觉察到或不易被注意到，却不影响宿主信号的知觉效果和使用价值。

信息隐藏和数据加密是有区别的，主要表现在以下几个方面。

隐藏的对象不同。加密是隐藏内容，而信息隐藏主要是隐藏信息的存在性。隐蔽通信比加密通信更安全，因为它隐藏了通信的发送方、接收方，以及通信过程的存在，不易引起怀疑。

保护的有效范围不同。传统的加密方法对内容的保护只局限在加密通信的信道中或其他加密状态下，一旦解密，则毫无保护可言；而信息隐藏不影响宿主数据的使用，只是在需要检测隐藏的那一部分数据时才进行检测，之后仍不影响其使用和隐藏信息的作用。

需要保护的时间长短不同。一般来说，用于版权保护的鲁棒水印要求有较长时间的保护效力。

对数据失真的容许程度不同。多媒体内容的版权保护和真实性鉴别往往需容忍一定程度的失真，而加密后的数据不容许一个比特的改变，否则无法解密。

传统的以密码学为核心技术的信息安全和信息隐藏技术不是互相矛盾、互相竞争的技术，而是互补的。例如，将秘密信息加密之后再隐藏，这是保证信息安全的更好的办法，也是更符合实际要求的方法。

## 7.4.2　信息隐藏技术的分类

信息隐藏技术划分方法不同，所分的种类也就不同。

### 1. 按信息隐藏技术包含的内容进行分类

信息隐藏技术包含的内容十分广泛，按其包含的内容可以分为以下种类，如图 7-6 所示。

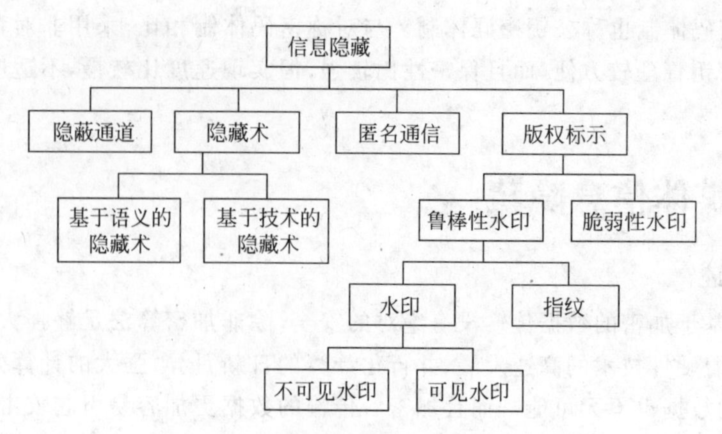


图 7-6 按信息隐藏技术包含的内容的分类

(1) 隐藏术

一般指那些进行秘密通信的技术的总称，通常把秘密信息嵌入或隐藏在其他不受怀疑的数据中。隐藏的方法通常假设第三方不知道隐蔽通信的存在，而且主要用于互相信任的双方的点到点秘密通信。因此，隐藏术一般无鲁棒性。例如，在数据改动后隐藏的信息不能被恢复。

(2) 数字水印

数字水印就是向被保护的数字对象(如静止图像、视频、音频)嵌入某些能证明版权归属或跟踪侵权行为的信息，可以是作者的序列号、公司标志、有意义的文本等。同隐藏术相反，水印中的隐藏信息具有能抵抗攻击的鲁棒性。即使知道隐藏信息的存在，水印算法的原理公开，对攻击者而言要毁掉嵌入的水印仍很困难。在密码学中，这就是众所周知的Kerkhoffs 原理：加密系统在攻击者已知加密原理和算法但不知道相应密钥时仍是安全的。鲁棒性的要求使得水印算法在宿主数据中嵌入的信息比隐藏术少。水印技术和隐藏术更多的时候是互补的技术而不是互相竞争的。

(3) 数据隐藏和数据嵌入

通常在不同的上下文环境中，它们一般指隐藏术，或者指介于隐藏术和水印之间的应用，在这些应用中嵌入数据的存在是公开的，但无必要保护它们。例如，嵌入的数据是辅助的信息和服务，它们可以是公开得到的，与版权保护和控制存取等功能无关。

(4) 指纹和标签

指水印的特定用途。有关数字产品的创作者和购买者的信息作为水印而嵌入，每个水印都是一系列编码中的唯一一个编码，即水印中的信息可以唯一地确定每一个数字产品的复制，因此称它们为指纹或者标签。

上述定义的 4 种分类是互相关联的，隐藏术是目前的研究热点。

**2. 按不同的运行环境、载体以及所采用的算法进行分类**

随着多媒体技术和 Internet 的迅猛发展，大量重要的文件和多样化的信息以数字化形式存储和传输，这些都为秘密信息的隐藏提供了极好的载体。其他的一些特殊载体包括存储设备，例如硬盘、磁带以及基于通信协议的包数据等也能进行信息隐藏。

(1) 文档文件中的信息隐藏

早期的隐藏信息的方法是用不可见的墨汁直接在纸上书写秘密信息。计算机极大地扩充了信息隐藏的空间，利用文档文件的布局就可以隐藏秘密信息。可以根据秘密信息的内容相应地调整每一行或者每个字之间的距离，还可以额外地加入空格以及不可见信息来表达秘密信息。TXT 文档、Word 文档、PDF 文档、HTML、XML 等各种文档中空格符以及回车符可以用来传递隐藏信息，常见的文字处理器、Web 浏览器会忽略这些空格符以及回车符，但是对这些源文件进行分析就会发现这些额外信息。

(2) 音频、图像和视频文件中的信息隐藏

以图像为载体的信息隐藏方法很多，按照秘密信息的嵌入方式可以分为两类。一类方法将秘密信息按某种算法直接叠加到图像的空间域上。考虑到视觉上的不可见性，一般是嵌入图像中最不重要的像素位上。空间域方法的特点是计算速度快，而且很多算法不需要原始图像。另一类方法是先将图像做某种变换，特别是正交变换，然后把秘密信息嵌入图像的变换域中，如 DCT 域、Wavelet 变换域、Fourier-Mellin 域、Fourier 变换域、分形或者其他变换域等。从目前的情况看，变换域方法正变得日益普遍。因为变换域方法通常具有很好的顽健性，对图像压缩、常用的图像滤波以及噪声均有一定的抵抗力，并且一些算法还结合了当前的图像和视频的压缩标准，如 JPEG2000、MPEG-4 等，因而具有很大的实际意义。

以上提到的嵌入到图像中最不重要的像素位上以及变换域的方法同样适用于利用音频信号以及视频信号进行信息隐藏。在音频信号中还可以利用回声，人耳对高幅值信号的隐蔽效应进行隐藏。在实际应用中发现，在各种图像以及音频文件头中，未用的位也被用来隐藏秘密信息。

(3) 存储载体中的信息隐藏

充分利用未用的存储磁盘空间或者保留的空间来隐藏信息不会破坏载体原有信息。操作系统在存储文件时会产生不用的空间。例如，在 Windows 95 操作系统中，FAT16 文件系统未压缩簇大小为 32KB，这就意味着为文件分配的最小单元为 32KB。如果文件大小为 1KB，那么由于这种文件的分配模式，将有 31KB 的空间被浪费，这些额外的空间可以用来隐藏信息而不被正常文件系统所显示。

在文件系统中另外一种信息隐藏的方法是创建一个隐蔽分区。当正常文件系统启动时，这个分区是不为所见的，但是在许多情况下，运行一些磁盘配置程序时就会暴露隐蔽的磁盘分区。目前这个观点已经得到了扩充，提出了一个基于信息隐藏的文件系统，在该系统中，只有用户知道相应用户名和口令，才可以访问该文件系统，其他用户根本不知道该文件系统是否存在。

(4) 网络协议数据中的信息隐藏

网络协议有许多缺陷可以用来信息隐藏。例如，TCP/IP 包在 Internet 中传输信息，在其包头结构中有一些未用的位；在 TCP 头中有 6 个保留位，在 IP 头中有 2 个保留位。在每一个传输通道中有成千上万的包，如果不检查，这将是非常可怕的秘密通信信道。除此之外，在头结构的其他信息可以重定义来隐藏信息。例如，利用包 ID 信息，TCP 握手协议的初始序列号，确认序列号隐藏信息；ICMP 包中的源抑制位同样也可以进行信息

隐藏。

(5) 基于图灵机的信息隐藏技术

还有一种隐藏技术，使用自动机生成一段有意义的文字。这段文字的生成是根据秘密信息的内容和自动机特定的文法实现的。

# 7.5 多媒体数字水印

## 7.5.1 概述

### 1. 数字水印的定义

数字水印是信息隐藏的一种应用。数字水印技术是在图像、声音等多媒体数据中嵌入某种信息，并使其隐蔽的一种技术，隐蔽嵌入的信息则称为数字水印。主要应用于多媒体版权保护，它是将具有特定意义的标记，如数字作品的版权所有者信息、发行者信息、购买者信息、使用权限信息、公司标志等嵌入在多媒体作品中，并且不影响多媒体的使用价值。

数字水印可以加入没有版权保护措施的数字代码中，比如数字音乐文件、数字视频文件或数字图书等，这些数字水印代码中含有相关的版权信息，能够对数字出版物的版权起到保护作用。采用这种技术嵌入的信息，人不能直接感知，只能通过数据压缩、过滤处理等方法才能检测嵌入的信息。这项技术的特点是，如果他人擅自去除嵌入的信息，就会严重影响相关数据的质量。

数字水印的特点是即使数据的格式发生了变化，它也不会丢失。比如说，有人下载了别人公开地加入了数字水印的 JPEG 格式图像，并将其转换为 BMP 格式。尽管如此，数字水印的信息仍然不会丢失。这是因为数字水印并不是附加在原数据上的，而是嵌入到了原数据的本身当中，而且包含数字水印的数据看起来跟普通的数据完全一样。例如，加入了数字水印的 MP3 音乐文件，可以用普通的 MP3 播放器播放。

### 2. 数字水印系统的要求

一个实用的数字水印系统必须满足如下 3 个基本要求。

不可见性，数字水印是不可知觉的，不易被感知，并且应不影响被保护数据的正常使用，不会降质。

鲁棒性，是指在经历多种无意或有意义的信号处理过程后，数字水印仍能保持部分完整性并能被准确鉴别。不同的应用对鲁棒性要求不一样，一般都应能抵抗正常的图像处理，例如滤波、直方图均衡等。用于版权保护的鲁棒水印需要最强的鲁棒性，需要抵抗恶意攻击，而易损水印、注释水印不需抵抗恶意攻击。

安全性，数字水印的信息应是安全的，难以篡改或伪造，同时，应当有较低的误检测率，当原内容发生变化时，数字水印应当发生变化，从而可以检测原始数据的变更。攻击者可能通过各种手段来破坏和擦除水印，所以水印系统必须能抵制各种恶意攻击。

### 3. 数字水印系统的组成

数字水印系统包括三部分：水印生成、水印嵌入、水印检测。

（1）水印生成

为了提高水印信息的安全性，在水印嵌入之前利用加密或置乱技术对水印信息进行预处理。密钥是水印生成的一个重要组成部分，水印信息的加密或置乱都离不开密钥。

（2）水印嵌入

通过对多媒体嵌入载体的分析、水印嵌入点的选择、嵌入方法的设计、嵌入强度的控制等几个相关技术环节进行合理优化，寻求满足不可见性、鲁棒性、安全性等条件约束下的准最优化设计。

水印的嵌入可以用公式表示为：

$$L_w = E(I, W, K)$$

具体变量含义如图 7-7 所示。

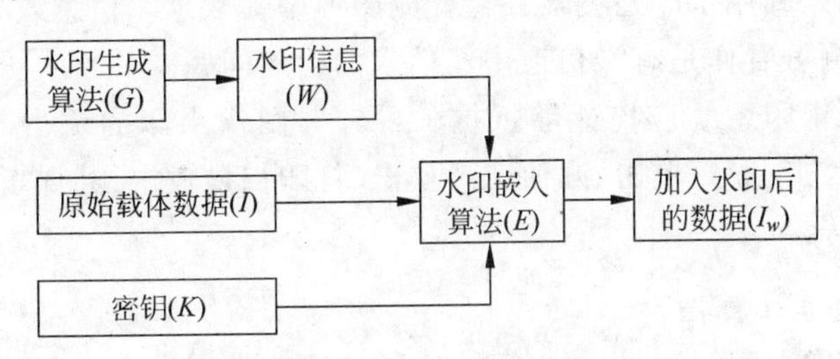


图 7-7　数字水印生成和水印嵌入过程

（3）水印检测

对可疑作品检测，判断是否含有水印。水印检测存在两种结果：一种是直接提取出原始嵌入的水印信息；另一种是只能给出水印是否存在的二值决策，不能提取出原始水印信息。水印检测可以分为盲检测、半盲检测和非盲检测。

盲检测，检测时只需要密钥，不需要原始载体数据和原始水印；半盲检测，不需要原始载体数据，只需要原始水印；非盲检测，既需要原始载体数据又需要原始水印信息。

水印检测算法的通用公式为：

$$W' = D(I'_w, K, I, W)$$

其中，$W'$表示提取出的水印信息；$I$ 和 $W$ 是可选项。水印检测过程如图 7-8 所示。

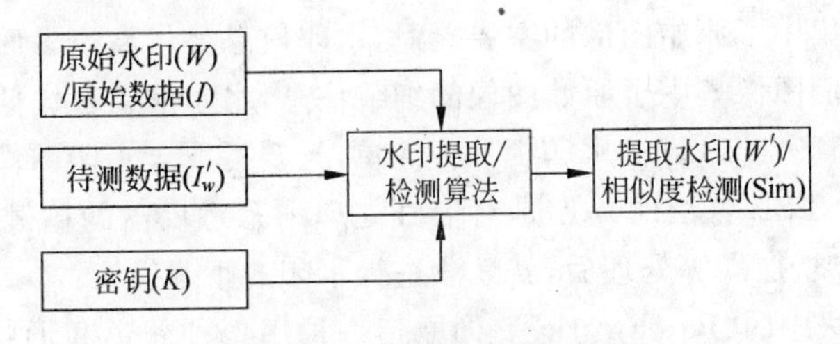


图 7-8　水印检测过程示意图

按照水印嵌入载体划分，数字水印分为图像水印、视频水印、音频水印、图形水印、文档水印等。

### 7.5.2 图像水印

**1. 图像水印的嵌入和提取**

以图像为载体的数字水印是当前水印技术研究的重点。从图像处理的角度看，图像水印嵌入相当于在强背景下（载体图像）叠加一个弱信号（水印）。嵌入的水印信息可以是无意义的伪随机序列或有意义的二值图像、灰度图像甚至彩色图像等。

图像水印的嵌入可以在图像空域进行，也可以在图像变换域进行。空域水印算法复杂度低，但是抗攻击能力差；变换域数字水印算法通过修改频域（DFT 域、DCT 域等）系数，把水印能量扩散到代表图像的主要能量中，在水印不可见性和鲁棒性之间达到了很好的平衡，而且与图像压缩标准 JPEG 相兼容。

图像水印检测是利用水印检测器在待检测图像中提取水印信息或判断是否含有水印信息，图像水印检测可看作是有噪信道中弱信号的检测问题。

一个好的图像水印系统应该能够抵抗各种针对图像水印的攻击。如 JPEG 压缩攻击、图像增强处理攻击、噪声攻击、几何变形攻击、打印扫描攻击、共谋攻击、嵌入多重水印攻击、Oracle 攻击等。

**2. 常用的图像水印算法**

一种常用的图像水印算法是空域算法，空域算法首先把一个密钥输入到一个 $m$ 序列发生器来产生水印信号，再将此 $m$ 序列重新排列成二维水印信号，按像素点逐一插入到原始声音、图像或视频等信号中作为水印，即将数字水印通过某种算法直接叠加到图像等信号的空间域中。由于水印信号被安排在了最低位上，所以不会被人的视觉或听觉所察觉。

典型的空域图像水印算法有最低有效位方法（Least Significant Bits，LSB）、Patchwork 法和文档结构微调法。

LSB 方法是最简单的空域图像水印算法。其基本思想就是用水印信息代替图像像素的最低有效位，保证嵌入的水印是不可见的。

对一幅灰度图像进行位平面分解，可以得到 8 个位平面二值图像。位平面越高，位平面二值图像越接近于原始灰度图像；位平面越低，位平面二值图像越接近于噪声图像。因此高位平面图像集中了原始图像的主要能量，水印信息替代高位平面图像，图像失真比较大。而较低位平面图像集中了原始图像的细节信息，水印信息替代低位平面图像，不会引起原始图像的失真。LSB 算法水印提取很简单，只要提取含水印图像的 LSB 位平面即可，而且是盲提取。LSB 算法的缺点是对信号处理和恶意攻击的稳健性很差，对含水印图像进行简单的滤波、加噪等处理后，就无法进行水印的正确提取。

Patchwork 方法中的“Patchwork”一词原指一种用各种颜色和形状的碎布片拼接而成的布料，它形象地说明了该算法的核心思想，即在图像域上通过大量的模式冗余来实现鲁棒数字水印。

与 LSB 算法不同，Patchwork 方法是一种基于统计的数据水印嵌入方案，其过程是用密钥和伪随机数生成器来选择 $N$ 对像素点（$a_i$，$b_i$），然后将每个 $a_i$ 点的亮度值加 $\delta$，每个 $b_i$ 点的亮度值减 $\delta$，整个图像的平均亮度保持不变，$\delta$ 值就是图像中嵌入的水印信息。

该方法对JPEG压缩、FIR滤波以及图像裁剪有一定的抵抗力，但该方法嵌入的信息量有限。可以将图像分块，然后对每一个图像块进行嵌入操作。以隐藏1b数据为例，Patchwork算法首先通过伪随机数生成器产生两个随机数序列，分别按图像的尺寸进行缩放，成为随机点坐标序列，然后将其中一个坐标序列对应的像素亮度值降低，同时升高另一坐标序列对应的像素亮度值。Patchwork算法是一种数据量较小、能见度很低、鲁棒性很强的数字水印算法，其生成的水印能够抗图像剪裁、模糊化和色彩抖动。由于亮度变化的幅度很小，而且随机散布，并不集中，所以不会明显影响图像质量。所选取的伪随机数生成器的种子就是算法的密钥。

文档结构微调法是在通用文档中隐藏特定二进制信息的技术，数字信息通过轻微调整文档中的结构来完成编码。如轻微改变文档的字符或图像行距、水平间距，或改变文字特性等来完成水印嵌入。这种水印能抵御照相复制和扫描复制，其安全性主要靠隐蔽性来保证，但是仅适用于文档图像类。

另一种常用的图像水印算法是变换域图像水印算法，其基本思想是先对图像或声音信号等信息进行某种变换，在变换域上嵌入水印信息，然后经过逆变换而成为含水印的输出。在检测水印时，也要首先对信号做相应的数学变换，然后通过相关运算检测水印。这些变换包括：离散余弦变换(DCT)、小波变换(DWT)、付氏变换(FT或FFT)等。最常用的是DCT域图像水印算法和小波域图像水印算法。

DCT域图像水印算法可分为全局DCT图像水印算法和分块DCT图像水印算法。全局DCT图像水印算法首先对整幅图像进行DCT变换，然后修改DCT系数进行水印嵌入。分块DCT图像水印算法先对图像进行分块，然后对每一图像块或选择部分图像块进行DCT变换，嵌入水印。DCT域图像水印算法的步骤是图像经过DCT变换并且频谱平移后，位于最左上角的直流系数代表了图像的主要能量，其余交流系数按对角线“Z”字形方向对应于图像低频、中频和高频。低频和中频系数具有较大值，能量较高。高频系数值比较小，能量较低，代表图像的细节。由于在DCT直流系数中嵌入水印容易破坏图像质量，而在高频系数中嵌入水印，水印信息容易在图像压缩或滤波中去除，因此大部分DCT域图像水印算法都选择低频和中频系数，并结合人眼视觉特性进行水印嵌入。

小波变换域图像水印算法主要是把水印信号嵌入到图像经过小波变换后的低频子带或高频子带系数上，所以根据不同的性能需求可以有多种宿主序列的选择方案。大体上说，使用低层细节分量作为宿主信号的算法隐蔽性较好，但鲁棒性相对较差；而使用近似分量或高层细节分量的算法鲁棒性较强，但对图像质量有较多的损害。

典型小波变换域图像水印算法的宿主信号选择方案可归纳为以下3种：在高分辨率的低层细节分量上选择宿主信号；将数字水印同时嵌入低频近似分量和各层高频细节分量；只在近似分量上选择宿主信号。

具体比较而言，空域数字水印算法和变换域水印算法各有其优点，空域数字水印算法的优点是算法简单、速度快、容易实现，几乎可以无损地恢复载体图像和水印信息，其缺点是太脆弱，常用的信号处理过程，如信号的缩放、剪切等，都可以破坏水印。而变换域水印算法的优点是嵌入的水印信号能量可分布到空间域的所有像素上，有利于保证水印的不可见性，人类视听系统的某些特征(如频率掩蔽效应)可以更方便地结合到水印编码过程中,可与国际数据压缩标准相兼容,实现压缩域内的水印编码,并能抵抗相应的有损压缩。

## 7.5.3 视频水印

**1. 视频水印的嵌入和提取**

视频水印是在图像水印的基础上逐渐发展起来的,但是它又不同于图像水印,它有自己的特点。因此,视频水印的嵌入要考虑到:与视频编码标准相结合、包括时域掩蔽效应的人眼视觉模型的建立、随机检测性、能够抵抗针对视频水印的特定攻击、实时处理性等这些因素。

**2. 视频水印算法**

根据视频水印嵌入位置不同,视频水印算法分为三类:原始视频水印算法、编码域视频水印算法和压缩域视频水印算法。

(1) 原始视频水印算法

原始视频水印算法中的水印直接嵌入在未压缩的原始视频的各帧像素中,算法思想与图像空域水印算法基本一致,水印既可以加载在亮度分量上,也可以加载在色差分量上。这类算法的优点是简单直接、复杂度低。缺点是一方面经过视频编码处理后,会造成部分水印信息丢失,给水印的提取和检测带来不便;另一方面是对于已经压缩的视频,需要先解码,嵌入水印后再重新编码,算法运算量大、效率低、抗攻击能力差。

(2) 编码域视频水印算法

编码域视频水印算法一般通过修改编码阶段的 DCT 域中的量化系数,并且结合人眼视觉特性嵌入水印。其优点是水印仅嵌入在 DCT 系数中,不会显著增加数据比特率,容易设计出抵抗多种攻击的水印。缺点是存在误差积累,嵌入的水印数据量低,且没有成熟的三维时空视觉掩蔽模型。

(3) 压缩域视频水印算法

压缩域视频水印算法将水印嵌入在视频压缩编码后的码流中,没有解码和再编码过程,提高了水印的嵌入和提取效率。缺点是视频编码标准的恒定码率约束限制了水印嵌入量的大小,视频解码误差约束限制了水印嵌入强度,水印嵌入后视觉上可能有可察觉的变化。

## 7.5.4 音频水印

**1. 音频水印的嵌入和提取**

音频水印是把带有版权或认证信息的水印信号直接嵌入到数字音频信号中,嵌入水印后的信号和原始宿主音频信号应无听觉感知上的差别。

音频水印算法的嵌入模型如图 7-9 所示。

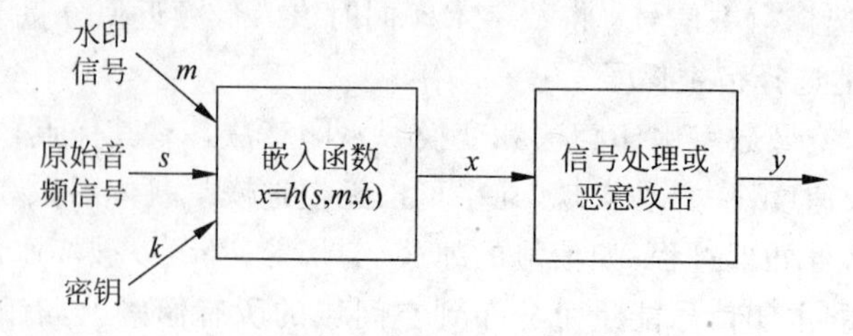


图 7-9 数字音频水印算法的嵌入模型

音频水印算法包括嵌入算法和提取或检测算法。嵌入算法通常有3个输入：$x=h(s,m,k)$，其中原始音频信号为$s$、水印信号为$m$和密钥为$k$。嵌入算法通过嵌入函数$h()$，如上面公式所示，最后将产生嵌入数字水印后的音频信号$x$。

提取算法通常是嵌入算法的逆过程，明文水印的提取需要用到原始音频文件，而盲水印的提取不需要用到原始音频文件，提取公式：$m=g(y,k)$，其中$y$是含有水印信息并且经过信号处理或恶意攻击后的音频信号，$m$是水印信号，$k$是密钥，$g()$是数字音频水印提取函数。数字音频水印算法的提取模型如图7-10所示，该模型是盲水印提取模型。

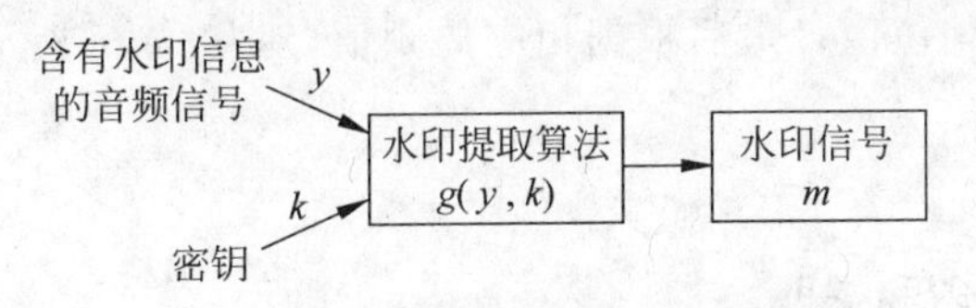


图7-10　数字音频水印算法的提取模型

音频水印嵌入和提取应考虑以下因素：水印嵌入量受限于采样频率；音频水印算法要有针对音频信号传输过程中变化的鲁棒性；音频水印算法要兼顾人耳听觉特性，满足不可感知性；音频信号具有特定的攻击，如回声、时间缩放等。

**2. 音频水印算法**

根据水印加载方式的不同，音频水印算法可以分为两类：时域音频水印算法、变换域音频水印算法。

(1) 时域音频水印算法

时域音频水印算法可以提供简捷有效的水印嵌入方案，具有较大的信息嵌入量，但对语音信号处理的鲁棒性较差。常用的时域音频水印算法有：最低有效位法(LSB)、回声隐藏法等。

回声隐藏法是把水印信息当作回声嵌入到宿主音频信号内，原理利用了人类听觉系统的时域掩蔽特性，通过调整回声3个参数嵌入不同水印位，3个参数分别是回声的初始幅值、衰减率和偏移值。随着衰减率和偏移值减小，原始音频信号和回声信号就越来越接近，并最终混合在一起。当原始信号和回声信号接近到某种临界阈值时，人耳就不能分辨这两个信号。通过在时间域引入水印的回声，将数据嵌入到音频信号中，并利用时域掩蔽特性在数字音频中加入回声的算法，采用倒谱的方法可以检测回声的延迟，从而检测出回声中的水印信息。使用功率倒谱来检测可以有效地检测回声隐藏信息，不需要恢复原始信号，只需要估计回声的延迟时间。

(2) 变换域音频水印算法

常见的变换域音频水印算法有DFT音频水印算法、DCT音频水印算法和DWT音频水印算法。DFT音频水印的经典算法是相位水印算法，它利用了人类听觉系统对声音的绝对相位不敏感，但对相对相位敏感这一特性。相位水印算法正是利用了人耳对声音的相位感知存在缺陷这一弱点，首先将音频信号分段，用一个参考相位代替第一个音频段的绝对相位，然后调整后续音频的相位，使得音频段之间的原始相对相位保持不变，而参考相位代表嵌入的水印值。

相位水印嵌入算法步骤是：首先将原始音频序列分割成等长的小段，在每段中嵌入相同的水印，水印的长度等于每段的长度。接着对每个音频片断进行DFT变换，生成相位矩阵和幅度矩阵，计算并存储相邻段对应频率点的相位差，利用水印信息和相位差矩阵修改相位矩阵。最后利用修改的相位矩阵和原始幅度矩阵进行IDFT逆变换，生成含有水印的音频信号。

水印提取时，首先要获得含有水印音频信号的同步信息和信号段的长度。具体步骤是：首先在已知信号段长度的情况下，将待检测的音频信号分段。接着提取出第一段，对它做DFT变换，计算相位值。最后根据相应的阈值，对相位值进行检测，得到0或1值，构成水印序列。

### 7.5.5 图形水印

**1. 图形水印的嵌入和提取**

图形水印通过修改具有特定组织形式的图形表示数据信息来嵌入水印，嵌入的水印信息可以是随机序列、二值图像、灰度图像等。

图形水印的嵌入和提取应该考虑如下因素：图形数据的特点，如图形数据没有固定的数据顺序和明确的采样率、冗余信息少等；不可见性的要求更为严格；图形水印的攻击，如模型位移、旋转、网格压缩等。

**2. 图形水印算法**

随着计算机图形处理能力的迅速提高，三维模型的获取和处理愈加方便，三维模型的使用越来越广泛。自从1997年Ohbuchi提出三维模型数字水印的概念后，已经出现了一些三维模型数字水印算法。

三维模型水印并不是通过改变三维模型的二维纹理图像来嵌入水印，而是通过改变三维模型中的三维数据几何信息来嵌入水印。计算机中三维数据是采用特定的模型来描述的，而不是对每一个点进行描述。三维模型把三维对象看做大小不一且具有一定方向的曲面的集合。在基于网格的三维模型水印算法中，曲面使用一系列多边形网格构成的面片来表示，最常用的就是三角形面片。

由于网格是普遍采用的三维模型建模方法，因此三维模型水印算法的研究主要集中在网格水印算法。网格水印算法可以分为空域网格水印算法和变换域网格水印算法。

空域网格水印算法直接在原始网格中通过调整网格几何、拓扑和其他属性参数来嵌入水印。

变换域网格水印算法先对网格数据信息进行处理，然后把三维模型通过频域变换，转化为一组不同分辨率层次的频域系数和一个粗糙模型。通过修改频域系数嵌入水印，然后再通过逆变换得到嵌入水印后的模型。

## 7.6 数字水印的应用领域

数字水印技术的深入研究促使数字水印在不同的应用领域都具有很高的实用性，主要应用于以下领域。

**1. 数字作品的知识产权保护**

将版权所有者的信息作为数字水印，嵌入要保护的数字多媒体作品中，从而防止其他团体对该作品宣称拥有版权。此数字水印应该具有不可察觉性、稳健性、唯一性等，还要能够抵抗一些正常的数据处理和恶意攻击。

**2. 商务交易中的票据防伪**

随着高质量图像输入输出设备的发展，特别是高精度彩色喷墨打印机、激光打印机和高精度彩色复印机的出现，使得货币、支票以及其他票据的伪造变得更加容易。

传统商务向电子商务转化的过程中，大量过渡性的如各种纸质票据的扫描图像等电子文件，需要一些非密码的认证方式。数字水印技术可以为各种票据提供不可见的认证标志，从而大大增加了伪造的难度。

**3. 证件真伪鉴别**

通过水印技术可以确认个人的证件真伪，使得证件无法仿造和复制。

**4. 声像数据的隐藏标识和篡改提示**

数据的标识信息往往比数据本身更具有保密价值，标识信息在原始文件上是看不到的，只有通过特殊的阅读程序才可以读取。这种方法已经被国外一些公开的遥感图像数据库所采用。

现有的数据信息通过拼接和嵌入技术可以做到“移花接木”而不为人所知，数据的篡改提示通过隐藏水印的状态可以判断声像信号是否被篡改。

**5. 隐蔽通信及其对抗**

利用数字化声像信号相对于人的视觉、听觉冗余，可以进行各种时域、空域和变换域的信息隐藏，从而实现隐蔽通信。

**6. 使用控制**

如 DVD 防复制系统，将水印信息嵌入 DVD 内容数据中，DVD 播放机通过检测 DVD 数据中水印信息来判断其合法性和是否可以复制。

## 7.7　本章小结

多媒体信息安全是信息安全的一个重要方面。本章介绍了多媒体信息安全的基本技术，包括知识产权管理和保护、多媒体信息的保护、数字水印等；多媒体信息保护的策略；多媒体加密技术；多媒体信息隐藏；多媒体数字水印技术和数字水印的应用领域。

多媒体信息安全的要素包括机密性、完整性、可用性、可控性和不可抵赖性。

针对多媒体信息的威胁和攻击，要有效保护多媒体信息有以下策略：数据置乱、数字信息隐藏、数字信息分存、数据加密、认证及防病毒等。

在多媒体信息安全的诸多涉及面中，密码学主要为存储和传输中的多媒体信息提供机密性、数据完整性、鉴别、抗否认性 4 个方面的安全保护。目前有两种主要的密码体制：对称密码体制和非对称密码体制。

信息隐藏，或称为信息伪装，就是将秘密信息秘密地隐藏于另一非机密的信息之中。其形式可为任何一种数字媒体，如图像、声音、视频或一般的文档等。其首要目标是隐藏技术要好，也就是使加入隐藏信息后的媒体目标的质量下降尽可能小，使人无法觉察到隐藏的数据，达到令人难以觉察的目的。

数字水印技术是在图像、声音等多媒体数据中嵌入某种信息，并使其隐蔽的一种技术，隐蔽嵌入的信息则称为数字水印。数字水印的应用领域很广泛，如数字作品的知识产权保护、商务交易中的票据防伪、证件真伪鉴别、声像数据的隐藏标识和篡改提示、隐蔽通信及其对抗、使用控制等。

## 7.8 练习题

1. 为什么要研究多媒体的安全问题？
2. 多媒体信息安全的基本要素是什么？
3. 常见的多媒体信息安全的攻击有哪些？
4. 目前有哪两种主要的密码体制？各自的特点是什么？
5. 什么是数字水印技术？数字水印技术应用在哪些领域？

# 第二篇

# 实　训　篇

第 8 章　音频编辑软件 Cool Edit Pro 2.0

第 9 章　图像处理软件 Photoshop CS5

第 10 章　视频处理软件 Adobe Premiere Pro CS4

第 11 章　动画制作软件 Adobe Flash Professional CS5.5

第 12 章　多媒体创作工具 Authorware 7.0

# 第8章

# 音频编辑软件 Cool Edit Pro 2.0

## 8.1 Cool Edit Pro 2.0 简介

Adobe Audition(前 Cool Edit Pro)是美国 Adobe Systems 公司(前 Syntrillium Software Corporation)开发的一款功能强大、效果出色的多轨录音和音频处理软件。

Cool Edit Pro 2.0 是一个集音频播放、录制、编辑、转换等多功能于一体的音频制作软件。使用 Cool Edit Pro 2.0 可以录制音频文件；可以对音频文件放大、降低噪声、压缩、扩展、回声、失真、延迟；可以同时处理多个音频文件，轻松地在几个文件中进行剪切、粘贴、合并、重叠声音等操作；可以在多种音频格式之间进行转换。

### 8.1.1 Cool Edit Pro 2.0 的启动和退出

**1. 启动**

启动 Cool Edit Pro 2.0 可以通过以下两种方法。

(1) 通过桌面快捷图标启动 Cool Edit Pro 2.0。

(2) 通过"开始"菜单启动 Cool Edit Pro 2.0，操作过程是执行"开始"|"程序"|Cool Edit Pro 2.0|Cool Edit Pro 2.0 命令。

**2. 退出**

退出 Cool Edit Pro 2.0 有以下 3 种方法。

(1) 单击程序主窗口右上角的关闭按钮。

(2) 执行"文件"菜单下的"退出"命令。

(3) 使用快捷方式：按 Alt＋F4 键。

### 8.1.2 Cool Edit Pro 2.0 工作界面介绍

Cool Edit Pro 2.0 的工作界面如图 8-1 所示，主要由菜单栏、工具栏、效果器、控制器、波形编辑区和始尾输入区组成。

**1. 菜单栏**

Cool Edit Pro 2.0 的菜单栏如图 8-2 所示，包含了"文件"、"编辑"、"查看"、"效果"、"生成"、"分析"、"偏好"、"选项"、"窗口"、"帮助"10 个菜单。

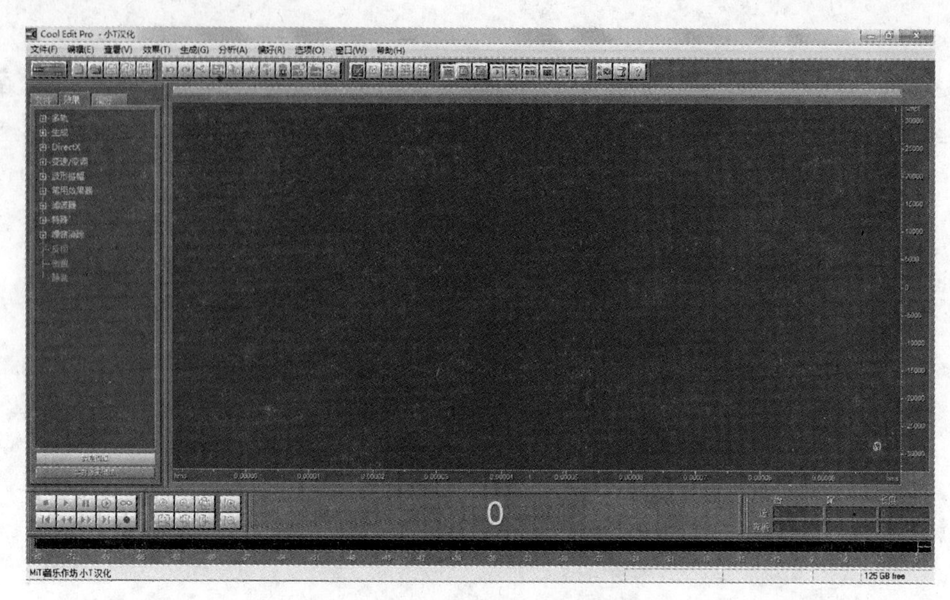


图 8-1 Cool Edit Pro 2.0 工作界面

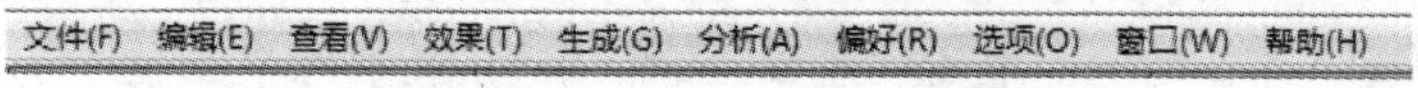

文件(F) 编辑(E) 查看(V) 效果(T) 生成(G) 分析(A) 偏好(R) 选项(O) 窗口(W) 帮助(H)

图 8-2 Cool Edit Pro 2.0 的菜单栏

下面介绍 Cool Edit Pro 2.0 菜单栏中常用的菜单命令。

(1)“文件”菜单

①“关闭”命令：在处理完波形音频后，可以用这个命令关闭窗口，而并不是退出程序，可以方便继续调用文件。

②“保存”命令：如果处理完文件直接保存，那么源文件将自动被覆盖。

③“另存为”命令：可以将处理完毕的文件保存在指定目录，并且可以转换文件格式，比如将 WMA 转换成 MP3，将 WAV 转换成 MP3 等。

④“另存复制”命令：是将默认剪贴板的内容保存成文件。

⑤“批量转换”命令：可以成批将一些格式的音频文件转换成其他的音频文件格式。

(2)“编辑”菜单

此菜单中包含了一些常用的复制、粘贴、删除、零点定位、混合粘贴等命令。

①“开启撤销/重做”命令：可以撤销上一步进行的操作。

②“重复上次操作”命令：重复最后一次操作命令。

③“设置当前剪贴板”命令：可以选择当前使用的剪贴板。Cool Edit Pro 2.0 自己有 5 个，再加 Windows 系统的 1 个，一共可以选择 6 个剪贴板，但一次只能选 1 个。

④“粘贴为新的”命令：可以将剪贴板中的波形文件粘贴为新文件。

⑤“混合粘贴”命令：将剪贴板中的波形内容与当前波形文件混合。

⑥“复制为新的”命令：将当前波形文件或当前波形文件被选中的部分复制成为一个新波形文件，并在原文件名后加上“(2)”表示区别。

⑦“插入多轨工程”命令：将当前波形文件或当前波形文件被选中的部分在多轨窗

口中插入为一个新轨。

⑧“选取全部波形”命令：选择整个波形。此操作也可以通过双击来完成。

⑨“删除选取区域”命令：删除当前波形文件被选中的部分。

⑩“删除静音”命令：选择相应的参数，删除接近无声的信号。此命令适合于快速删除网络录音文件中由于网络信号不稳定出现的录音断点。

(3)“查看”菜单

此菜单主要显示目前软件的基本状态。

(4)“效果”菜单

“效果”菜单是最关键的，也是最难掌握好的，对于音频文件的特效处理功能基本都在这个菜单里。

①“反相”命令：该命令会将所有的音频倒着处理。

②“噪音消除”命令：该命令主要是针对音频文件中的噪声进行衰减。

③“特殊”命令：该命令主要是对音频文件进行一些特殊音效处理。

④“滤波器”命令：该命令是音频文件处理的重要调节组件，共包括 8 个各具特色的滤波器，但过多地采用滤波会破坏原始声音的真实性。

以上列举了 Cool Edit Pro 2.0 的常用菜单命令，具体的功能和用法在后续实例中进行介绍。

**2. 工具栏**

Cool Edit Pro 2.0 的工具栏包含了“打开已存在的音频文件”、“创建新的波形”、“保存波形”、“反向选择”、“混合粘贴”等常用的操作命令，如图 8-3 所示。

图 8-3　Cool Edit Pro 2.0 的工具栏

**3. 效果器**

Cool Edit Pro 2.0 的效果器可以提供各种声场效果。可以利用效果器对音频做出各种特殊效果，效果器面板如图 8-4 所示。

**4. 控制器**

Cool Edit Pro 2.0 的控制器主要用来对音频进行“播放”、“暂停”、“停止”、“录音”等操作，如图 8-5 所示。

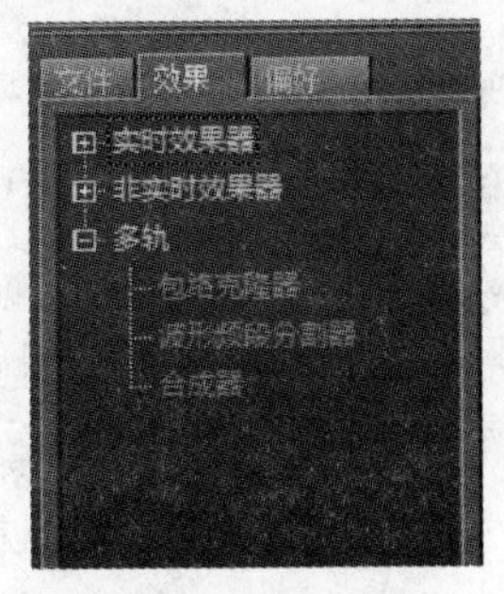


图 8-4　效果器

图 8-5　控制器

### 5. 波形编辑区

波形编辑区是 Cool Edit Pro 2.0 的操作台，相当于是工作台，如图 8-6 所示。

图 8-6 波形编辑区

图 8-7 始尾输入区

### 6. 始尾输入区

Cool Edit Pro 2.0 的始尾输入区可以输入音频的起始点和结束点，便于精确地定位音频的位置信息，如图 8-7 所示。

# 8.2 Cool Edit Pro 2.0 的基本操作

## 8.2.1 录音

Cool Edit Pro 2.0 可以录入多种音源包括话筒、录音机、CD 播放机等的声音或音乐。

**【实例 8.1】** 使用 Cool Edit Pro 2.0 录音。

(1) 打开 Cool Edit Pro 2.0，单击主窗口中的“创建新的波形”按钮，在弹出的“新建波形”对话框中设置音频文件的采样率、声道数和采样精度，如图 8-8 所示，新建波形文件。

(2) 单击控制器窗格中的“录音”按钮，开始录音。单击控制器窗格中的“停止”按钮，停止录音。

(3) 单击主窗口中的“另存波形为其他格式或其他的文件名”按钮，在弹出的“另存波形为”对话框中保存音频文件，如图 8-9 所示。在“保存类型”下拉列表框中可以选择保存类型，例如 WAV、MP3、VOC 等。

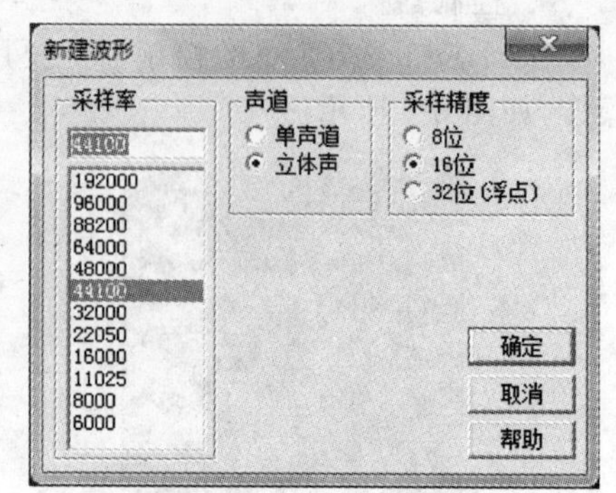


图 8-8 “新建波形”对话框

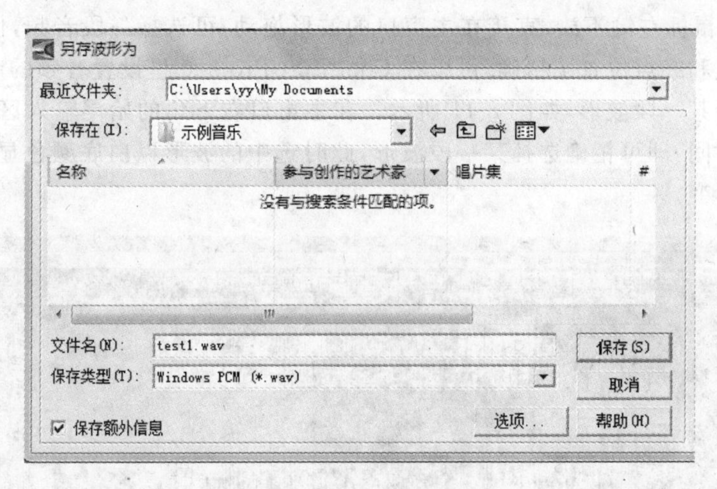


图 8-9　“另存波形为”对话框

## 8.2.2　音频的基本处理与编辑

Cool Edit Pro 2.0 具有较强的编辑功能,可以对声音波形进行删除、复制、剪切、粘贴等操作,而且 Cool Edit Pro 2.0 对文件的编辑操作是非损伤性的。

**【实例 8.2】** 选择一段波形。

(1) 单击主窗口中的“打开已存在的音频文件”按钮,选择计算机中存在的一个音频文件并打开,如图 8-10 所示,因为打开的是一个立体声文件,所以 Cool Edit Pro 2.0 分别显示两个声道的波形,上半部分代表左声道,下半部分代表右声道。

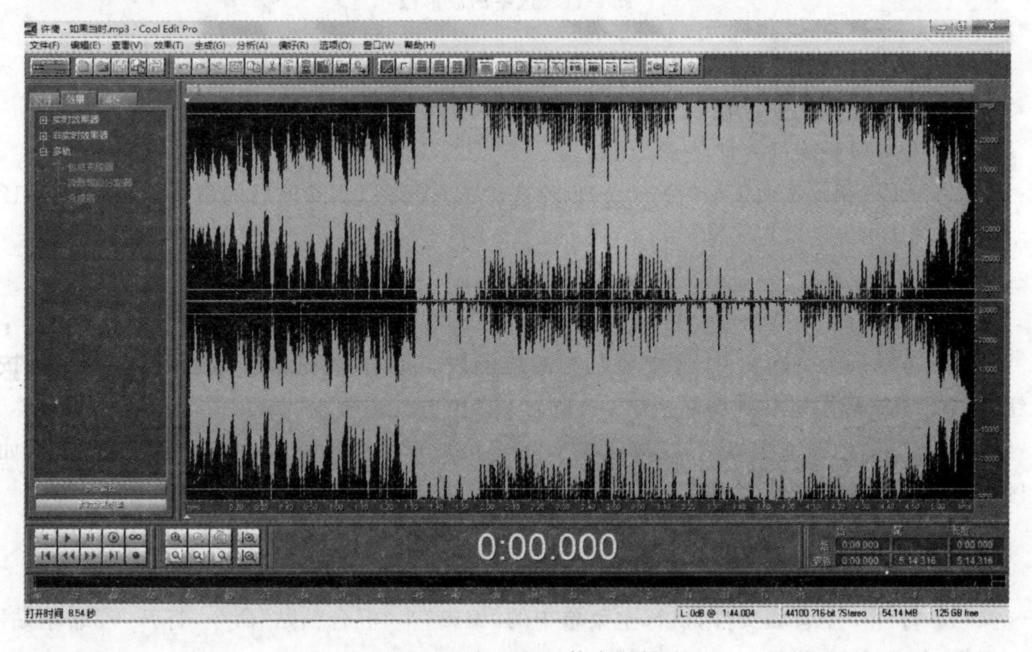


图 8-10　打开的立体声文件

（2）按住鼠标左键不放，直接在主窗口的波形拖动，可选择一段音频，但这个方法选择的音频起点和终点位置不精确，可以在 Cool Edit Pro 2.0 里设置音频的起点和终点位置来精确选择某一段波形，如图 8-11 所示。在主窗口右下角的始尾输入区，输入音频的起点和终点时间，即可精确选择某一段波形，此时选中的波形以白底颜色显示，未被选中的波形颜色不变。

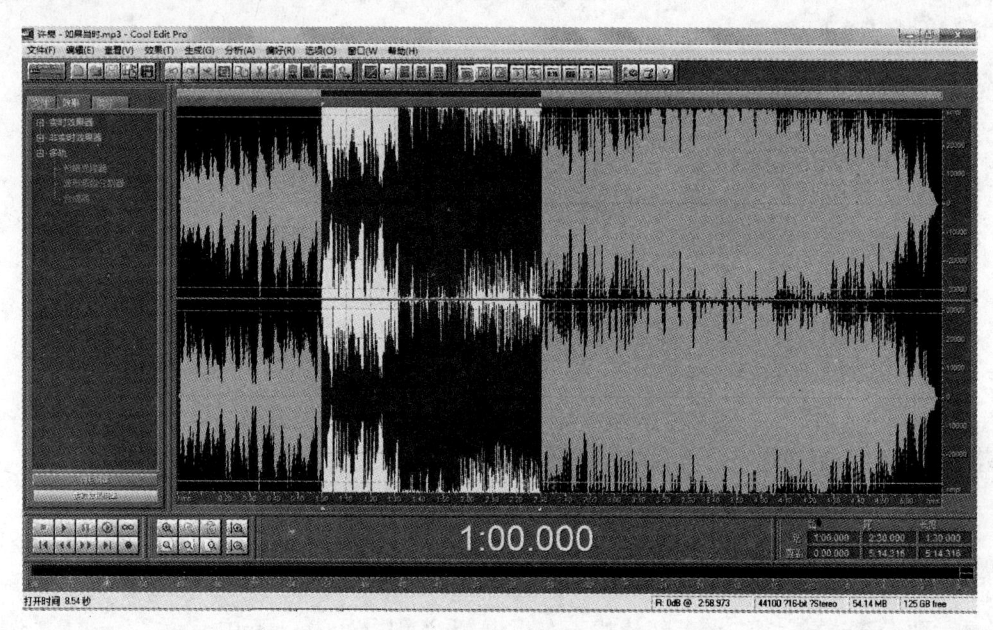


图 8-11 选中的波形段

**【实例 8.3】** 删除一段波形。

（1）打开计算机中存在的一个音频文件。

（2）选中要删除的一段波形。

（3）单击“删除选取区域”按钮，删除选中的波形段，删除前后的波形对比如图 8-12 所示。

（4）保存文件。

**【实例 8.4】** 粘贴为新文件。

（1）打开一个音频文件，选中要复制的波形段。单击“将选取区域复制进剪贴板”按钮，将该波形段复制到剪贴板中。

（2）单击“粘贴剪贴板内容”按钮，可将该波形段粘贴至一个新的音频文件中，如图 8-13 所示。

（3）保存文件。

**【实例 8.5】** 混音处理。

（1）打开一个音频文件，执行主菜单中的“编辑”|“混合粘贴”命令，打开“混缩粘贴”对话框，如图 8-14 所示。

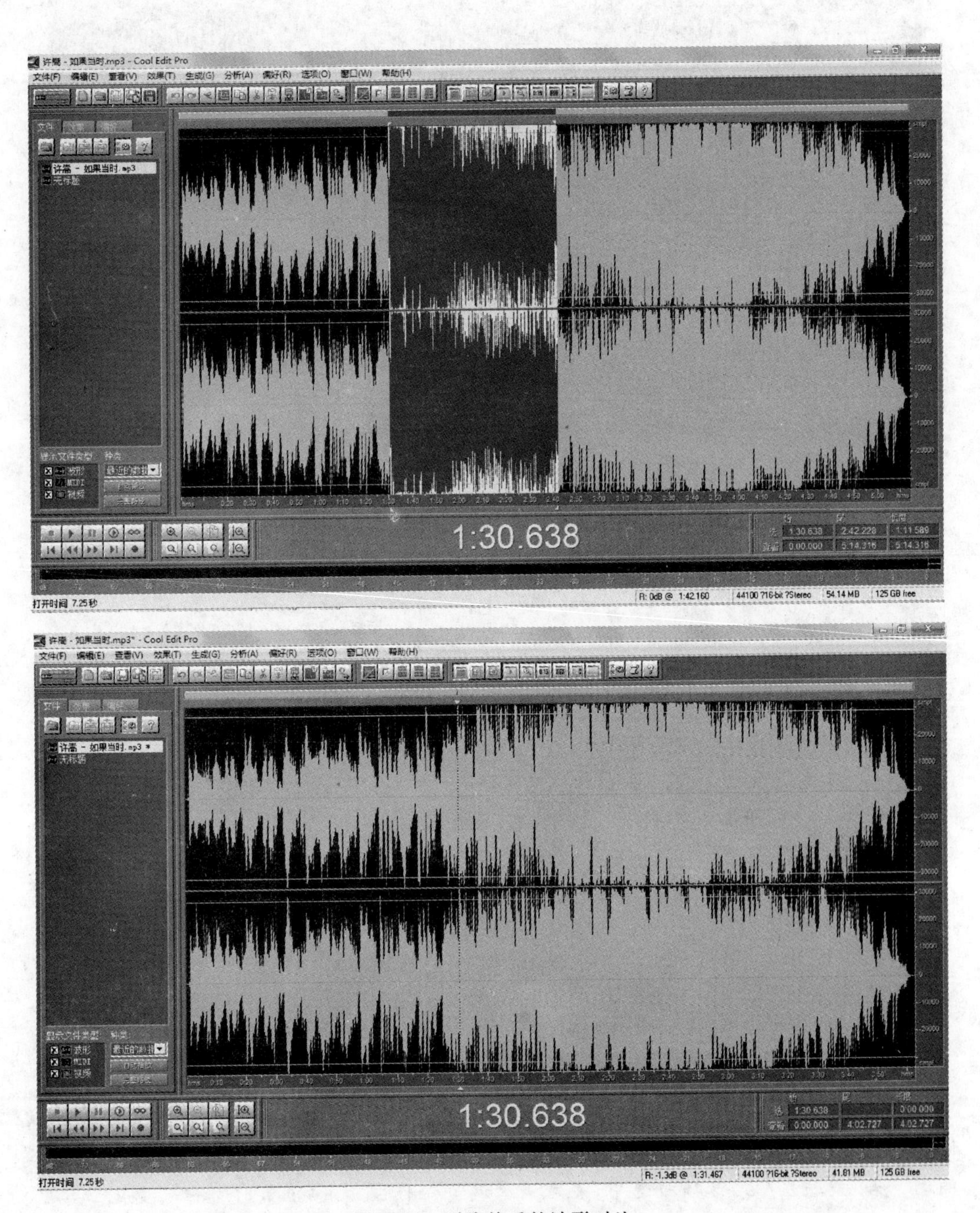


图 8-12　删除前后的波形对比

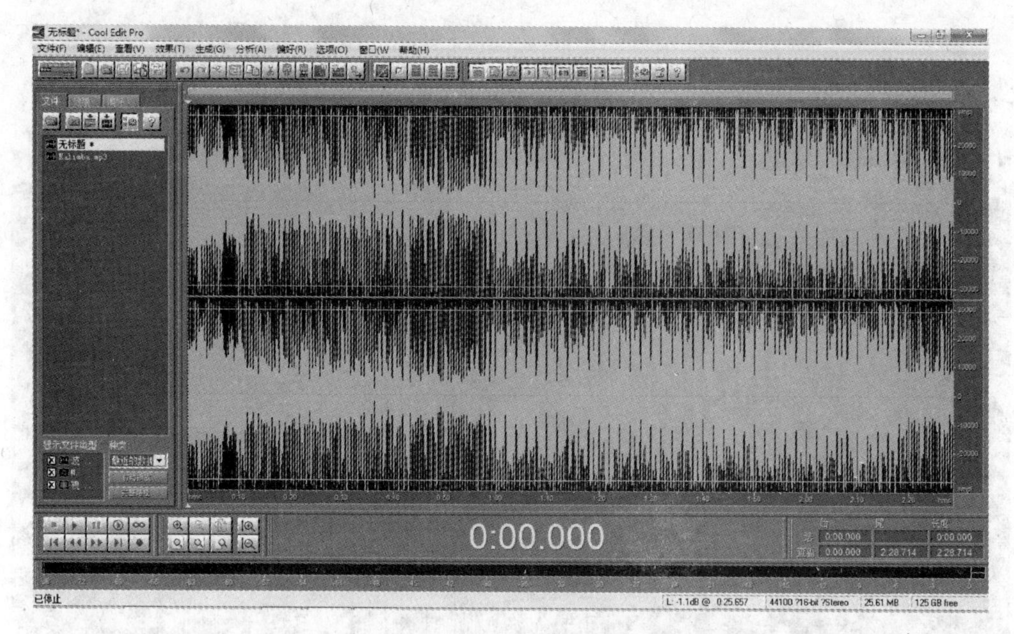


图 8-13　将波形段粘贴为新文件

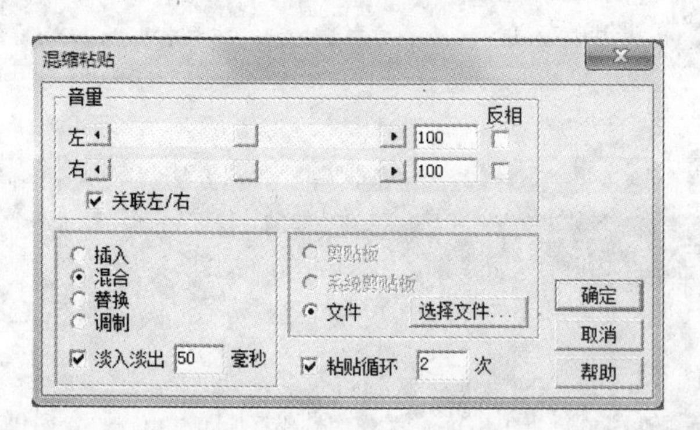


图 8-14　“混缩粘贴”对话框

(2) 选中“混合”选项，设置“淡入淡出”为 50 毫秒，单击“选择文件”按钮，选择作为背景音乐的另一个音频文件，设置“粘贴循环”为 2，单击“确定”按钮完成设置。

(3) 处理结束后，播放处理后的音频文件并保存，如图 8-15 所示。

**说明：**

① 在“混缩粘贴”对话框中，“音量”框中的左、右代表左右声道音量，若为单声道文件，则只有一个声道音量可以调节。若选中“反相”选项，则文件在被粘贴前声音数据将会颠倒。若“关联左/右”选项被选中，左右声道调节钮将被锁定，调节时将一起变化。

② 在“合成方式”框中，若选中“插入”选项，则被粘贴的文件插入当前文件之中。若选中“混合”选项，则被粘贴的文件不会取代当前文件的选定部分，而是以选定的部分与当前文件叠加；若被粘贴的文件比当前文件的选定部分长，则超出范围的部分将继续被粘贴。若选中“替换”选项，则被粘贴的声音文件将覆盖源文件。若选中“调制”选项，则被粘贴的

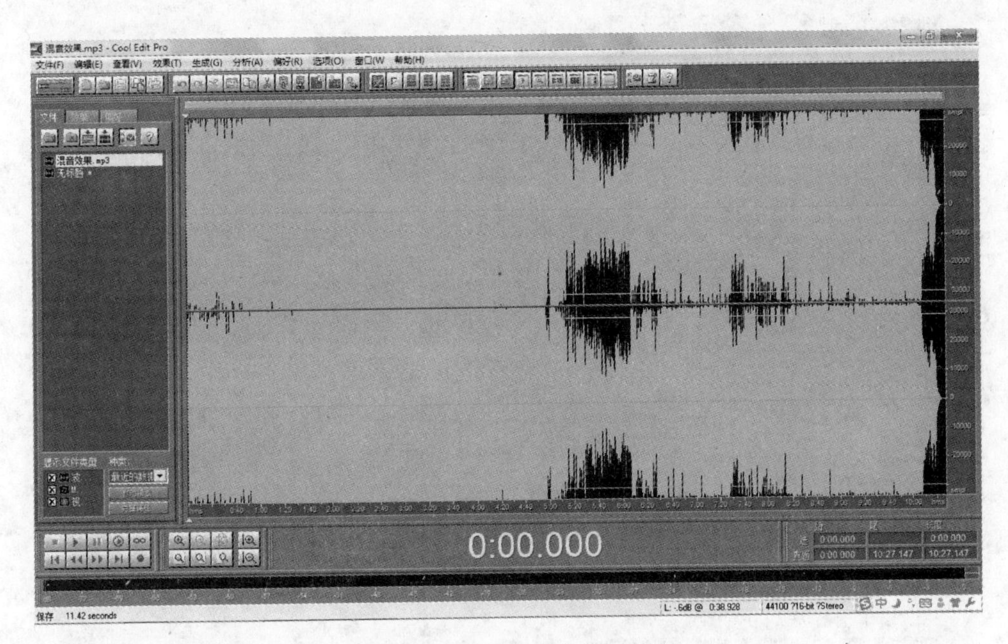


图 8-15　混音处理后的音频文件

声音文件与当前文件一起调制,即每个采样点的幅值相乘混合后输出。"淡入淡出"是指在粘贴前后粘贴的文件有一定的淡入淡出。

③ 在选择被粘贴的文件来源框中,"剪贴板"表示被粘贴的文件来源于剪贴板;"系统剪贴板"表示被粘贴的文件来源于 Windows 剪贴板;"文件"表示被粘贴的文件来源于新文件,单击"选择文件"按钮即可选择文件。

④ 粘贴循环是指粘贴文件的次数。

### 8.2.3　音频的特效处理

Cool Edit Pro 2.0 除了可以对音频文件进行复制、删除等一些基本处理外,还可以对音频进行一些特效处理,如添加音效、增加回声、淡入淡出、降噪等。

**注意**:声音的音量大小与振幅密切相关,如声音波形过小或是太大,可以使用音量控制效果器来进行调整,波形小了比较好处理,如果波形过大就会造成波形上下两边是平齐的,造成声音失真,应尽量避免产生波形过大的情况。

**【实例 8.6】**　调整音量。

(1) 打开一个音频文件。

(2) 执行主菜单中的"效果"|"波形振幅"|"音量标准化"命令,弹出"标准化"对话框,如图 8-16 所示。

(3) 将"标准化"对话框中的"标准化到"的数值设置为 200%,单击"确定"按钮。调整音量前后波形对比如图 8-17 所示。

(4) 保存调整音量后的音频文件。

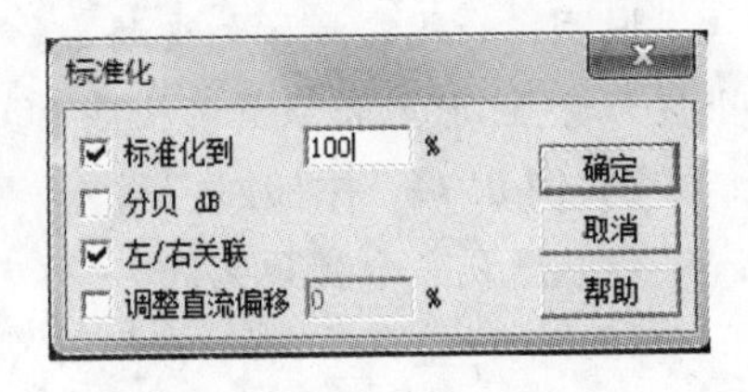


图 8-16　"标准化"对话框

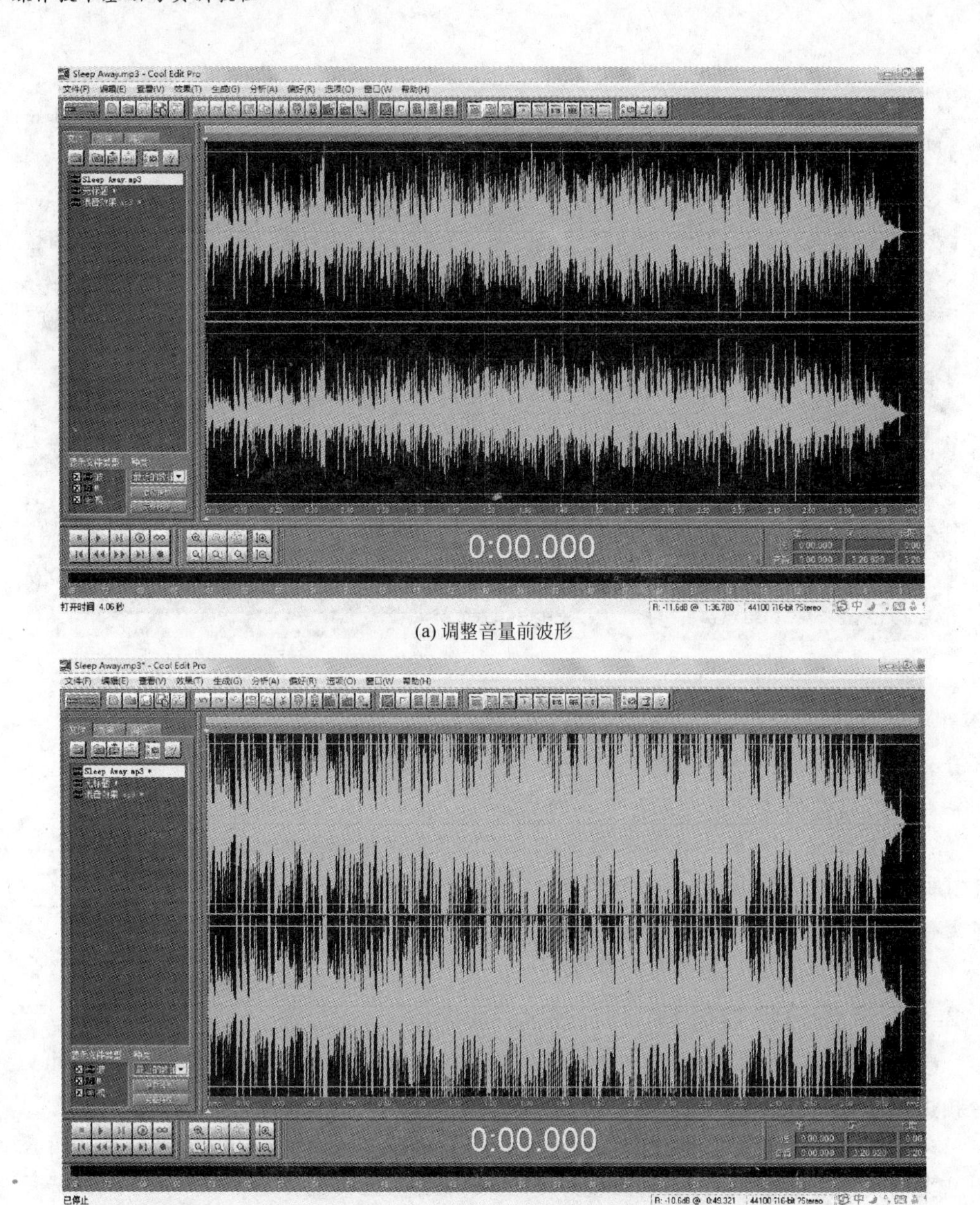

(a) 调整音量前波形

(b) 调整音量后波形

图 8-17　调整音量前后波形对比

**说明**：如果需要加大波形音量，把“标准化到”的数值设置为大于 100%；如果需要减小波形音量，把数值设置为小于 100%，单击“确定”按钮后即可。

**【实例 8.7】** 添加回声。

(1) 打开一个音频文件。

(2) 执行主菜单中的“效果”|“常用效果器”|“回声”命令，弹出“回声”对话框，如图 8-18 所示。

(3) 在“回声”对话框中的“预置”选项中，选择 Robotic 效果。

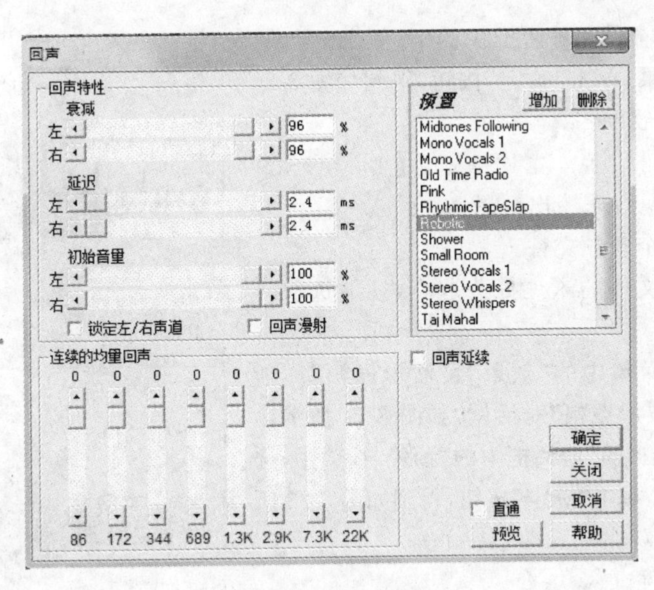


图 8-18　“回声”对话框

(4) 单击“回声”对话框中的“预览”按钮，试听添加回声后的声音效果。

(5) 保存文件。

**提示**：音乐如果很突兀地开始或者很生硬地突然结束，都让人听起来别扭，在多媒体作品中经常设置背景音乐进入方式为淡入，退出方式为淡出，淡入淡出是特殊的音量控制效果。

**【实例 8.8】** 音乐淡入效果。

(1) 打开一个音频文件。

(2) 以音频文件的起点为开始标记选取一段稍长的音频。

(3) 执行主菜单中的“效果”|“波形振幅”|“渐变”命令，弹出“波形振幅”对话框，如图 8-19 所示。

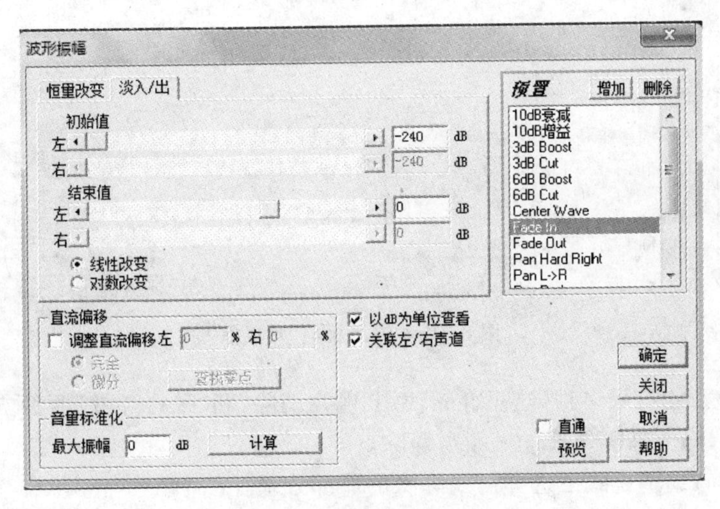


图 8-19　“波形振幅”对话框

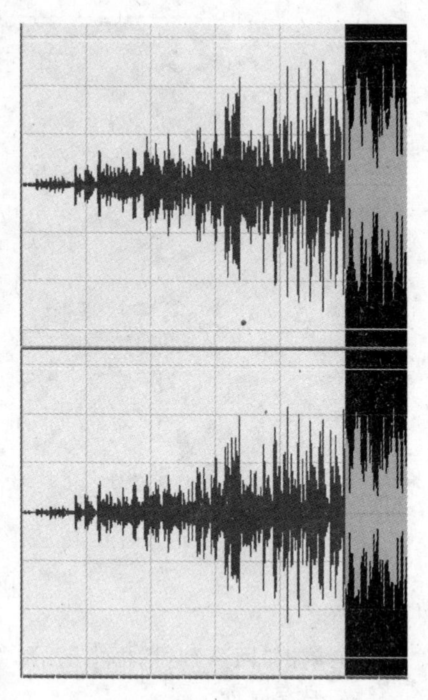

图 8-20 “淡入”声音效果

(4) 在“波形振幅”对话框中的“预置”选项中，选择 Fade In 效果，单击“确定”按钮，得到如图 8-20 所示的淡入声音效果。

(5) 保存文件。

**【实例 8.9】** 音乐淡出效果。

(1) 打开一个音频文件。

(2) 以音频文件的末尾处为起点，往前选取一段稍长的音频。

(3) 执行主菜单中的“效果”|“波形振幅”|“渐变”命令，弹出“波形振幅”对话框，如图 8-21 所示。

(4) 在“波形振幅”对话框中的“预置”选项中，选择 Fade Out 效果，单击“确定”按钮，得到如图 8-22 所示的淡出声音效果。

(5) 保存文件。

**注意**：在录音过程中，麦克风的品质、电脑主机、声卡的品质都会形成录制中的噪声，因此需要对录音进行适当的降噪处理。尤其是在录制语音的间断时间内，这些噪声尤为明显。降噪是至关重要的一步，做得好有利于下面进一步美化声音，做不好就会导致声音失真，彻底破坏原声。

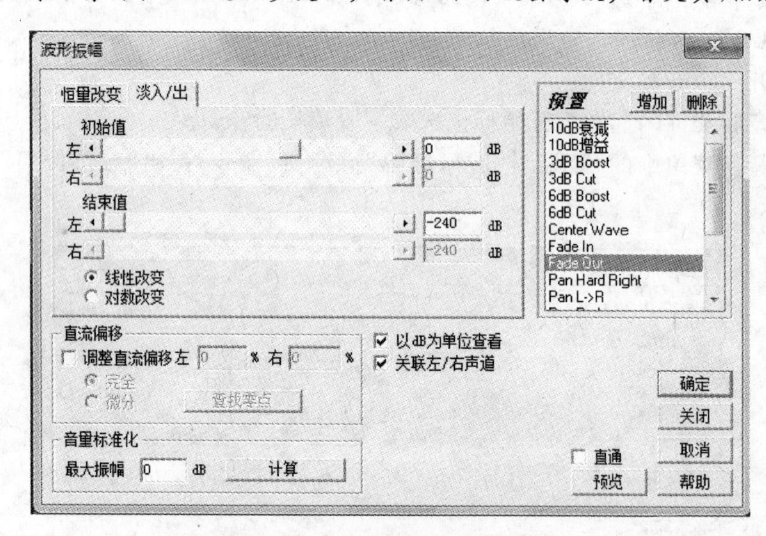


图 8-21 “波形振幅”对话框

降噪的方法也有很多种，这里介绍使用“嘶声消除”和“采样降噪”两种方法。

**【实例 8.10】** 降噪处理——嘶声消除。

(1) 在单轨编辑模式下选择需要降噪的那部分录音。

(2) 执行主菜单中的“效果”|“噪音消除”|“嘶声消除”命令，弹出“嘶声消除器”对话框，如图 8-23 所示。

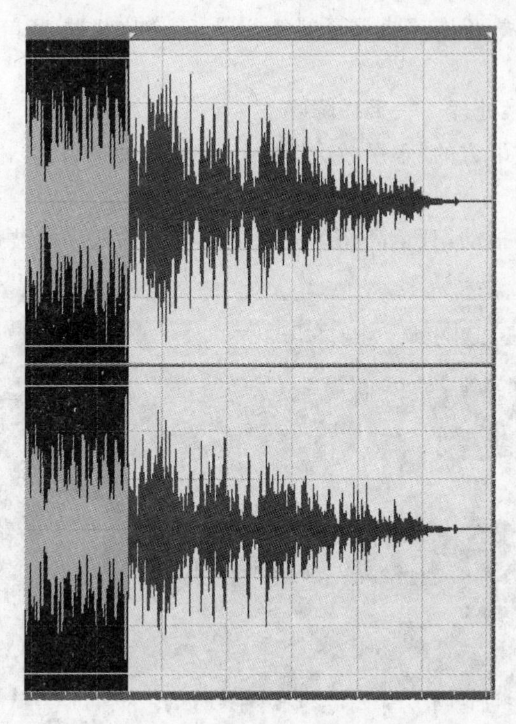

图 8-22　“淡出”声音效果

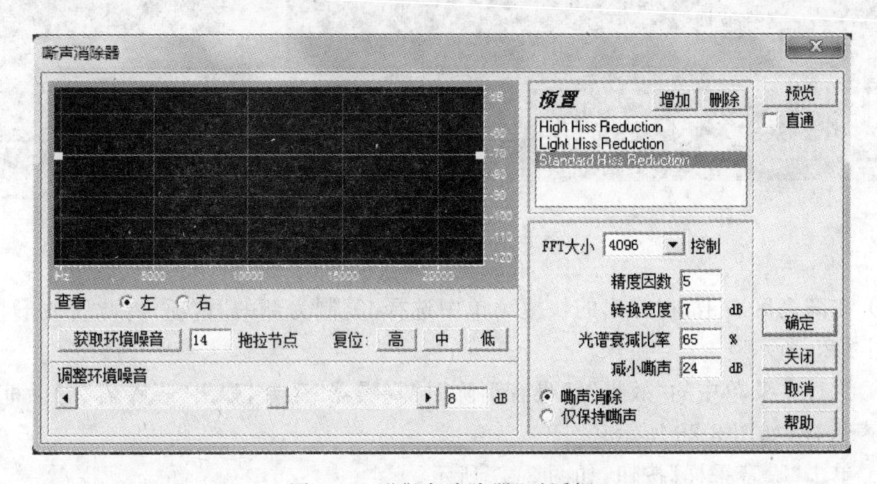


图 8-23　“嘶声消除器”对话框

(3) 在“预置”选项中选择 Standard Hiss Reduction 选项，单击“确定”按钮，开始对选定的部分进行处理。

(4) 保存文件。

**说明**：在“预置”选项中，High Hiss Reduction 选项消除噪声比其下方的两个预置降噪效果明显，但是音频文件的原声也会有一些明显损失，可以单击“预览”按钮一边播放一边调整对比降噪的效果，也可以通过调整左下方“调整环境噪音”滑块进行手动降噪，滑块向左移动，听到噪声越来越小，但是随着噪声的声音越来越小，原声也会越来越失真。因此，在降噪的时候要掌握好尽可能地降噪和最大限度地保持原音不明显失真之间的平衡点。

【实例 8.11】 降噪处理——采样降噪。

（1）单击主窗口左下方的“水平放大”按钮 放大波形，以找出一段适合用来作噪声采样的波形。

（2）按住鼠标左键拖动，直至高亮区完全覆盖所选的那一段波形，如图 8-24 所示。

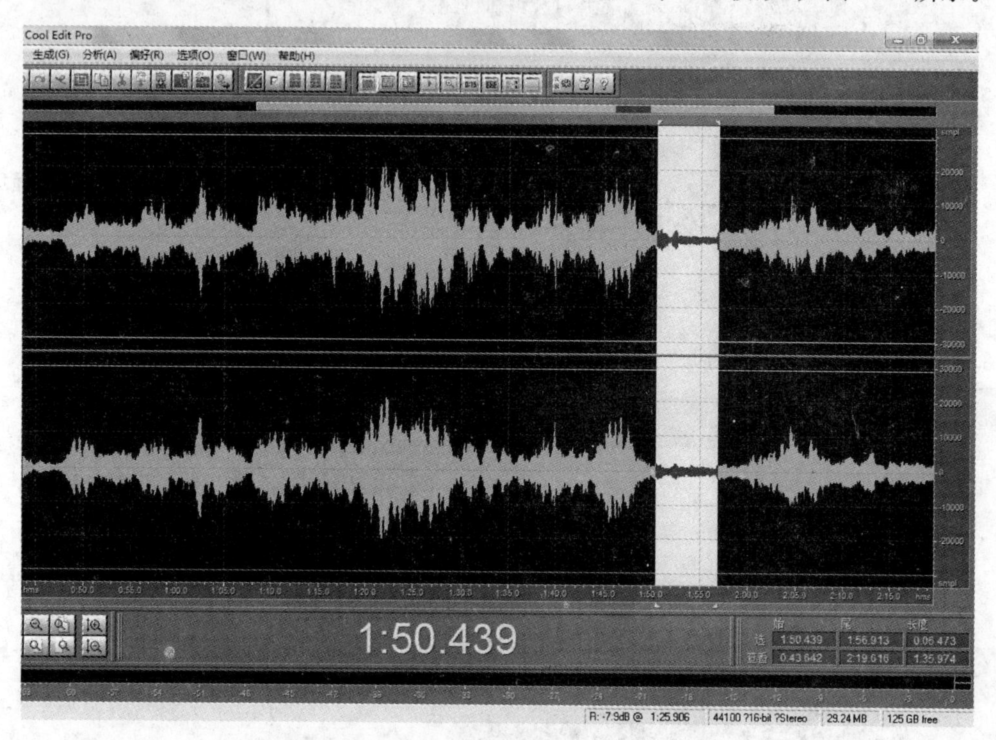


图 8-24 选择噪声样本

（3）在高亮区右击，在弹出的快捷菜单中选择“复制为新的”选项，将此段波形抽离出来，如图 8-25 所示。

（4）执行主菜单中的“效果”|“噪音消除”|“降噪器”命令，弹出“降噪器”对话框，准备进行噪声采样，如图 8-26 所示。

（5）单击“噪音采样”按钮，如图 8-27 所示。

（6）单击“保存采样”按钮，弹出“保存 FFT 采样文件”对话框，保存采样结果，如图 8-28 所示。

（7）单击“关闭”按钮关闭降噪器。

（8）回到处于波形编辑界面的之前的音频文件，执行主菜单中的“效果”|“噪音消除”|“降噪器”命令，弹出“降噪器”对话框，单击“加载采样”按钮，加载之前保存的噪声采样文件进行降噪处理，单击“确定”按钮，如图 8-29 所示。

**说明**：无论何种方式的降噪都会对原声有一定的损害。

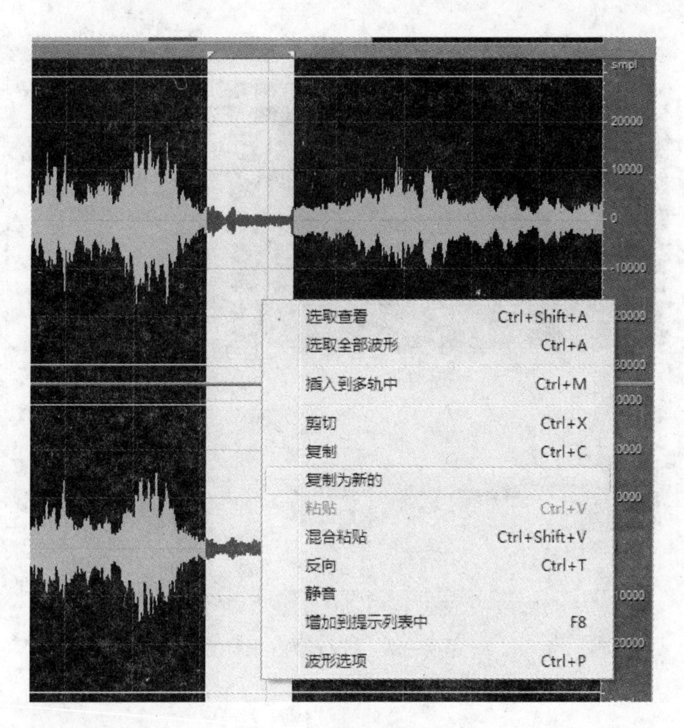


图 8-25　抽离噪声样本

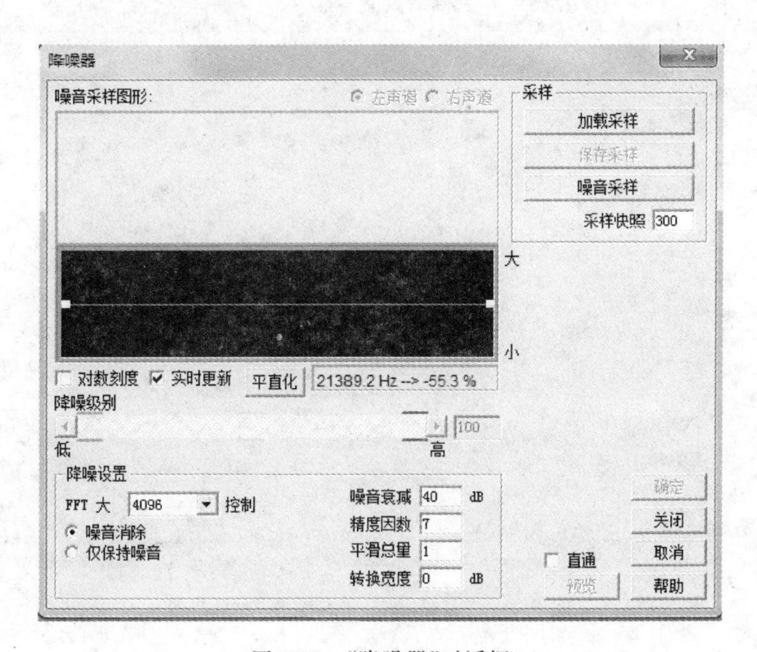


图 8-26　“降噪器”对话框

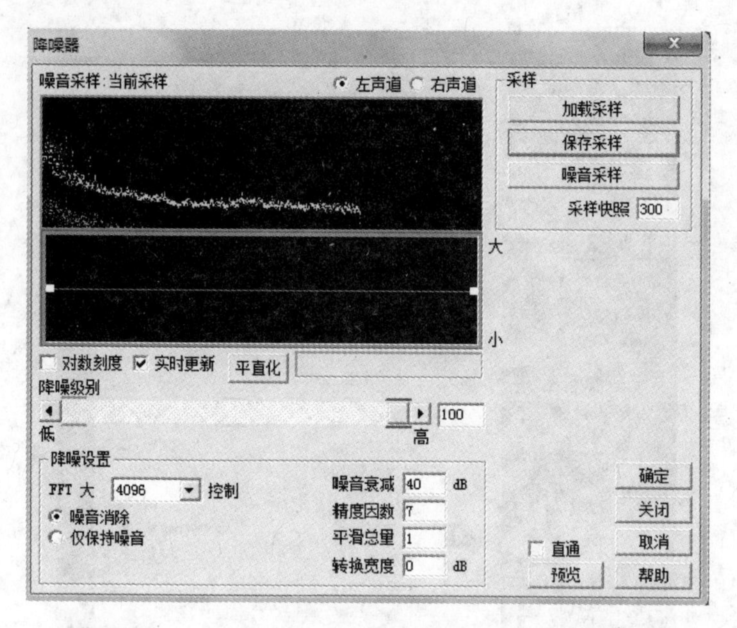


图 8-27 进行噪声采样

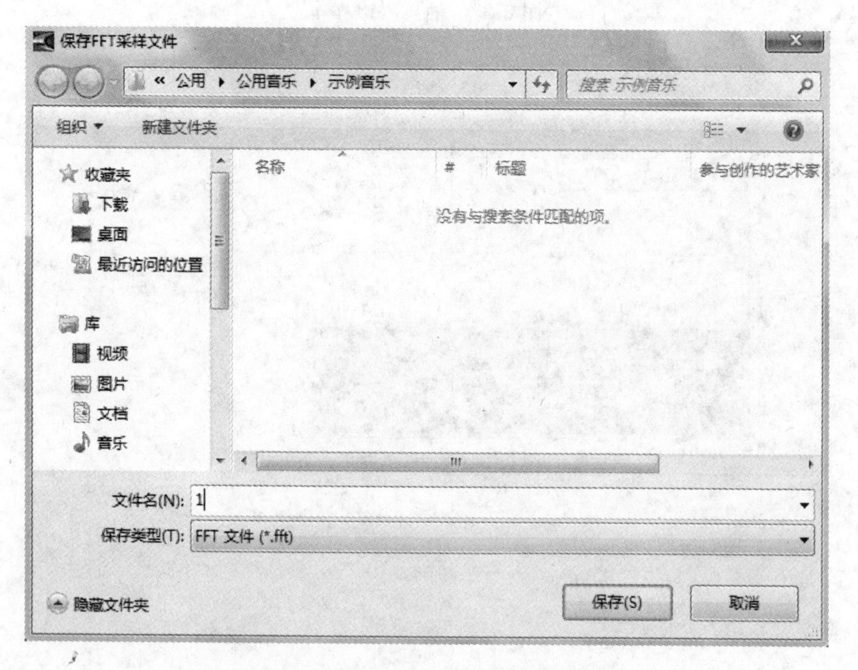


图 8-28 “保存 FFT 采样文件”对话框

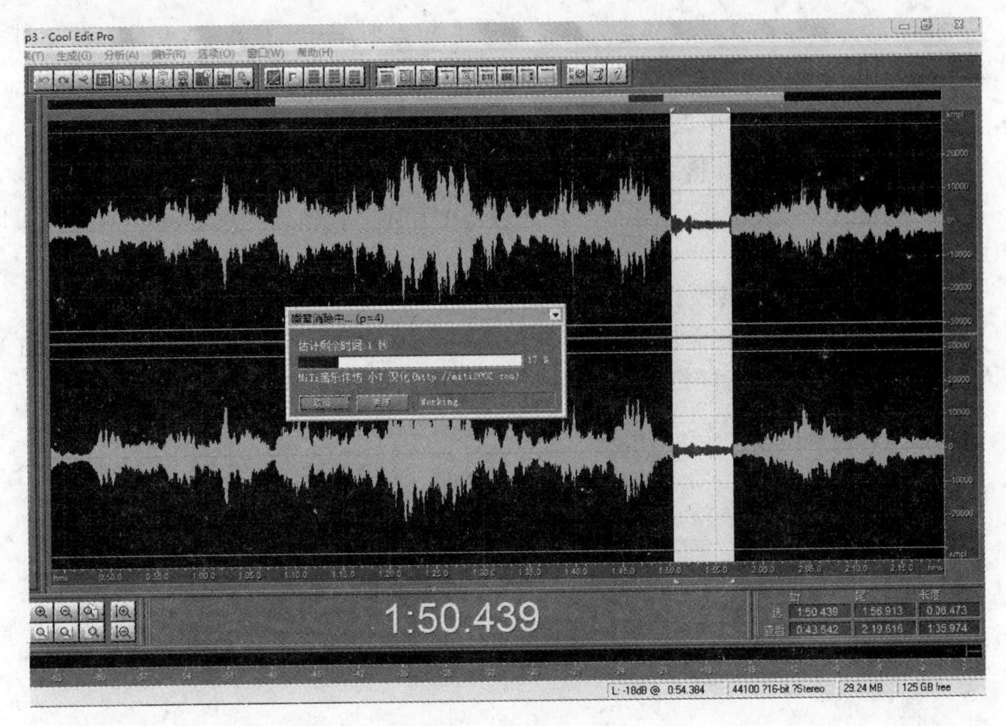


图 8-29　进行降噪处理

**【实例 8.12】**　美化声音。

(1) 选中要做美化的那一段录音波形。

(2) 执行主菜单中的“效果”|“常用效果器”|“完美混响”命令，弹出“完美混响”对话框，如图 8-30 所示。

(3) 在“预置”选项中选择 Medium Concert Hall[open]选项，单击“确定”按钮。

(4) 保存文件。

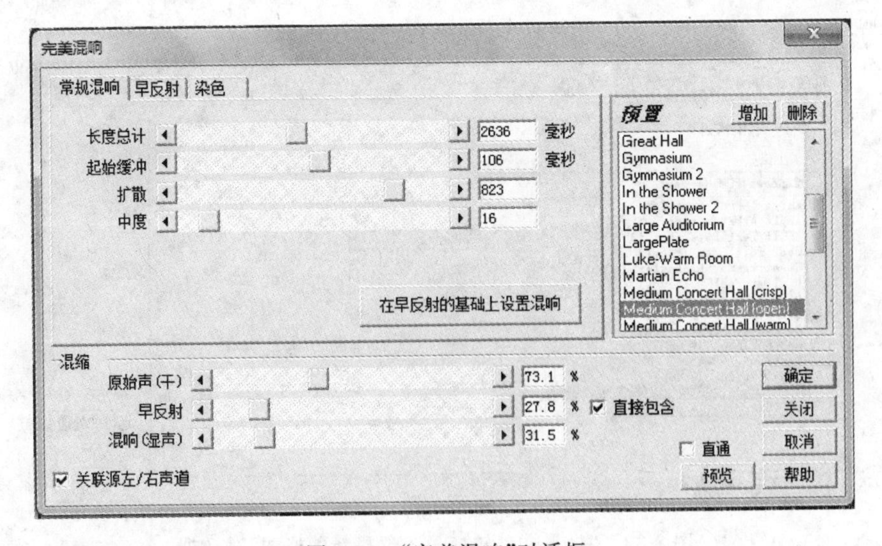


图 8-30　“完美混响”对话框

**说明**：作为初学者直接调节左边的滑块来进行美化声音比较困难，最好直接使用预置效果。选择某一个预置效果后，可以单击“预览”按钮进行试听。

## 8.2.4 Cool Edit Pro 2.0 其他功能

### 1. 批量转换音频文件格式

面对海量的多媒体数据，如果要一次转换多个音频文件格式，Cool Edit Pro 2.0 可以担此重任。

**【实例 8.13】** 批量转换音频文件格式。

(1) 执行主菜单中的“文件”|“批量转换”命令，弹出“批量文件转换——选择文件来源”对话框，单击“增加文件”按钮，添加两个音频文件，如图 8-31 所示。

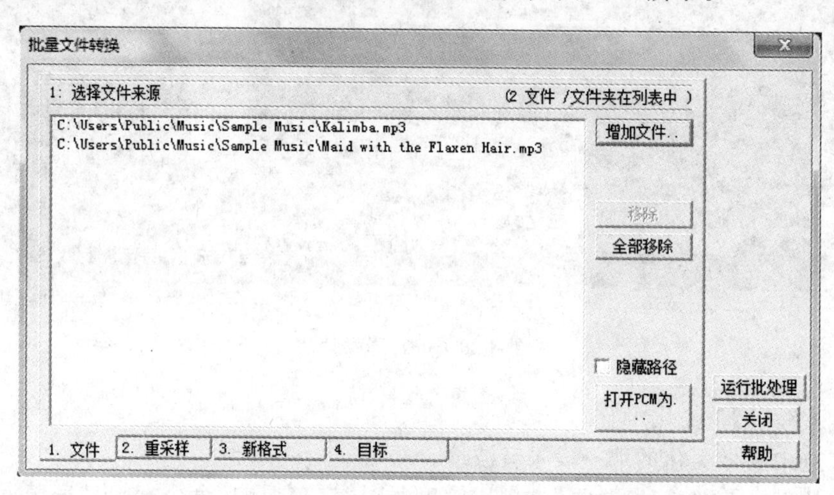


图 8-31 “批量文件转换——选择文件来源”对话框

(2) 打开“新格式”选项卡，弹出“批量文件转换——选择新的格式”对话框，在“输出格式”下拉列表框中选择 Windows PCM( *. wav)选项，如图 8-32 所示，单击“运行批处理”按钮。

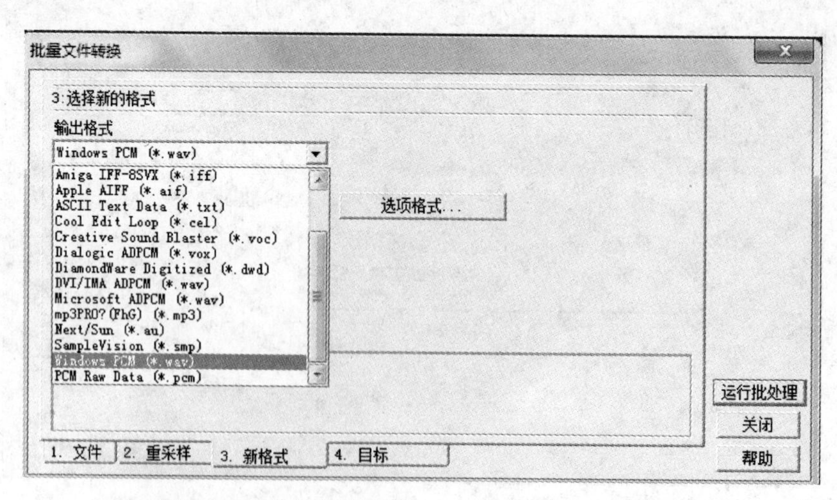


图 8-32 “批量文件转换——选择新的格式”对话框

(3) 完成两个音频文件格式的转换。

**2. 提取 CD 音频的功能**

Cool Edit Pro 2.0 能够将 CD 中的高质量音频采样到计算机中进行处理、编辑和保存。执行主菜单中的"文件"|"从 CD 中提取音频"命令，弹出"从 CD 中提取"对话框，即可进行抓轨。

## 8.3 综合实训

1. 将若干个音频文件导入 Cool Edit Pro 2.0，批量转换成多种音频文件格式，并试听不同的效果。

2. 录制一段语音，用两种不同的方法实现降噪处理。

3. 将第 2 题录制的语音和另一个音频文件做混音处理。

4. 从 CD 光盘中提取一首歌，进行音量调节，并做淡入淡出效果，最后存储为不同的音频文件格式，试听不同的效果。

# 第 9 章

# 图像处理软件 Photoshop CS5

## 9.1 图像处理软件 Photoshop CS5 简介

Photoshop 是 Adobe 公司开发的图像处理软件，自 1990 年问世以来，Adobe 公司不断对其进行完善和更新。2010 年，推出 Photoshop CS5 中文版，Photoshop CS5 有标准版和扩展版两个版本，Photoshop CS5 标准版适合摄影师和印刷设计人员使用，Photoshop CS5 扩展版除了包含标准版的功能外还添加了用于创建、编辑 3D 和基于动画内容的突破性工具。

Photoshop CS5 具有强大的图像处理功能，能够完成图像合成、图像绘制、图像色彩校正、文字艺术效果制作等工作。Photoshop CS5 具有广泛的兼容性，支持多种图像格式和色彩模型，采用开放式结构，能够外挂在其他处理软件和图像输入输出设备上，可以使用滤镜制作出多种特殊效果。

### 9.1.1 Photoshop CS5 的启动和退出

**1. Photoshop CS5 的启动**

启动 Photoshop CS5 可以通过以下两种方法。

(1) 通过桌面快捷图标启动 Adobe Photoshop CS5。

(2) 通过"开始"菜单启动 Photoshop CS5，操作过程是执行"开始"→"程序"→Adobe→Adobe Photoshop CS5 命令。

通过以上两种方法之一启动 Photoshop CS5 后，就可以进入 Photoshop CS5 的主界面了。

**2. Photoshop CS5 的退出**

退出 Photoshop CS5 有以下 3 种方法。

(1) 单击程序主窗口右上角的关闭按钮。

(2) 执行"文件"菜单下的"退出"命令。

(3) 使用快捷方式：按 Alt+F4 键。

### 9.1.2 Photoshop CS5 工作界面介绍

Photoshop CS5 的工作界面如图 9-1 所示，主要由菜单栏、工具箱、选项栏、调板、文件窗口、状态栏等部分组成。

图 9-1　Photoshop CS5 工作界面

**1. 菜单栏**

菜单栏包括“文件”、“编辑”、“图像”、“图层”、“选择”、“滤镜”、“分析”、3D、“视图”、“窗口”、“帮助”共 11 个菜单，如图 9-2 所示。

文件(F)　编辑(E)　图像(I)　图层(L)　选择(S)　滤镜(T)　分析(A)　3D(D)　视图(V)　窗口(W)　帮助(H)

图 9-2　菜单栏

**2. 工具箱**

工具箱提供图像处理、图形绘制、颜色选择、屏幕模式选择等工具组，每个工具组包含多个工具按钮，如图 9-3 所示。

**3. 选项栏**

选项栏用来设置正在使用的工具属性，如图 9-4 所示。

**4. 调板**

调板包括“颜色”、“历史记录”等十多个面板，在这些面板中可以调整不同设置选项或显示图像的各种信息，如图 9-5 所示。

**5. 文件窗口**

文件窗口可以打开多个图像编辑窗口，对多个图像进行编辑处理，如图 9-6 所示。

**6. 状态栏**

状态栏显示当前编辑图像的显示比例、文件大小、当前选定工具的使用方法等信息，如图 9-7 所示。

图 9-3　工具箱

图 9-4　选项栏

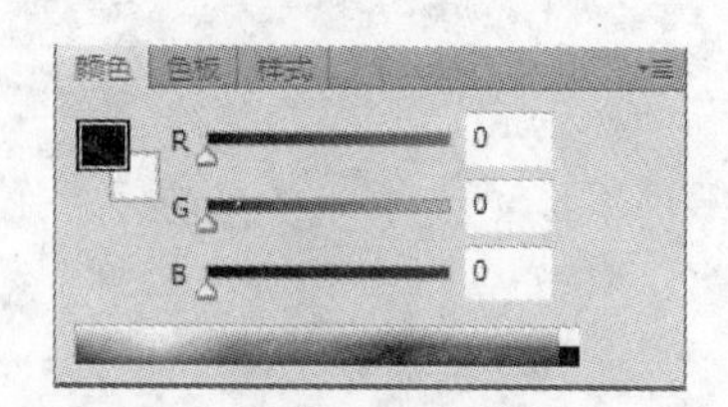


图 9-5　调板

图 9-6　文件窗口

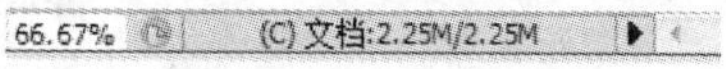

66.67%　(C) 文档:2.25M/2.25M

图 9-7　状态栏

# 9.2　Photoshop CS5 的基本操作

## 9.2.1　创建图像

**【实例 9.1】**　创建新图像。

(1) 执行主菜单中的“文件”|“新建”命令，弹出“新建”对话框，如图 9-8 所示。

(2) 输入要创建的新图像的名称，单击“确定”按钮。

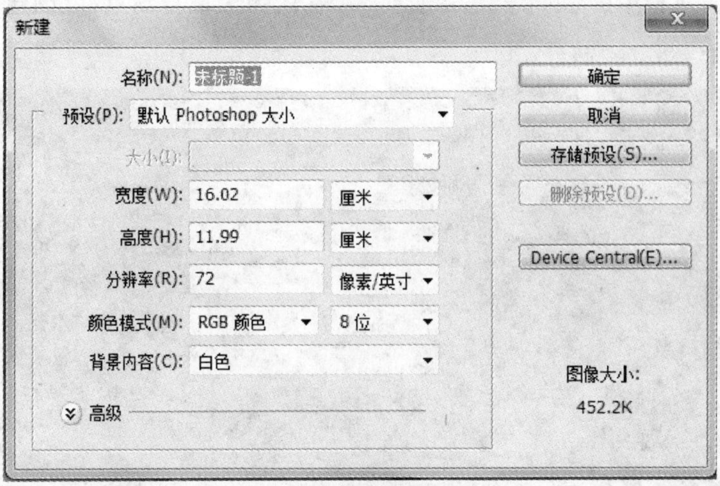

图 9-8　"新建"对话框

**说明**："预设"选项用来选取文档大小。

要创建具有为特定设备设置的像素大小的文档，可单击 Device Central 按钮。

通过从"大小"选项中选择一个预设或在"宽度"和"高度"文本框中输入值，设置宽度和高度。

若要使新图像的宽度、高度、分辨率、颜色模式和位深度与打开的任何图像完全匹配，可从"预设"下拉列表中选择相应图像的文件名。

可以设置分辨率、颜色模式和位深度。如果将某个选区复制到剪贴板，图像尺寸和分辨率会自动基于该图像数据。

背景内容是指画布颜色。白色是指用白色（默认的背景色）填充背景图层；背景色是指用当前背景色填充背景图层；透明是使第一个图层透明，没有颜色值，最终的文档内容将包含单个透明的图层。

在"高级"选项组中，选取一个颜色配置文件，或选取"不要对此文档进行色彩管理"。对于"像素长宽比"选项，除非使用用于视频的图像，否则选取"方形像素"选项；对于视频图像，可选择其他选项以使用非方形像素。

"存储预设"选项是指将这些设置存储为预设。

### 9.2.2　创建选区

使用 Photoshop CS5 处理图像时，需要先创建图像选区，再对选定的内容进行编辑处理。Photoshop CS5 创建选区的工具有选框系列工具、套索系列工具和魔棒工具。

选框系列工具包括矩形选框工具、椭圆选框工具、单行选框工具和单列选框工具。

套索系列工具包括套索工具、多边形套索工具、磁性套索工具。

下面通过实例来介绍创建选区的工具。

**【实例 9.2】**　使用选框系列工具创建选区。

(1) 进入 Photoshop CS5，打开素材文件夹中的 9-1.jpg 图片文件。

(2) 选择工具箱中的“矩形选框工具”，在图像区域拖动鼠标，创建矩形选区，如图 9-9 所示。

图 9-9 创建矩形选区

(3) 在工具箱的“矩形选框工具”区域内，按住鼠标左键，弹出快捷菜单，如图 9-10 所示，选择“椭圆选框工具”，在选项栏中单击“添加到选区”按钮，在图像区域拖动鼠标，在矩形选区上添加椭圆选区，如图 9-11 所示。

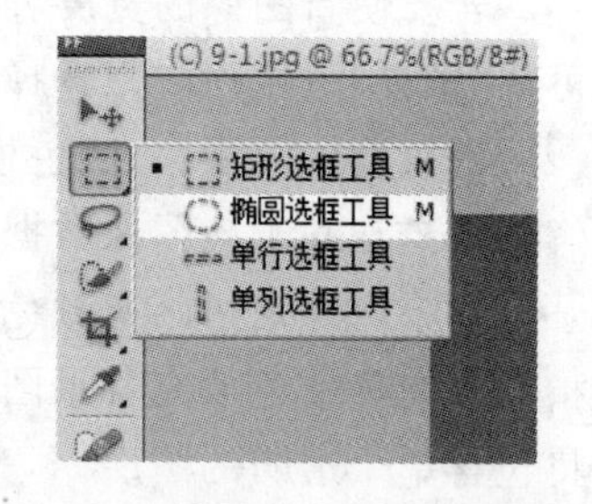


图 9-10 “选区工具”快捷菜单

**【实例 9.3】** 使用磁性套索工具创建选区。

(1) 进入 Photoshop CS5，打开素材文件夹中的 9-1.jpg 图片文件。

(2) 选择工具箱中的“套索工具”，在图像区域内拖动鼠标，绘制一个蝴蝶结形，创建蝴蝶结形选区，如图 9-12 所示。

(3) 选择“多边形套索工具”，在图像区域单击，绘制一个六边形，创建六边形选区，如图 9-13 所示。

(4) 选择“磁性套索工具”，在图像区域中沿着考拉左边耳朵拖动鼠标，使虚线包围图像考拉左边的耳朵，为左边耳朵创建选区。在选项栏中单击“添加到选区”按钮，使用“磁性套索工具”将图像考拉的右边耳朵添加到选区中，如图 9-14 所示。

魔棒工具用于在图像中选择颜色一致的部分并创建选区。

**【实例 9.4】** 使用魔棒工具创建选区。

(1) 进入 Photoshop CS5，打开素材文件夹中的 9-1.jpg 图片文件。

(2) 选择工具箱中的“魔棒工具”，在选项栏中单击“添加到选区”按钮，设置“容差”为 100，选中“消除锯齿”和“连续”选项，选项栏设置如图 9-15 所示。

图 9-11 添加椭圆选区

图 9-12 创建蝴蝶结形选区

图 9-13　创建六边形选区

图 9-14　将考拉左边耳朵和右边耳朵创建为选区

容差: 100　消除锯齿　连续　对所有图层取样　调整边缘...

图 9-15　设置“魔棒工具”

（3）在图像考拉的鼻子、眼睛部分单击，将其创建为选区，如图 9-16 所示。

图 9-16　将眼睛和鼻子创建为选区

**说明**：Photoshop CS5 选框系列工具、套索系列工具和魔棒工具各有特点。选框系列工具适合创建的选区是矩形或椭圆组成的区域；套索或多边形套索工具适合创建的选区是不规则图形或多边形；魔棒工具适合要创建的选区与其他部分之间有明显的颜色差别；磁性套索工具适合要创建的选区有明显的轮廓线。

### 9.2.3　图像的基本编辑

Photoshop CS5 对图像的基本编辑包括改变图像大小、形状、画布大小和画布旋转等。

**【实例 9.5】**　修改图像大小。

（1）进入 Photoshop CS5，打开素材文件夹中的 9-2.jpg 图片文件。

（2）执行主菜单中的“图像”|“图像大小”命令，弹出“图像大小”对话框，对话框显示的是当前图像的宽度、高度等信息，如图 9-17 所示。

（3）将“约束比例”选项选中，在“像素大小”栏中将图像宽度调整为 800，高度则会自动调整为 600，单击“确定”按钮。

（4）执行主菜单中的“文件”|“保存”命令，弹出“JPEG 选项”对话框，将“图像选项”设置为最佳品质第 10 级，如图 9-18 所示，单击“确定”按钮。

（5）保存文件。

**【实例 9.6】**　调整画布大小。

（1）进入 Photoshop CS5，打开素材文件夹中的 9-2.jpg 图片文件。

（2）执行主菜单中的“图像”|“画布大小”命令，弹出“画布大小”对话框，将宽度和高度分别修改为 800 和 600，如图 9-19 所示，单击“确定”按钮。

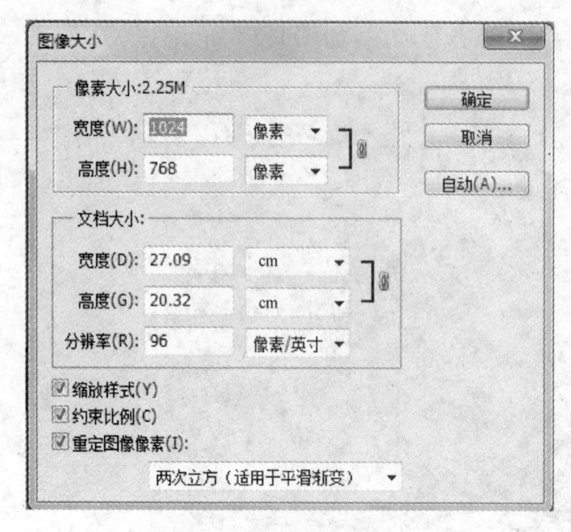


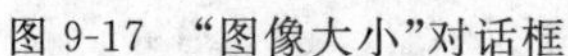
图 9-17 “图像大小”对话框

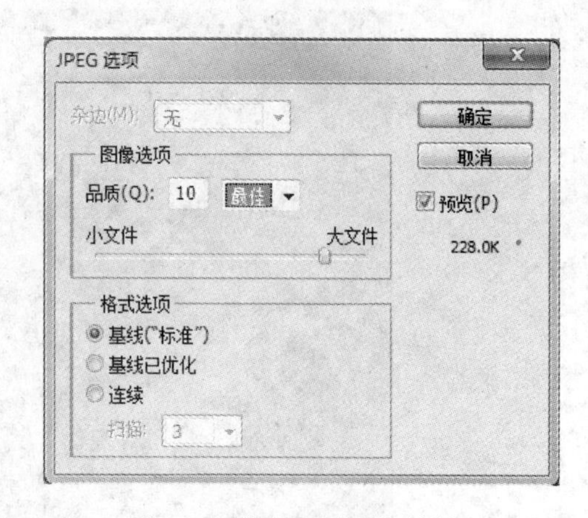


图 9-18 “JPEG 选项”对话框

**说明**：修改画布的尺寸实际上是修改工作区大小，如果画布变大，画布区域里就会自动填充工具箱中的背景色；如果将画布尺寸修改为比原始图像尺寸小的话，将只显示部分图像。

**【实例 9.7】** 旋转画布。

(1) 进入 Photoshop CS5，打开素材文件夹中的 9-2.jpg 图片文件。

(2) 执行主菜单中的“图像”|“图像旋转”|“垂直翻转画布”命令，如图 9-20 所示，图像即被旋转过来。

图 9-19 “画布大小”对话框

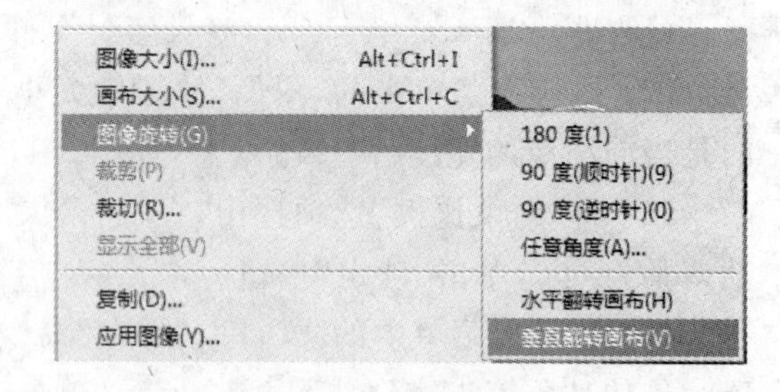


图 9-20 旋转画布

**【实例 9.8】** 裁剪图片。

(1) 进入 Photoshop CS5，打开素材文件夹中的 9-2.jpg 图片文件。

(2) 选择工具箱中的“裁剪工具”，在图像编辑区拖动鼠标选定需保留的图片内容，如图 9-21 所示。

图 9-21　裁剪图像

(3) 双击鼠标左键确定裁剪,此时裁剪掉选定裁剪区域以外的图像内容。

(4) 保存文件。

### 9.2.4　图像的绘制

在 Photoshop CS5 中,图像的绘制与修复工具有:修复画笔工具/污点修复画笔工具/修补工具/红眼工具,画笔工具/铅笔工具/颜色替换工具/混合器画笔工具,仿制图章工具/图案图章工具,历史记录画笔工具/历史记录艺术画笔工具,橡皮擦工具/背景橡皮擦工具/魔术橡皮擦工具,渐变工具/油漆桶工具,模糊工具/锐化工具/涂抹工具,减淡工具/加深工具/海绵工具。

修复画笔工具,可用于校正瑕疵,使它们消失在周围的图像中。使用修复画笔工具可以利用图像或图案中的样本像素来绘画,还可将样本像素的纹理、光照、透明度和阴影与所修复的像素进行匹配,从而使修复后的像素不留痕迹地融入图像的其余部分。

污点修复画笔工具,可以快速移去照片中的污点和其他不理想部分。污点修复画笔工具的工作方式与修复画笔工具类似:它使用图像或图案中的样本像素进行绘画,并将样本像素的纹理、光照、透明度和阴影与所修复的像素相匹配。与修复画笔工具不同的是污点修复画笔工具不要求指定样本点,自动从所修饰区域的周围取样。

修补工具,可以用其他区域或图案中的像素来修复选中的区域。像修复画笔工具一样,修补工具会将样本像素的纹理、光照和阴影与源像素进行匹配。修补工具可处理 8 位/通道或 16 位/通道的图像。

红眼工具,可以去除人物或动物的闪光照片中的红眼。

画笔工具和铅笔工具，运用前景色绘制图像。画笔工具用来绘制柔边线条，铅笔工具用来绘制硬边线条。

颜色替换工具，可以快速简便地替换图像中的颜色。

混合器画笔工具，可以模拟真实的绘画技术。

仿制图章工具，可以将图像的一部分绘制到同一图像的另一部分或绘制到具有相同颜色模式的任何打开的文档的另一部分，经常用于修补图像。

图案图章工具，可以将各种图案填充到图像中。

历史记录画笔工具，可以将图像的一个状态或快照绘制到当前图像窗口中。

历史记录艺术画笔工具，使用指定历史状态或快照作为绘画源来绘制各种艺术效果的笔触，创建不同的艺术效果。

橡皮擦工具，将在背景图像或选择区域内用背景色擦除部分图像。

背景橡皮擦工具，将图层上的颜色擦除成透明。

魔术橡皮擦工具，根据颜色近似程度来确定将图像擦成透明的程度。

渐变工具，用来填充渐变色。

油漆桶工具，用来填充颜色。

模糊工具，可柔化硬边缘或减少图像中的细节。

锐化工具，用于增加边缘的对比度以增强外观上的锐化程度。

涂抹工具，模拟将手指拖过湿油漆时所看到的效果。

减淡工具，使图像细节部分变亮。

加深工具，使图像细节部分变暗。

海绵工具，增加或降低颜色的饱和度。

下面通过实例来介绍常用工具的使用。

**【实例 9.9】** 进行渐变填充。

(1) 进入 Photoshop CS5，打开素材文件夹中的 9-2.jpg 图片文件。

(2) 选择工具箱中的“渐变工具”，在选项栏中选择填充方式为“线性渐变”，不透明度为 100%，如图 9-22 所示。单击“渐变编辑栏”下拉列表框，单击后面的小三角形，在快捷菜单中选择“新建渐变”选项，创建一个名为“新渐变”的样本，如图 9-23 所示。

图 9-22 “渐变工具”选项栏

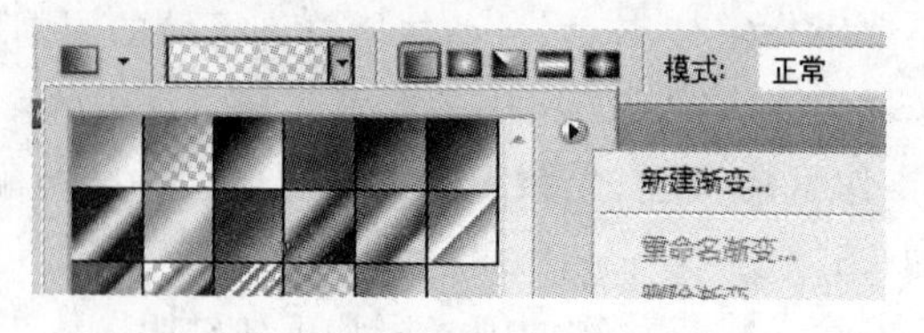


图 9-23 “渐变编辑栏”下拉列表

(3) 单击“新渐变”样本，弹出“渐变编辑器”对话框，如图 9-24 所示，单击色彩条左上角的方块，设置色标的不透明度为 60%，单击色彩条左下角的方块，设置色标的颜色，单击“确定”按钮。

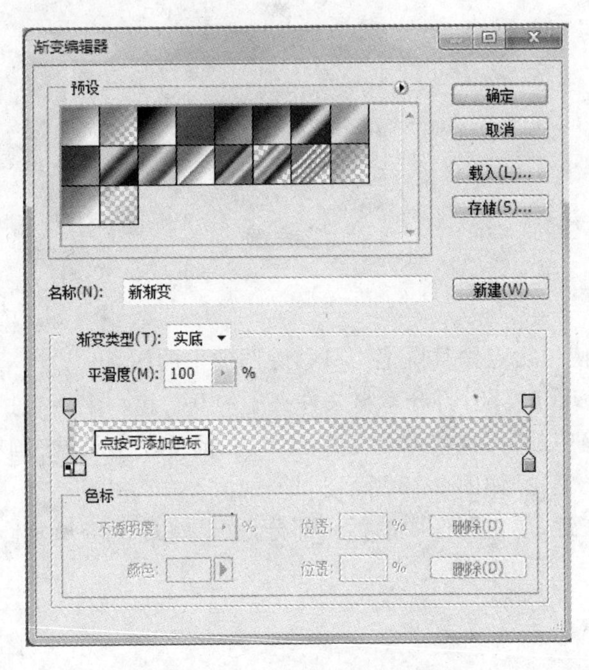


图 9-24　“渐变编辑器”对话框

(4) 按住 Shift 键，在图像上从上向下拖动鼠标，填充效果如图 9-25 所示。

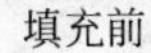

填充前　　　　填充后

图 9-25　填充效果

(5) 保存文件。

**【实例 9.10】** 使用修复画笔工具修饰面部。

(1) 进入 Photoshop CS5，打开素材文件夹中的 9-3.jpg 图片文件。

(2) 选择工具箱中的“修复画笔工具”，在选项栏中打开“画笔预设选取器”，如图 9-26 所示，设置硬度为 50%，将大小设置为 0。

(3) 将鼠标定位在图像区域的上方，然后按住 Alt 键并单击来设置取样点。

(4) 在图像中拖移，效果如图 9-27 所示。

(5) 保存文件。

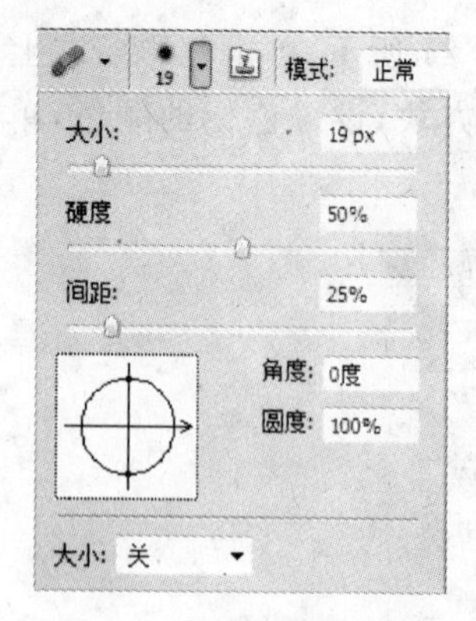


图 9-26 “画笔预设选取器”

修复前　　修复后

图 9-27 修复效果

**【实例 9.11】** 使用污点修复画笔工具移除图像中的污点。

（1）进入 Photoshop CS5，打开素材文件夹中的 9-4.jpg 图片文件。

（2）选择工具箱中的“污点修复画笔工具”，在选项栏中打开“画笔预设选取器”，将大小设置为 20px、光笔轮，如图 9-28 所示。

（3）按住鼠标左键，单击图像中的污点部分，效果如图 9-29 所示。

（4）保存文件。

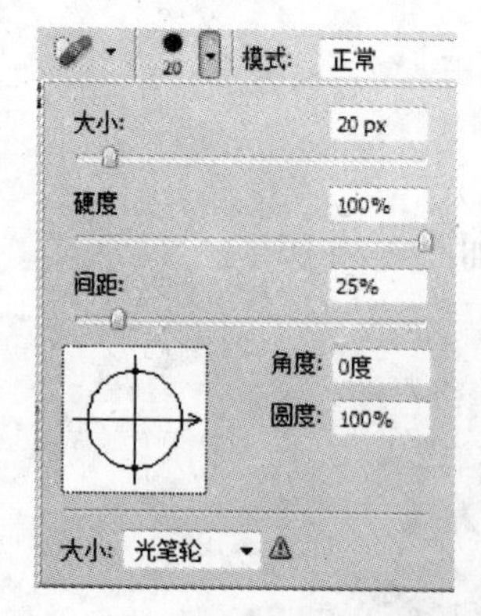


图 9-28 “画笔预设选取器”

修复前　　修复后

图 9-29 污点修复效果

**【实例 9.12】** 使用红眼工具去除图像中的红眼。

（1）进入 Photoshop CS5，打开素材文件夹中的 9-5.jpg 图片文件。

（2）选择工具箱中的“红眼工具”，在人物眼睛处单击，效果如图 9-30 所示。

（3）保存文件。

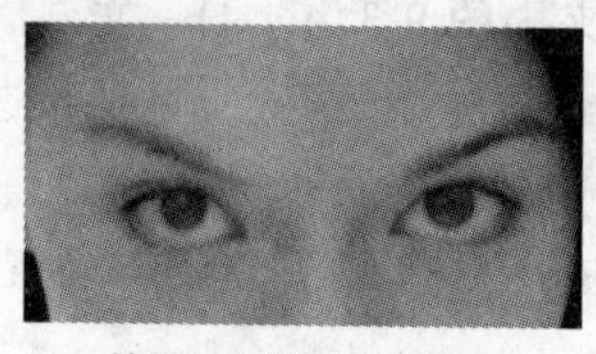
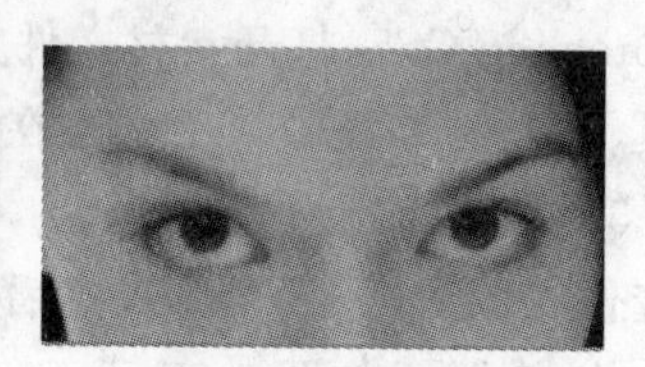
使用“红眼”工具前　　使用“红眼”工具后

图 9-30 去除红眼效果

**【实例 9.13】** 使用减淡工具修饰图片。

（1）进入 Photoshop CS5，打开素材文件夹中的 9-6.jpg 图片文件。

（2）选择工具箱中的“减淡工具”，在选项栏中打开“画笔预设选取器”，大小设置为 59px，硬度为 0%，设置为柔边圆，如图 9-31 所示。

（3）在图片中涂抹需提亮的部分，效果如图 9-32 所示。

（4）保存文件。

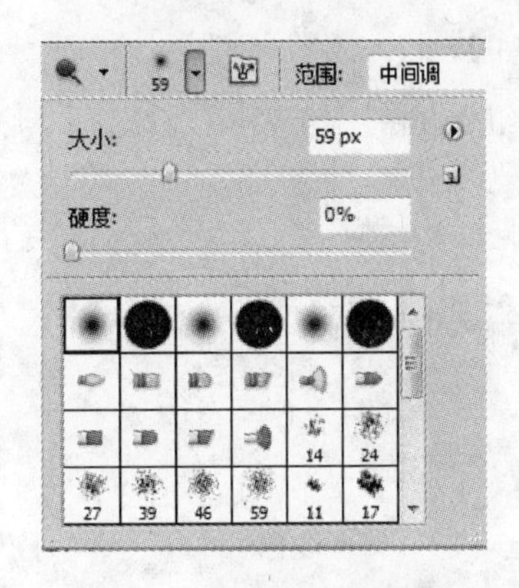


图 9-31 “画笔预设选取器”

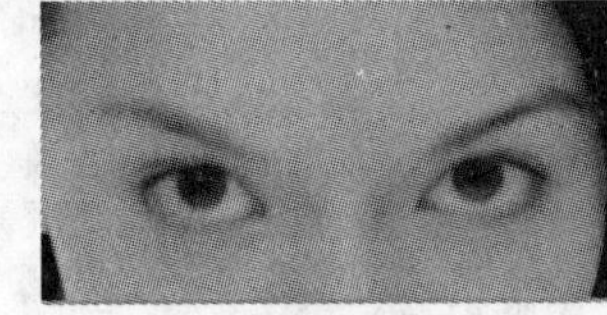

修饰前

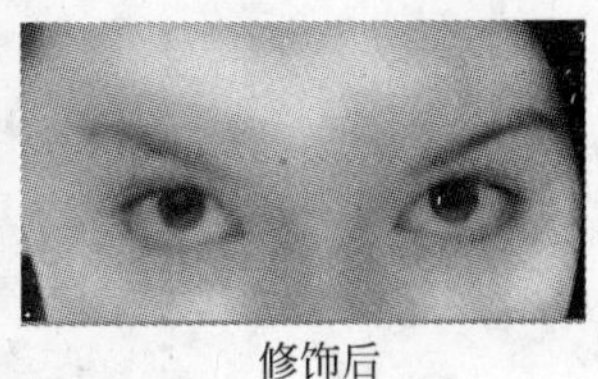
修饰后

图 9-32 修饰效果

**【实例 9.14】** 使用仿制图章工具修饰图片。

（1）进入 Photoshop CS5，打开素材文件夹中的 9-7.jpg 图片文件。

（2）选择工具箱中的“仿制图章工具”，按住 Alt 键并单击图片中的花来设置取样点。

（3）在图片其他地方反复涂抹，效果如图 9-33 所示。

修饰前

修饰后

图 9-33 修饰效果

（4）保存文件。

### 9.2.5 图层的应用

Photoshop CS5 中的图像可以由多个图层组成。Photoshop CS5 中的图层就如同堆叠在一起的透明纸，可以透过图层的透明区域看到下面的图层，可以移动图层来定位图层上的内容，就像在堆栈中滑动透明纸一样，也可以更改图层的不透明度以使内容部分透明。可以使用图层来执行多种任务，如合成多个图像、向图像添加文本或添加矢量图形形状。

“图层”面板列出了图像中的所有图层、图层组和图层效果。可以使用“图层”面板来显示和隐藏图层、创建新图层以及处理图层组。可以在“图层”面板的菜单中访问各种图层处理命令和选项。"图层"面板的选项如图 9-34 所示。

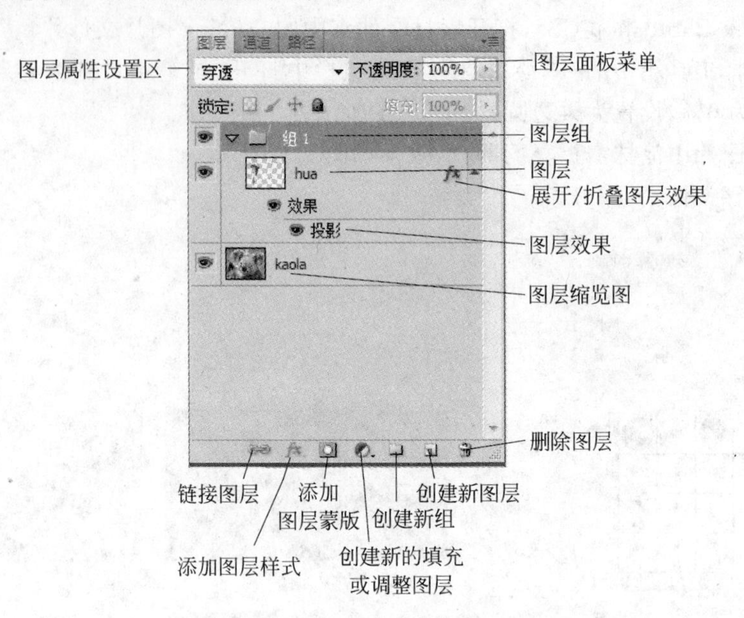


图 9-34 Photoshop CS5 图层面板

Photoshop CS5 除了普通图层外,还提供了一些比较特殊的图层。

(1) 背景图层。使用白色背景或彩色背景创建新图像时,"图层"面板会自动出现一个锁定的"背景图层"。一幅图像只能有一个背景图层,并且无法更改它的堆叠顺序、混合模式和不透明度。

(2) 文字图层。文字不同于图像,人们需要对其进行编辑和修改。文字可以像处理正常图层那样移动、重新叠放、复制和更改文字图层的选项,但不能进行绘画、滤镜处理。从某种意义上说,文字在 Photoshop 中是一种矢量图形,矢量图形是不能按位图图像进行处理的,除非将其转化为位图图像。将文字图层转化为普通图层的过程称为"栅格化文字",但要注意,文字一旦栅格化就无法再进行编辑和修改了。

(3) 调整图层。调整图层是一种比较特殊的图层,它本身并不具备单独的图像及颜色,但可以影响在它下面的所有图层。一般用它们对图像进行试用颜色和应用色调调整。所有的位图处理工具对其无效。

(4) 填充图层。填充图层可以快速地创建由纯色、渐变或图案构成的图层,和调整图层一样,所有的位图处理工具对其无效。

(5) 形状图层。使用"形状工具"或"钢笔工具"可以创建形状图层。形状中会自动填充当前的前景色,但也可以通过其他方法对其进行修饰,如建立一个由其他颜色、渐变或图案来进行填充的编组图层。形状的轮廓存储在链接到图层的矢量蒙版中。

**【实例 9.15】** 合成图像。

(1) 进入 Photoshop CS5,打开素材文件夹中的 9-1.jpg 和 9-7.jpg 文件。

(2) 切换到 9-7.jpg 文件,选择工具箱中的"魔棒工具",在选项栏中设置"容差"为

80。使用“魔棒工具”在图片中的花以外的部分单击，选定花以外的所有区域。执行主菜单中的“选择”|“反向”命令，选定花区域，如图 9-35 所示。

图 9-35　选定花区域

(3) 执行主菜单中的“编辑”|“拷贝”命令，将花复制到剪贴板中。

(4) 切换到 9-1.jpg 文件，执行主菜单中的“编辑”|“粘贴”命令，将图层 1 放到背景 9-1.jpg 中，选择工具箱中的“移动工具”，将图片移动至合适位置，如图 9-36 所示。

图 9-36　合成效果

(5) 保存文件。

Photoshop 提供了不同的图层混合选项即图层样式，有助于为特定图层上的对象应用效果。

图层样式是应用于一个图层或图层组的一种或多种效果。可以应用 Photoshop 提供的某一种预设样式，或者使用“图层样式”对话框来创建自定义样式。

应用图层样式十分简单，可以为包括普通图层、文本图层和形状图层在内的任何种类的图层应用图层样式。

应用图层样式的步骤：首先选中要添加样式的图层，接着单击“图层”面板上的“添加图层样式”按钮，再从列表中选择图层样式，然后根据需要修改参数。如果需要，可以将修改保存为预设，以便日后需要时使用。

图层样式的优点体现在以下几个方面：应用的图层效果与图层紧密结合，即如果移动或变换图层对象文本或形状，图层效果就会自动随着图层对象文本或形状移动或变换。图层效果可以应用于标准图层、形状图层和文本图层。可以为一个图层应用多种效果。可以从一个图层复制效果，然后粘贴到另一个图层。

Photoshop 有 10 种不同的图层样式，分别说明如下。

(1) 投影：将为图层上的对象、文本或形状后面添加阴影效果。投影参数由“混合模式”、“不透明度”、“角度”、“距离”、“扩展”和“大小”等各种选项组成，通过对这些选项的设置可以得到需要的效果。

(2) 内阴影：将在对象、文本或形状的内边缘添加阴影，让图层产生一种凹陷外观，内阴影效果对文本对象效果更佳。

(3) 外发光：将从图层对象、文本或形状的边缘向外添加发光效果。

(4) 内发光：将从图层对象、文本或形状的边缘向内添加发光效果。

(5) 斜面和浮雕：“样式”下拉菜单将为图层添加高亮显示和阴影的各种组合效果。“斜面和浮雕”对话框中样式参数解释如下：外斜面是指沿对象、文本或形状的外边缘创建三维斜面；内斜面是指沿对象、文本或形状的内边缘创建三维斜面。浮雕效果是指创建外斜面和内斜面的组合效果。枕状浮雕是指创建内斜面的反相效果，其中对象、文本或形状看起来下沉。描边浮雕是指只适用于描边对象，即在应用描边浮雕效果时才打开描边效果。

(6) 光泽：将对图层对象内部应用阴影，与对象的形状互相作用，通常创建规则波浪形状，产生光滑的磨光及金属效果。

(7) 颜色叠加：将在图层对象上叠加一种颜色，即用一层纯色填充到应用样式的对象上。从“设置叠加颜色”选项中可以通过“选取叠加颜色”对话框选择任意颜色。

(8) 渐变叠加：将在图层对象上叠加一种渐变颜色，即用一层渐变颜色填充到应用样式的对象上。通过“渐变编辑器”还可以选择使用其他的渐变颜色。

(9) 图案叠加：将在图层对象上叠加图案，即用一致的重复图案填充对象。从“图案拾色器”中还可以选择其他的图案。

(10) 描边：使用颜色、渐变颜色或图案描绘当前图层上的对象、文本或形状的轮廓，对于边缘清晰的形状，如文本，这种效果尤其有用。

图层样式参数有以下几种。混合模式是指不同混合模式选项。色彩样本是指有助于修改阴影、发光和斜面等的颜色。不透明度是指减小其值将产生透明效果(0=透明,100=不透明)。角度用来控制光源的方向。使用全局光可以修改对象的阴影、发光和斜面角度。距离用来确定对象和效果之间的距离。扩展/内缩,“扩展”主要用于“投影”和“外发光”样式,从对象的边缘向外扩展效果;“内缩”常用于“内阴影”和“内发光”样式,从对象的边缘向内收缩效果。大小用来确定效果影响的程度,以及从对象的边缘收缩的程度。消除锯齿可以柔化图层对象的边缘。深度,此选项是应用浮雕或斜面的边缘深浅度。

**【实例 9.16】** 添加图层效果。

(1) 打开实例 9.15 中完成的图像文件。

(2) 单击“图层”面板下方的“添加图层样式”按钮 fx.,弹出“图层样式”对话框,在该对话框中设置外发光效果,具体参数如图 9-37 所示,单击“确定”按钮。

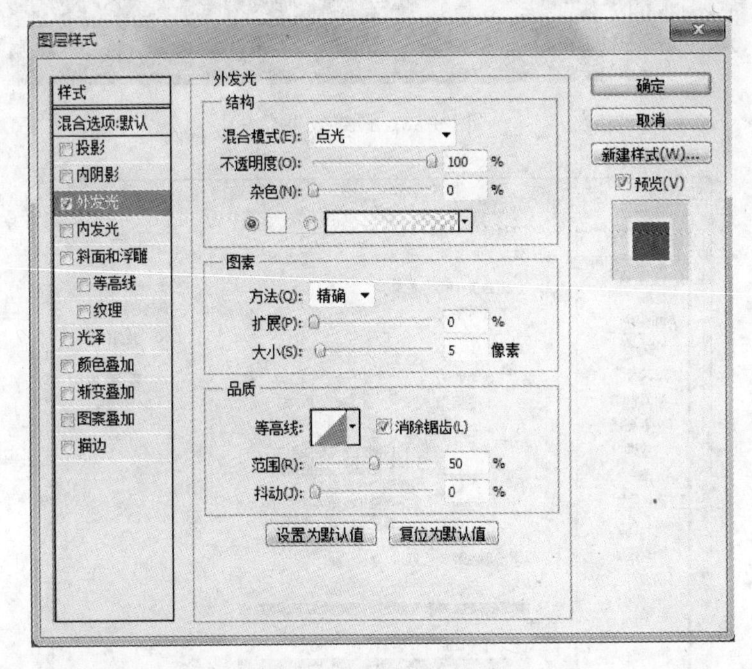


图 9-37　设置“图层样式”

(3) 效果如图 9-38 所示,保存文件。

**【实例 9.17】** 使用图层样式。

(1) 打开实例 9.16 中完成的图像文件。

(2) 在“图层”面板中选择图层 1,双击效果层,弹出“图层样式”对话框,设置为内阴影,不透明度设置为 100%,如图 9-39 所示。

(3) 单击“新建样式”按钮,弹出“新建样式”对话框,在该对话框中输入名称为“阴影”,选中“包含图层效果”选项,如图 9-40 所示,单击“确定”按钮,保存新样式。

图 9-38 最终效果

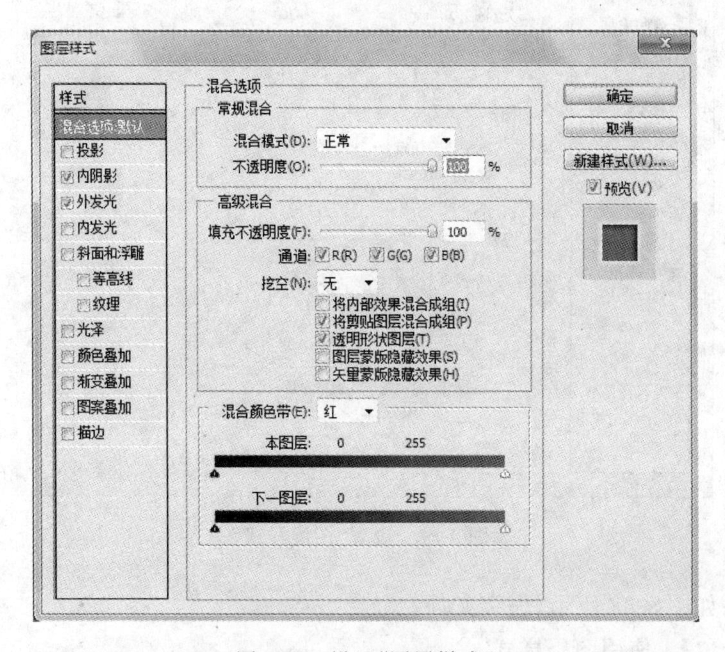


图 9-39 设置“图层样式”

图 9-40 “新建样式”对话框

(4) 选择图层 1，在“样式”面板中选择刚才保存的“阴影”样式，将其应用到图层 1，如图 9-41 所示。

图 9-41　使用图层样式的效果

(5) 保存文件。

**说明**：在创建自定义图层样式时，可以使用等高线来控制“投影”、“内阴影”、“内发光”、“外发光”、“斜面和浮雕”以及“光泽”效果在指定范围上的形状。

**【实例 9.18】** 使用等高线修改图层效果。

(1) 打开实例 9.17 中完成的图像文件。

(2) 在“图层”面板中选择图层 1，双击“图层”面板中的效果层，弹出“图层样式”对话框，选中“等高线”选项，弹出“等高线”面板，单击“等高线”下拉列表框，选中“锥形-反转”效果，选中“消除锯齿”选项，如图 9-42 所示，单击“确定”按钮。

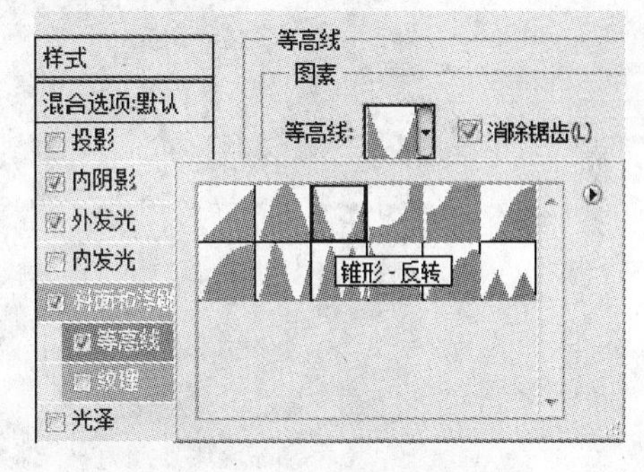


图 9-42　设置“等高线”面板

(3) 修改后，效果如图 9-43 所示，保存文件。

**【实例 9.19】** 设置图层混合模式。

(1) 打开实例 9.17 中完成的图像文件。

(2) 设置图层 1 的图层混合模式为“正片叠底”。

(3) 右击“图层”面板中的图层 1，在弹出的快捷菜单中执行“复制图层”命令，在复制“图层”面板中设置复制图层的名称为“图层 2”。

(4) 使用移动工具，将图层 2 中的花朵移动到合适的位置。

(5) 选定图层 2，在“图层”面板中设置混合效果为“滤色”，效果如图 9-44 所示。

图 9-43 修改后的效果

图 9-44 混合模式效果

### 9.2.6 通道与蒙版

在 Photoshop CS5 中，通道与蒙版是进一步处理图像素材的必备工具。

蒙版是 Photoshop CS5 的一个重要功能，蒙版除了具有存放选区的遮罩效果之外，其主要的功能是让用户更精确、更方便地修改遮罩范围。在蒙版中可以划分出可编辑（白色范围）与不可编辑（黑色范围）的图像区域。当图像载入含有灰色范围的蒙版时，可编辑出半透明的效果。

Photoshop CS5 中的蒙版分为两类，用于位图图像的图层蒙版和用于矢量图像的矢量蒙版，图层蒙版可由绘画或选择工具创建，矢量蒙版由钢笔或形状工具创建。

**【实例 9.20】** 建立蒙版。

(1) 进入 Photoshop CS5，打开素材文件夹中的 9-7.jpg 和 9-9.jpg 文件。

(2) 在 9-7.jpg 文件中，选择工具箱中的“磁性套索工具”选择花朵部分，如图 9-45 所示。将它复制粘贴到 9-9.jpg 文件中，调整好位置，如图 9-46 所示。

图 9-45　选择花朵部分

图 9-46　复制花朵图像

(3) 使用“魔棒工具”选择花朵图层的空白区域，单击“图层”面板下方的“添加图层蒙版”按钮 ，将未选择的部分遮盖为透明色，如图 9-47 所示。

(4) 右击花朵图层中的蒙版标志，在快捷菜单中执行“删除图层蒙版”命令。

(5) 重新选择花朵图层的空白区域，执行主菜单中的“图层”|“图层蒙版”|“隐藏选区”命令，遮盖选定区域，如图 9-48 所示。

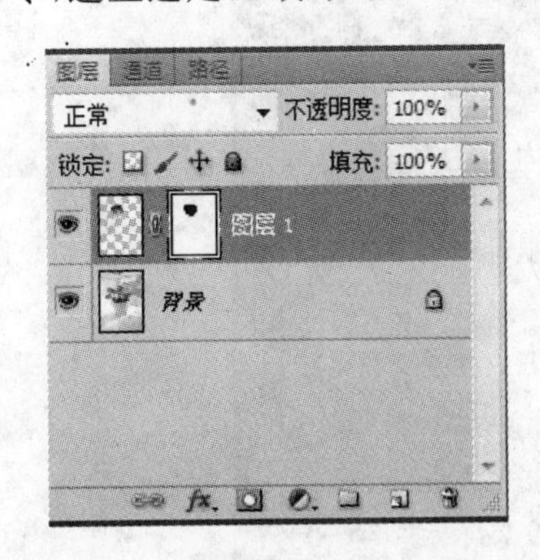


图 9-47　添加蒙版遮盖未选定区域

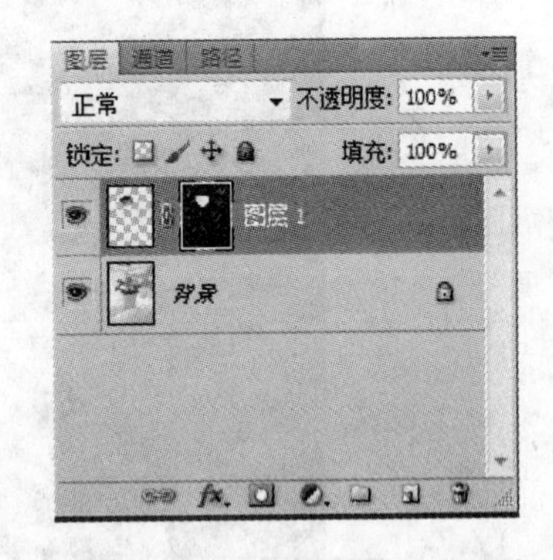


图 9-48　添加蒙版遮盖选定区域

(6) 保存文件。

快速蒙版是一种特殊的蒙版，它是选择复杂图像的有效手段。在快速蒙版状态下，只能使用黑、白、灰系列颜色在图像中进行操作，可以使用各种绘图工具改变蒙版形状。

**【实例 9.21】** 使用快速蒙版抠图。

(1) 进入 Photoshop CS5，打开素材文件夹中的 9-10.jpg 文件。

(2) 使用“磁性套索工具”勾出向日葵轮廓。

(3) 单击“以快速蒙版模式编辑”按钮，进入快速蒙版编辑状态，向日葵轮廓外部被红色蒙版遮住，如图 9-49 所示。

图 9-49 创建快速蒙版

(4) 设置前景色为白色，使用“画笔工具”在向日葵和叶子红色处涂抹，去掉上面的红色。

(5) 单击工具箱中的“以标准模式编辑按钮”，进入快速标准编辑状态，向日葵被准确选定，如图 9-50 所示。

图 9-50 选定向日葵轮廓

（6）执行主菜单中的“选择”|“存储选区”命令，将选区命名为向日葵，保存在文件中。

Photoshop CS5 支持 RGB、CMYK、Lab、多通道等多种图像模式，可以在这些模式下对图像进行编辑、转换。新建或打开图像后，切换到“通道”模板可以看到图像默认通道内容。

“通道”面板如图 9-51 所示，在“通道”面板中可以创建、管理通道并监视编辑效果。“通道”面板列出图像中的所有通道，通道内容的缩览图显示在通道名称的左侧，在编辑通道时会自动更新缩览图。

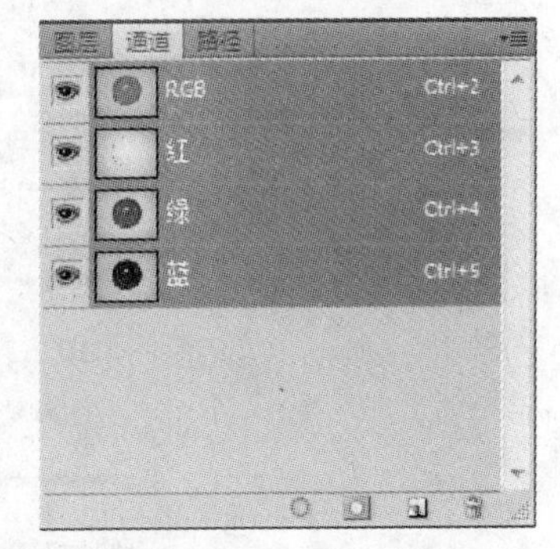

图 9-51 “通道”面板

通道是存储不同类型信息的灰度图像。

颜色信息通道是在打开新图像时自动创建的。图像的颜色模式决定了所创建的颜色通道的数目。例如，RGB 图像的每种颜色（红色、绿色和蓝色）都有一个通道，并且还有一个用于编辑图像的复合通道。

Alpha 通道将选区存储为灰度图像。可以添加 Alpha 通道来创建和存储蒙版，这些蒙版用于处理或保护图像的某些部分。

专色通道用于专色油墨印刷的附加印版。

**【实例 9.22】** 查看调整通道信息。

（1）进入 Photoshop CS5，打开素材文件夹中的 9-8.jpg 文件。

（2）在“通道”面板中可以看到图像是 RGB 模式，通道中可以看到 R、G、B 通道，如图 9-52 所示。

（3）分别单击各颜色通道前面的“指示通道可见性”按钮，观察图像的变化。

（4）执行主菜单中的“图像”|“模式”|“CMYK 颜色”命令，将图像模式转换为 CMYK 颜色，通道转换为 CMYK 通道，如图 9-53 所示。

（5）执行主菜单中的“图像”|“模式”|“Lab 颜色”命令，将图像模式转换为 Lab 颜色，通道转换为 Lab 通道，如图 9-54 所示。

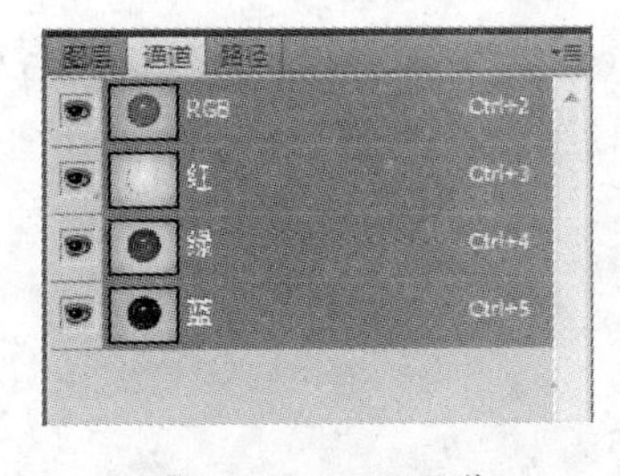

图 9-52 RGB 通道

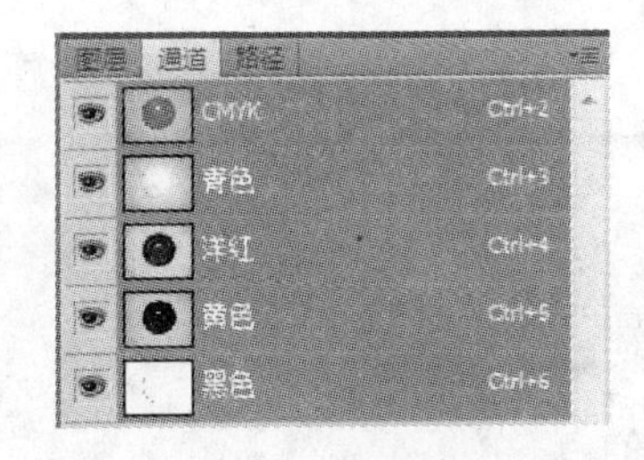

图 9-53 CMYK 通道

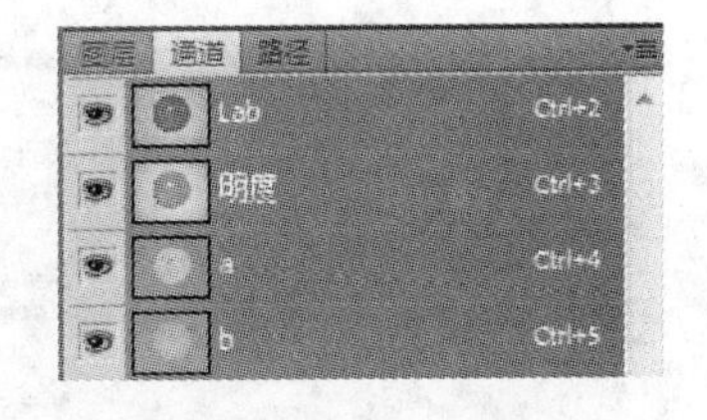

图 9-54 Lab 通道

（6）将图像模式转换为 RGB 模式，执行主菜单中的“图像”|“调整”|“通道混合器”命令，弹出“通道混合器”对话框，设置输出通道为绿色，源通道绿色比例为 50%，如图 9-55 所示，单击“确定”按钮，观察图像变化效果。

（7）保存文件。

**【实例 9.23】** 使用通道混合器将橘红色的盘子修改成其他颜色。

（1）进入 Photoshop CS5，打开素材文件夹中的 9-8.jpg 文件。

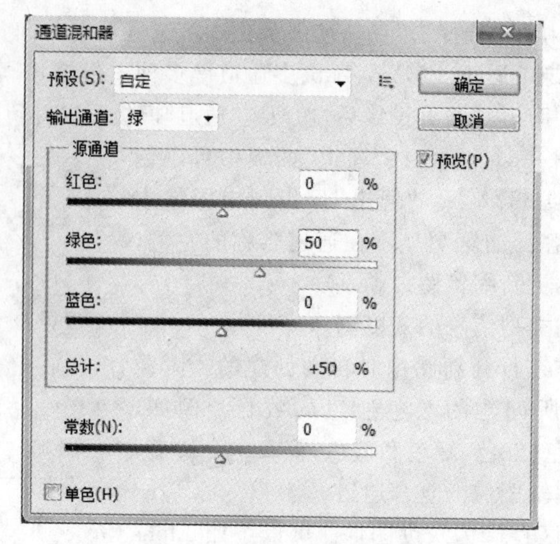


图 9-55 设置“通道混合器”

(2) 执行主菜单中的“图像”|“调整”|“通道混合器”命令,弹出“通道混合器”对话框,在红色输出通道中将红色源通道比例设置为 0%,绿色和蓝色源通道比例均设置为 50%,如图 9-56 所示,单击“确定”按钮。

(3) 保存文件。

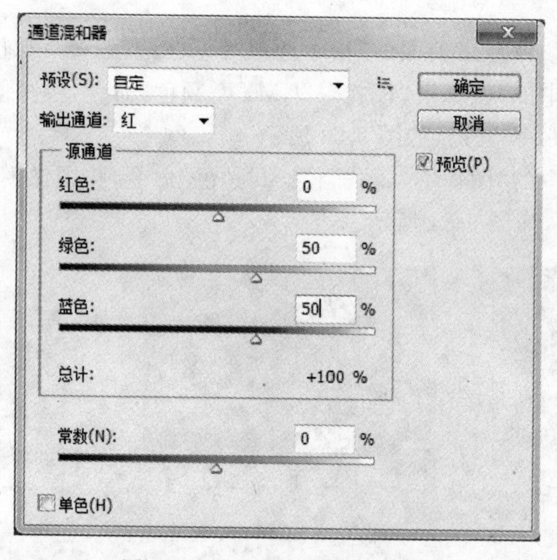


图 9-56 “通道混合器”对话框

除了各种图像模式对应不同颜色通道以外,Photoshop CS5 还有一种 Alpha 通道。快速蒙版制作的选区可以保存为永久的 Alpha 通道,需要时可以将通道内容载入选区。在 Alpha 通道中添加或删除其中的颜色,其实是改变蒙版内容。

**【实例 9.24】** 使用 Alpha 通道创建选区。

(1) 打开实例 9.21 中完成的图像文件。

(2) 在"通道"面板中能够看到该图像除了 R、G、B 通道外，还有一个名为"向日葵"的通道，如图 9-57 所示。

(3) 单击"通道"面板中的"创建新通道"按钮，新建一个 Alpha 通道，取名为矩形。使用矩形工具在矩形 Alpha 通道中创建一个矩形选区并填充为白色。

(4) 显示 RGB 通道和矩形 Alpha 通道，效果如图 9-58 所示。

(5) 执行主菜单中的"选择"|"载入选区"命令，分别选择矩形通道和向日葵通道，将通道中的矩形和向日葵创建为选区。

图 9-57　向日葵通道

图 9-58　Alpha 通道

## 9.2.7　路径

路径在 Photoshop CS5 中是使用贝赛尔曲线所构成的一段闭合或者开放的曲线段，用于创建没有关联像素且独立于当前图层的路径，路径是可以转换为选区或者使用颜色填充和描边的轮廓。路径存储在"路径"面板中，使用钢笔或形状工具绘制的每条路径都会添加到"工作路径"中。

**【实例 9.25】** 制作心形向日葵。

(1) 进入 Photoshop CS5，打开素材文件夹中的 9-10.jpg 文件。

(2) 双击"图层"面板中的背景，新建图层 0。

(3) 选择工具箱中的"自定义形状工具"，在选项栏中设置图形创建方式为"路径"，形状为心形，如图 9-59 所示，并在图片中画一个心形。

图 9-59　设置"自定义形状工具"

(4) 选择工具箱中的"路径选择工具"，在"路径"面板中单击"路径作为选区载入"按钮，建立心形选区。

(5) 执行主菜单中的"选择"|"反向"命令，在图层 0 中删除选择的内容。

(6) 新建图层 1，选择工具箱中的"画笔工具"，在选项栏中设置画笔直径为 30px，不透明度为 30%。

(7) 选择心形路径，单击"路径"面板中的"用画笔描边路径"按钮，绘制心形向日葵边框，效果如图 9-60 所示。

图 9-60　心形向日葵

### 9.2.8　图像色彩调整

Photoshop CS5 具有强大的色彩处理功能，可增强、修复和校正图像中的颜色、亮度、暗度和对比度。在调整颜色和色调之前，需要考虑下面一些事项。

使用经过校准和配置的显示器。对于重要的图像编辑，校准和配置十分关键。否则，在打印后，图像在不同的显示器上看上去有所不同。

尝试使用调整图层来调整图像的色调范围和色彩平衡。使用调整图层，可以返回并且能够进行连续的色调调整，而无须废弃或永久修改图像图层中的数据。

如果不想使用调整图层，则可以直接将调整应用于图像图层。但是当对图像图层直接进行颜色或色调调整时，会废弃一些图像信息。

对于至关重要的作品，为了尽可能多地保留图像数据，最好使用 16 位/通道图像，而不使用 8 位/通道图像。因为 8 位/通道图像中图像信息的损失程度比 16 位/通道图像更严重。

复制图像文件。可以使用图像的复制进行工作，以便保留原件，以防万一需要使用原始状态的图像。

在调整颜色和色调之前，需先移去图像中的缺陷，例如尘斑、污点和划痕等。

可以通过建立选区或者使用蒙版来将颜色和色调调整限制在图像的一部分。

可以使用"色阶"调整图像的阴影、中间调和高光的强度级别，从而校正图像的色调范围和色彩平衡。

**【实例 9.26】**　调整色阶。

(1) 进入 Photoshop CS5，打开素材文件夹中的 9-9.jpg 文件。

(2) 单击"调整"面板中的"色阶"按钮，分别拖动滑块，如图 9-61 所示。观察效果，如图 9-62 所示。

(3) 保存文件。

"曲线"可以调整图像的整个色调范围内的点，在图像从阴影到高光整个色调范围内最多调整 14 个不同的点，因此，使用"曲线"调整色彩比"色阶"更精确。

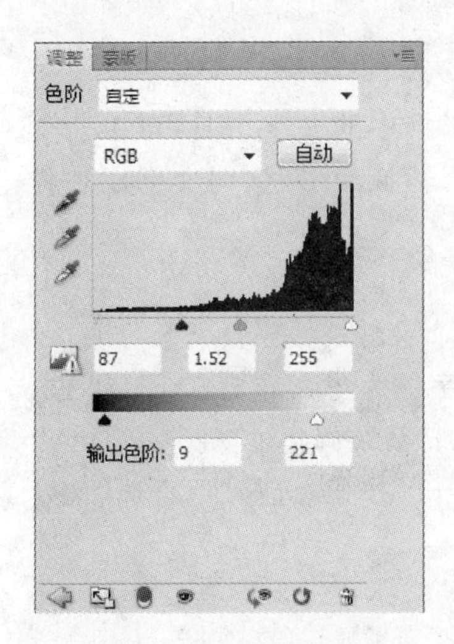


图 9-61 “色阶”对话框

调整色阶前

调整色阶后

图 9-62 调整色阶前后的效果

**【实例 9.27】** 调整曲线。

(1) 进入 Photoshop CS5,打开素材文件夹中的 9-9.jpg 文件。

(2) 单击“调整”面板中的“曲线”按钮 ,在“曲线”对话框中单击曲线增加控制点,拖动控制点调整曲线形状,如图 9-63 所示,观察图像效果。

(3) 保存文件。

**【实例 9.28】** 调整色相。

(1) 进入 Photoshop CS5,打开素材文件夹中的 9-9.jpg 文件。

(2) 单击“调整”面板中的“色相/饱和度”按钮 ,在“色相/饱和度”对话框中将饱和度设置为 60,调整前后效果如图 9-64 所示。

(3) 保存文件。

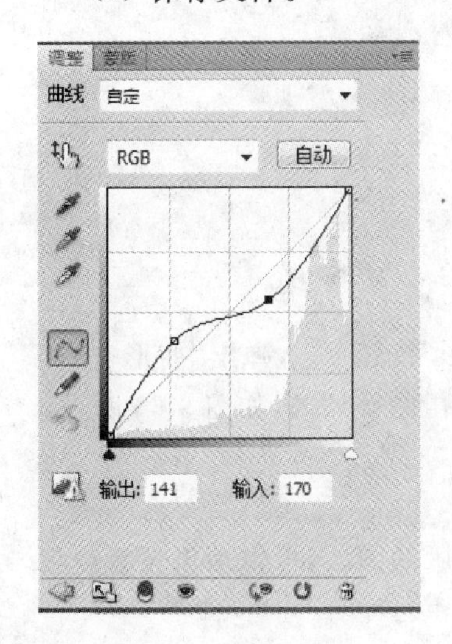


图 9-63 “曲线”对话框

调整饱和度前

调整饱和度后

图 9-64 调整饱和度前后效果

### 9.2.9 制作文字效果

在 Photoshop CS5 中输入和处理文字可以使用矢量工具中的文字工具，可以对文字执行各种操作以更改其外观，例如，使文字变形、将文字转换为形状、向文字添加投影等。

**【实例 9.29】** 在图像中添加文字。

(1) 进入 Photoshop CS5，打开素材文件夹中的 9-10.jpg 文件。

(2) 选择工具箱中的“文字工具” T，在选项栏中设置字体为华文彩云、字号 72 点、颜色为绿色，在图像区域中单击创建一个文字图层，输入“向日葵”，调整位置。

(3) 选定文字图层，在“图层”面板中，单击“添加图层样式”按钮，选择“混合选项”效果，为文字添加斜面浮雕效果，图像效果如图 9-65 所示。

(4) 保存文件。

图 9-65 添加文字效果

**【实例 9.30】** 创建文字变形。

(1) 打开实例 9.29 中完成的图像文件。

(2) 选择“向日葵”文字，单击选项栏中的“创建文字变形”按钮，弹出“变形文字”对话框，将样式设置为花冠，弯曲 30%、水平扭曲 10%、垂直扭曲 −15%，如图 9-66 所示。

(3) 单击“确定”按钮，效果如图 9-67 所示。

(4) 保存文件。

在将文字转换为形状时，文字图层被替换为具有矢量蒙版的图层，可以编辑矢量蒙版并对图层应用样式，但无法在图层中将字符作为文本进行编辑。

**【实例 9.31】** 将文字转换为形状。

(1) 打开实例 9.30 中完成的图像文件。

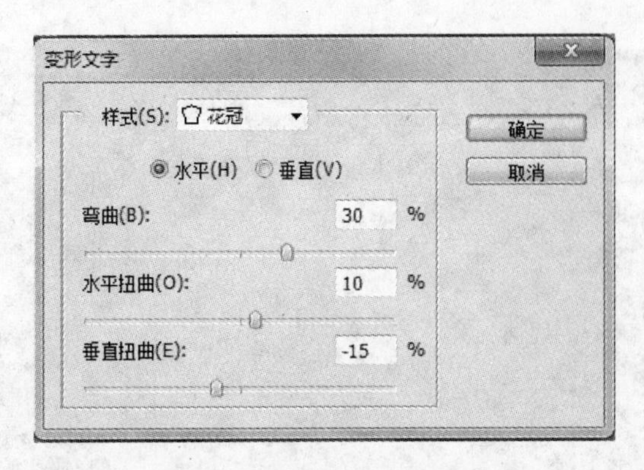


图 9-66　“变形文字”对话框

图 9-67　文字变形的效果

(2) 选择文字图层，然后执行主菜单中的“图层”|“文字”|“转换为形状”命令，效果如图 9-68 所示。

(3) 保存文件。

### 9.2.10　滤镜

滤镜主要是用来实现图像的各种特殊效果，它在 Photoshop CS5 中具有非常神奇的作用。Photoshop CS5 的滤镜都按分类放置在菜单中，使用时只需要从该菜单中执行命令即可。

Photoshop CS5 滤镜基本可以分为 3 个部分：内阙滤镜、内置滤镜和外挂滤镜。内阙滤镜指内阙于 Photoshop CS5 程序内部的滤镜，共有 6 组 24 个滤镜；内置滤镜指 Photoshop 默认安装时，Photoshop CS5 安装程序自动安装到 Plug-Ins 目录下的滤镜，共 12 组 72 支滤镜；外挂滤镜就是除上面两种滤镜以外，由第三方厂商为 Photoshop CS5 所

图 9-68　文字转换为形状的效果

生产的滤镜，它们不仅种类齐全、品种繁多而且功能强大，同时版本与种类也在不断升级与更新。

下面介绍一些基本滤镜的使用。

**【实例 9.32】** 使用扭曲滤镜给图像添加波浪效果。

(1) 进入 Photoshop CS5，打开素材文件夹中的 9-2.jpg 文件。

(2) 执行主菜单中的“滤镜”|“扭曲”|“波浪”命令，弹出“波浪”对话框，设置相关参数，如图 9-69 所示。

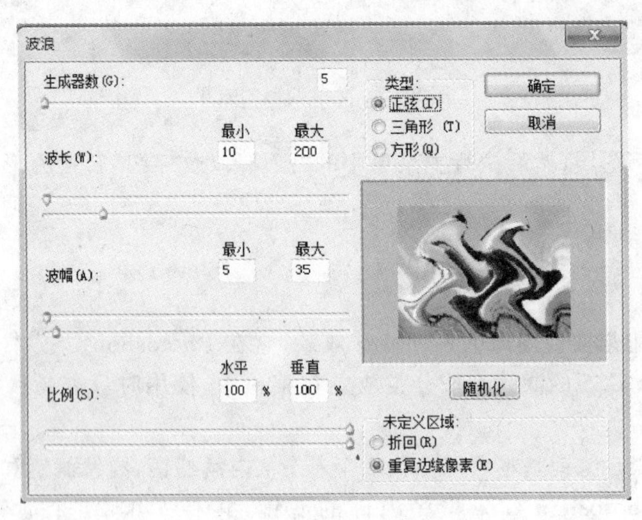


图 9-69　“波浪”对话框

(3) 单击"确定"按钮,效果如图 9-70 所示。

使用滤镜前效果

使用滤镜后效果

图 9-70　使用滤镜前后效果

(4) 保存文件。

**【实例 9.33】** 将图像制作成素描效果。

(1) 进入 Photoshop CS5,打开素材文件夹中的 9-11.jpg 文件。

(2) 执行主菜单中的"图像"|"调整"|"去色"命令,图像转换为黑白图像。

(3) 执行主菜单中的"滤镜"|"风格化"|"查找边缘"命令。

(4) 执行主菜单中的"滤镜"|"模糊"|"高斯模糊"命令,产生画笔线条的模糊效果,如图 9-71 所示。

图 9-71　素描效果

(5) 保存文件。

**【实例 9.34】** 壁画滤镜。

(1) 进入 Photoshop CS5,打开素材文件夹中的 9-11.jpg 文件。

(2) 执行主菜单中的"滤镜"|"艺术效果"|"壁画"命令,弹出"壁画"对话框,在该对话框中设置相关参数,如图 9-72 所示。

(3) 单击"确定"按钮,效果如图 9-73 所示。

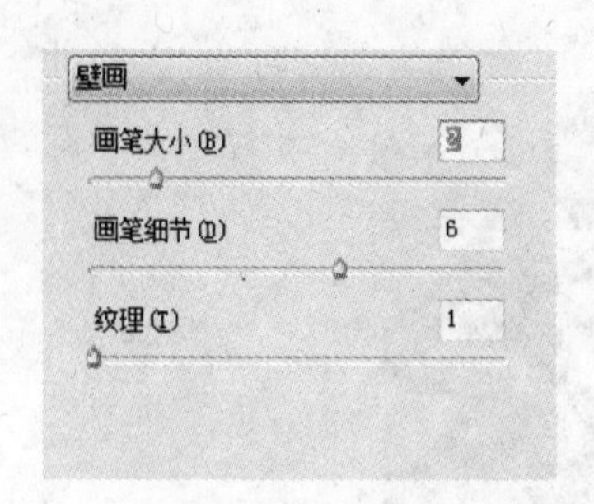


图 9-72 “壁画”对话框

使用滤镜前效果

使用滤镜后效果

图 9-73 使用滤镜前后效果

## 9.3 综合实训

1. 完成以下操作。

(1) 打开素材文件夹中的 9-11.jpg 文件。

(2) 调整图像色彩。

(3) 在图像上添加文字效果。

(4) 添加多种滤镜,观察其效果。

2. 制作反光水晶球。

(1) 新建一个 200×200 像素的 RGB 模式图像。

(2) 在图像中创建一个圆形选区。

(3) 使用“渐变工具”进行填充,前景色为白色,背景色为蓝色,填充方式为径向。

(4) 创建一个比第一个圆稍小的圆形选区。

(5) 使用“渐变工具”进行填充,填充方式为径向,产生反光水晶球效果,如图 9-74 所示。

图 9-74 反光水晶球

# 第 10 章

# 视频处理软件 Adobe Premiere Pro CS4

## 10.1　Adobe Premiere Pro CS4 简介

Adobe Premiere Pro CS4 是 Adobe 公司推出的功能强大的视频编辑软件,能够在各种平台下与硬件配合使用。Adobe Premiere Pro CS4 是一款编辑画面质量比较好的软件,有较好的兼容性,且可以与 Adobe 公司推出的其他软件相互协作。

Adobe Premiere Pro CS4 是一款基于非线性编辑设备的音频、视频编辑软件,被广泛用于电影、电视、多媒体、网络视频、动画设计和家庭 DV 等领域的后期制作中,可以实时编辑 HDV、DV 格式的视频影像。其核心技术是将视频文件逐帧展开,以帧为精度进行编辑,并与音频文件精确同步,配合多种硬件进行视频捕捉和输出,还可以将内容传输到 DVD、蓝光光盘、Web 和移动设备上。

### 10.1.1　Adobe Premiere Pro CS4 的启动和退出

**1. Adobe Premiere Pro CS4 的启动**

启动 Adobe Premiere Pro CS4 可以通过下面两种方法。

(1) 通过桌面快捷图标启动 Adobe Premiere Pro CS4。

(2) 通过“开始”菜单启动 Adobe Premiere Pro CS4,操作过程是执行“开始”|“程序”|Adobe|Adobe Premiere Pro CS4 命令。

通过以上两种方法之一启动 Adobe Premiere Pro CS4 后,就可以进入 Adobe Premiere Pro CS4 的主界面了。

**2. Adobe Premiere Pro CS4 的退出**

退出 Adobe Premiere Pro CS4 有如下 3 种方法。

(1) 单击程序主窗口右上角的关闭按钮。

(2) 执行“文件”菜单下的“退出”命令。

(3) 使用快捷方式:按 Alt+F4 键。

### 10.1.2　Adobe Premiere Pro CS4 工作界面介绍

Adobe Premiere Pro CS4 的工作界面如图 10-1 所示,主要由项目窗口、监视器窗口、时间线窗口、工具箱、信息面板、媒体浏览面板、效果面板、特效控制台面板、调音台面板、主声道电平面板、菜单栏等部分组成。

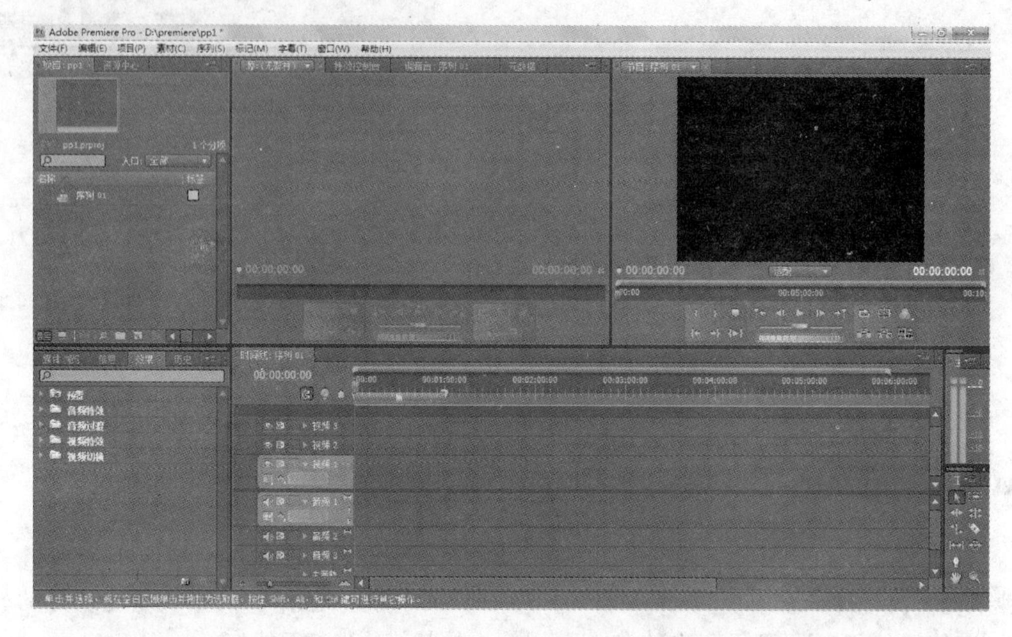


图 10-1　Adobe Premiere Pro CS4 工作界面

**1. 项目窗口**

项目窗口主要用于导入、存放和管理素材，如图 10-2 所示。编辑影片所用的全部素材应事先存放于项目窗口里，然后调出使用。项目窗口的素材可以用列表和图标两种视图方式来显示，包括素材的缩略图、名称、格式、出入点等信息。也可以为素材分类、重命名或新建一些类型的素材。用户可以通过项目窗口随时查看和调用项目窗口中的所有文件，通过双击某一素材打开素材监视器窗口。

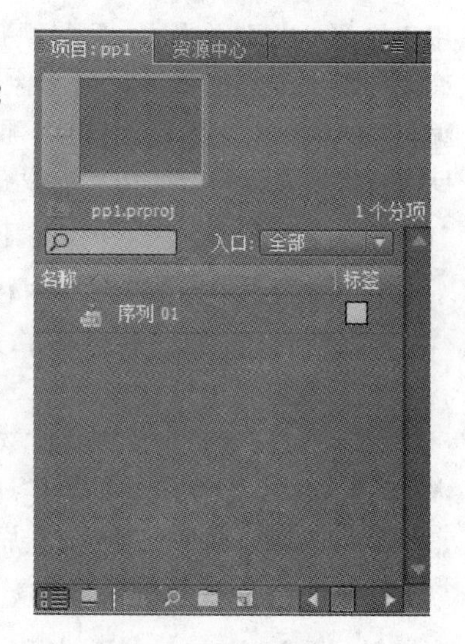


图 10-2　项目窗口

项目窗口按照不同的功能可以分为以下几个功能区。

(1) 预览区

项目窗口的上部是预览区。当在素材区单击某一素材文件，就会在预览区显示该素材的缩略图和相关信息。选中影片或视频类素材，单击预览区左侧的“播放/停止切换”按钮 ，可以预览该素材的内容。当播放到该素材有代表性的画面时，单击“标识帧”按钮 ，可将该画面作为该素材的缩略图，便于用户识别和查找。

(2) 素材区

素材区位于项目窗口的中间部分，主要用于排列当前编辑的项目文件中的所有素材，可以显示包括素材类别图标、素材名称、格式在内的相关信息。默认显示方式是列表方式，如果单击项目窗口下部的工具条中的“图标视图”按钮，素材将以缩略图方式显示；单击工具条中的“列表视图”按钮，返回列表方式显示。

(3) 工具条

位于项目窗口最下方的工具条提供了一些常用的功能按钮，如素材区的“列表视图”和“图标视图”显示方式图标按钮，还有“查找”、“新建文件夹”、“清除”、“新建分项”等图标按钮。

(4) 下拉菜单

单击项目窗口右上角的小三角按钮，弹出快捷菜单，主要用于对项目窗口素材进行管理，包括工具条中相关按钮的功能。

**2. 监视器窗口**

监视器窗口分为素材源和节目两个监视器，如图 10-3 所示。素材源监视器主要用来预览或剪裁项目窗口中选中的某一原始素材；节目监视器主要用来预览时间线窗口序列中已经编辑的素材。

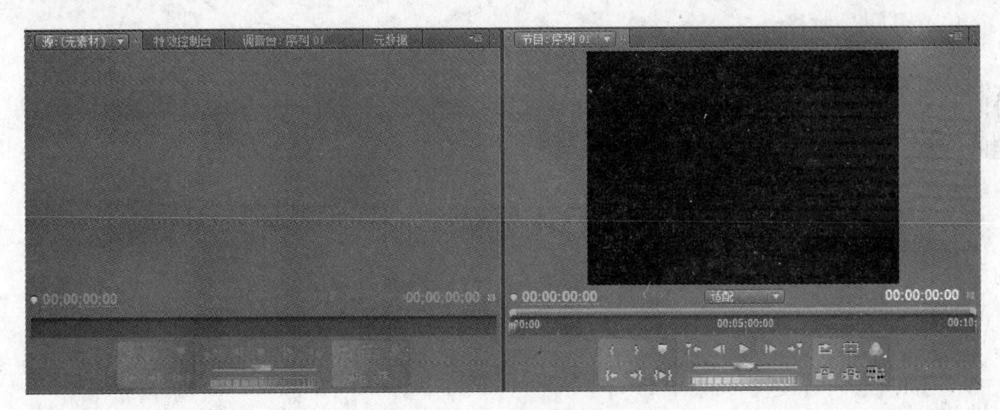


图 10-3　监视器窗口

(1) 素材源监视器

素材源监视器的上部是素材名称。单击右上角的小三角按钮，弹出快捷菜单，包括关于素材窗口的所有设置，根据项目和编辑的要求来选择素材源窗口的模式。

中间部分是监视器。监视器的下方分别是素材时间编辑滑块位置时间码、窗口比例选择、素材总长度时间码显示。下边是时间标尺、时间标尺缩放器和时间编辑滑块。

底部是素材源监视器的控制器及功能按钮。

(2) 节目监视器

节目监视器与素材源监视器在很多地方类似。节目监视器的控制器用来预览时间线窗口选中的序列，为其设置标记或指定入点和出点以确定添加或删除的部分帧。右下方的“提升”、“提取”按钮，用来删除序列选中的部分内容，“修整监视器”用来调整序列中编辑点位置。

**3. 时间线窗口**

时间线窗口包括多条视频轨道、音频轨道和时间刻度，如图 10-4 所示，用户的编辑工作都需要在该窗口中完成。素材片断按照播放时间的先后顺序及合成的先后层顺序在时间线上从左到右、从上到下排列在各自的轨道上，通过各种编辑工具对这些素材进行编辑处理。时间线窗口分为上下两个区域，上方为时间显示区，下方为轨道区。

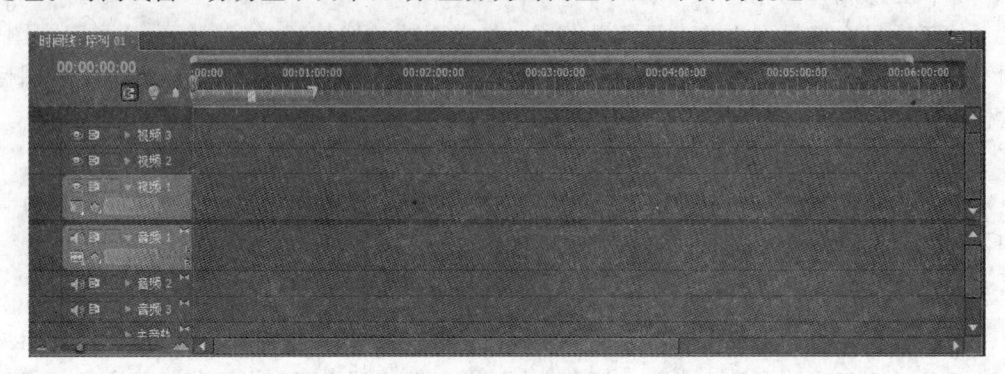


图 10-4　时间线窗口

(1) 时间显示区

时间显示区包括时间标尺、时间编辑线滑块和工作区域。左上方的时间码显示的是时间编辑线滑块所处的位置。单击时间码，可以输入时间，使时间编辑线滑块自动停到指定的时间位置，也可以通过在时间栏中按住鼠标左键并水平拖动鼠标来改变时间，确定时间编辑线滑块的位置。

时间标尺用于显示序列的时间，其时间单位以项目设置中时间码为准。时间标尺上的编辑线用于定义序列的时间，拖动时间线滑块可以在节目监视器窗口中浏览影片内容。时间标尺上方的标尺缩放条工具和窗口下方的缩放滑块工具效果相同，可以控制标尺精度，改变时间单位。标尺下方是工作区控制条，确定了序列的工作区域，可以控制影片输出范围。

(2) 轨道区

轨道是用来放置和编辑视频、音频素材的地方。用户可以对现有的轨道进行添加和删除操作，还可以锁定、隐藏、扩展和收缩它们。

在轨道的左侧是轨道控制面板，控制面板里的按钮可以对轨道进行相关的控制设置。轨道区右侧上半部分是 3 条视频轨，下半部分是 3 条音频轨。在轨道上可以放置视频、音频等素材片断。在轨道空白处右击，弹出的快捷菜单中相应的命令可以增减轨道。

**4. 工具箱**

工具箱是视频与音频编辑工作的重要编辑工具，主要包括选择工具、轨道选择工具、波纹编辑工具、滚动编辑工具、速率伸缩工具、剃刀工具、错落工具、滑动工具、钢笔工具、手形把握工具和缩放工具，可以完成许多特殊编辑操作，如图 10-5 所示。

**5. 信息面板**

信息面板用于显示在项目窗口中所选中素材的相关信息，例如素材名称、类型、大小、开始及结束点等信息，如图 10-6 所示。

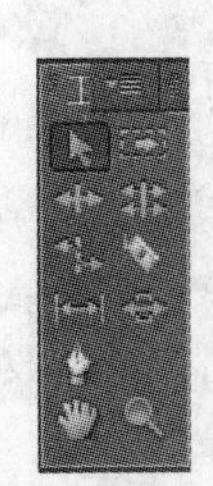

图 10-5　工具箱

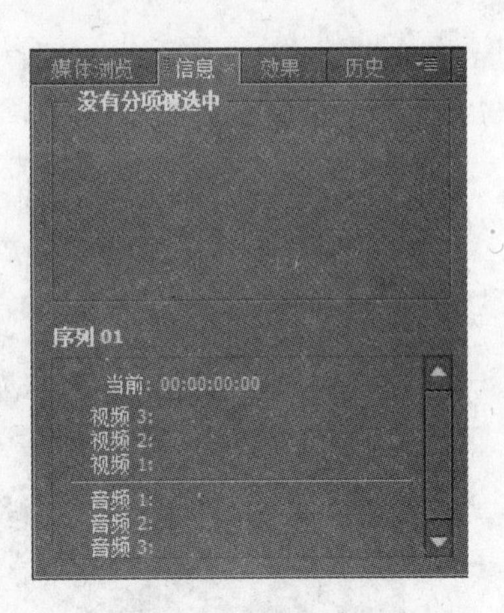


图 10-6　信息面板

**6. 媒体浏览面板**

媒体浏览面板可以查找或浏览用户电脑中各磁盘的文件，如图 10-7 所示。

**7. 效果面板**

效果面板存放 Premiere Pro CS4 自带的各种音频、视频特效、视频切换效果以及预置的效果，如图 10-8 所示。用户可以为时间线窗口中的各种素材片断添加特效。

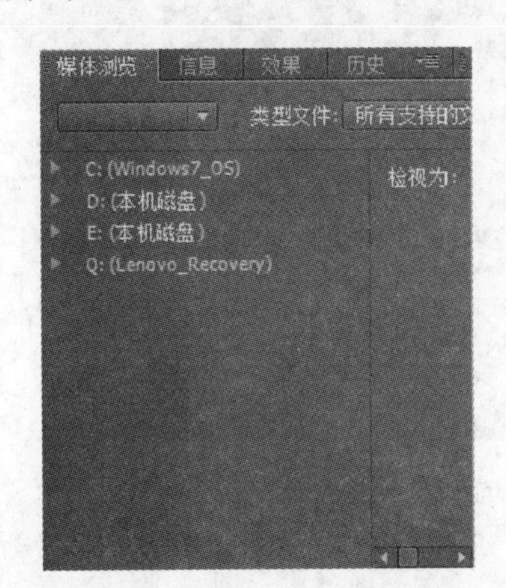


图 10-7　媒体浏览面板

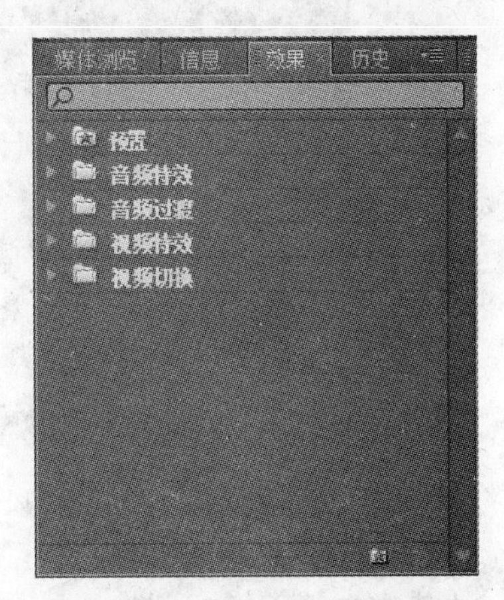


图 10-8　效果面板

**8. 特效控制台面板**

特效控制台面板用于对添加特效的素材进行相应的参数设置和添加关键帧，制作画面的运动或透明度效果也在特效控制台面板里设置，如图 10-9 所示。

**9. 调音台面板**

调音台面板主要用于对音频素材进行加工和处理，例如混合音频轨道、调整各声道音量平衡或录音等，如图 10-10 所示。

图 10-9 特效控制台面板

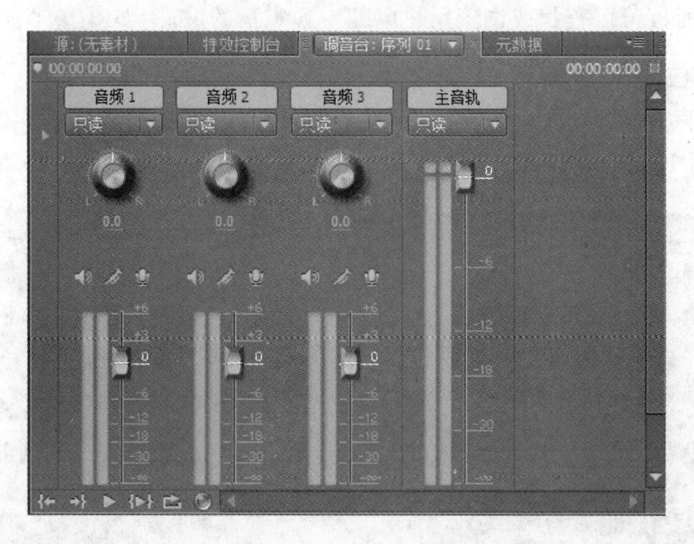


图 10-10 调音台面板

**10. 主声道电平面板**

主声道电平面板用于显示混合声道输出音量大小,如图 10-11 所示,若音量超出安全范围,柱状顶端会显示红色警告,为防止损伤音频设备,用户可以及时调整音频的增益。

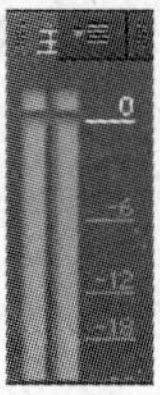

图 10-11 主声道电平面板

**11. 菜单栏**

Premiere Pro CS4 菜单栏中的菜单主要有 9 个,分别是"文件"、"编辑"、"项目"、"素材"、"序列"、"标记"、"字幕"、"窗口"和"帮助"。所有的操作命令都包含在这些菜单和子菜单中,如图 10-12 所示。

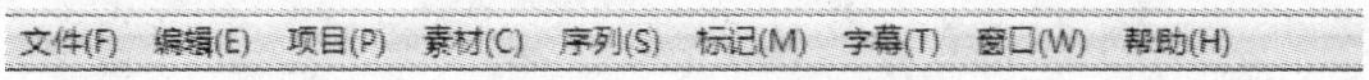

文件(F)　编辑(E)　项目(P)　素材(C)　序列(S)　标记(M)　字幕(T)　窗口(W)　帮助(H)

图 10-12　菜单栏

(1)“文件”菜单

“文件”菜单中的命令主要用于新建、打开、保存、输出各种格式的文件和退出程序等操作，还提供了视频、音频采集和批处理等实用工具。

(2)“编辑”菜单

“编辑”菜单中的命令主要用于对要处理的对象进行选择、剪切、复制、粘贴、删除等基本操作，包括对系统的工作参数进行设置。

(3)“项目”菜单

“项目”菜单主要是管理项目以及项目窗口中的素材，并对项目文件参数进行设置。

(4)“素材”菜单

“素材”菜单主要是编辑和处理导入时间线窗口中的素材。

(5)“序列”菜单

“序列”菜单主要用于对时间线窗口操作的各种有关管理命令。

(6)“标记”菜单

“标记”菜单主要是对素材进行标记的设定、清除和定位等。

(7)“字幕”菜单

“字幕”菜单用于创建字幕文件或编辑处理字幕文件。

(8)“窗口”菜单

“窗口”菜单用于管理各个控制窗口和功能面板在工作界面中的显示情况。

(9)“帮助”菜单

“帮助”菜单可以打开帮助文件，便于用户查询帮助信息。

## 10.2　Adobe Premiere Pro CS4 的基本操作

### 10.2.1　视频的编辑和处理

在 Adobe Premiere Pro CS4 中对视频进行编辑和处理主要包括项目创建、导入素材、编辑处理素材和视频输出等环节。

**【实例 10.1】**　新建视频项目。

(1) 启动 Premiere Pro CS4，出现欢迎界面，如图 10-13 所示，单击“新建项目”按钮。

(2) 弹出“新建项目”对话框，将“常规”选项卡中的“视频”栏里的“显示格式”设置为“时间码”，“音频”栏里的“显示格式”设置为“音频采样”，“采集”栏里的“采集格式”设置为“DV”。在“位置”栏里设置项目保存的盘符和文件夹名，在“名称”栏里填写文件名为 pp1。“暂存盘”选项卡保持默认状态，如图 10-14 所示。

(3) 单击“确定”按钮，弹出“新建序列”对话框，在“序列预置”选项卡的“有效预置”项目组里，单击 DV-PAL 文件夹前的小三角按钮 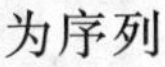 DV-PAL，选择 Standard 48kHz，“常规”选项卡和“轨道”选项卡保持默认状态，“序列名称”默认值为序列 01，如图 10-15 所示。

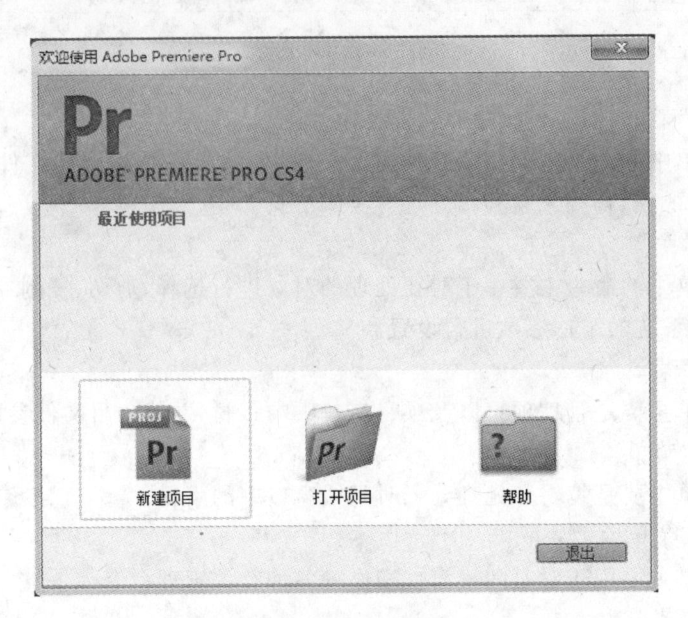


图 10-13 欢迎界面

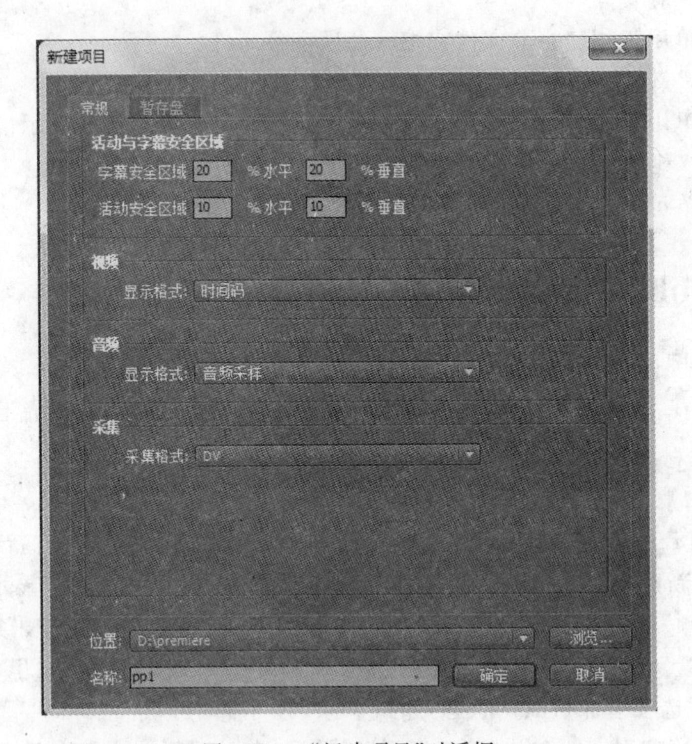


图 10-14 "新建项目"对话框

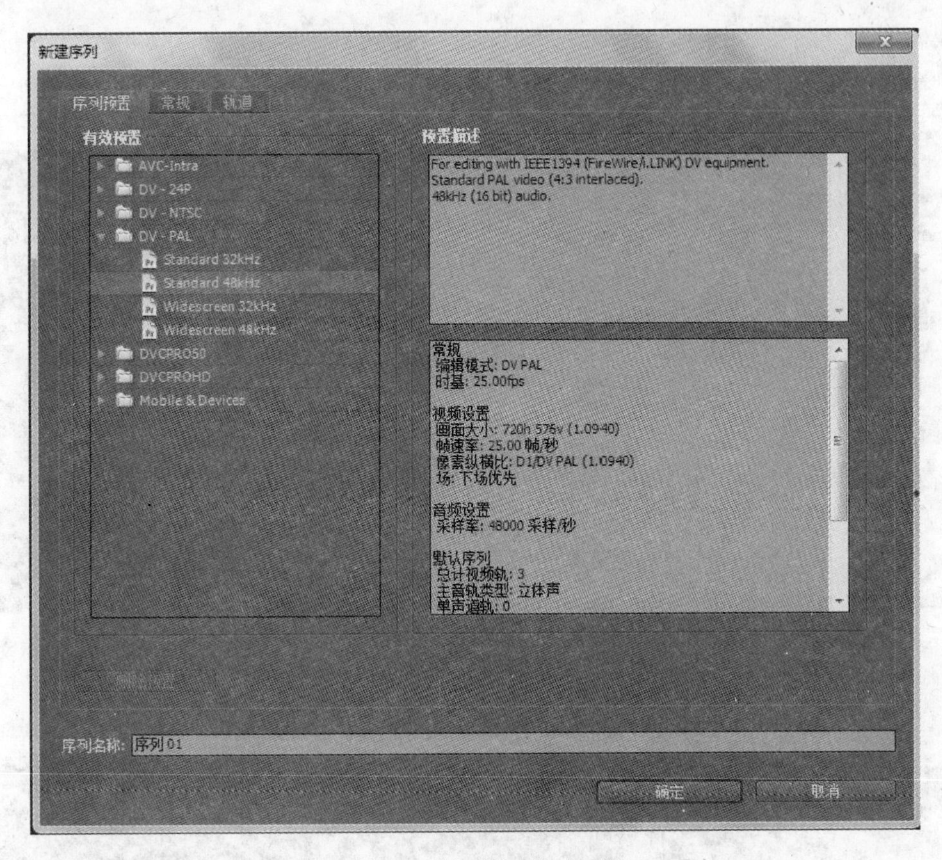


图 10-15　“新建序列”对话框

(4) 单击“确定”按钮，进入 Premiere Pro CS4 非线性编辑工作界面。

**说明**：如果制作的是宽屏电视节目，则在“序列预置”选项卡的“有效预置”项目组里 DV-PAL 选择 Widescreen 48kHz。

**【实例 10.2】**　导入素材。

在实例 10.1 结果的编辑界面下，执行主菜单中的“文件”|“导入”命令，弹出“导入”对话框，如图 10-16 所示。选中要导入的素材“野生动物”后，单击“打开”按钮，稍后，素材框里出现了一个 Wildlife 文件，如图 10-17 所示。

编辑素材是按照影片播放的内容，选择好画面后，将项目窗口中的一个个素材片断组接起来。

**【实例 10.3】**　裁剪素材。

(1) 将实例 10.2 中导入的素材从项目窗口中直接用鼠标拖动到时间线上，如图 10-18 所示。

(2) 选择工具箱中的“剃刀工具”，对准素材需要分开的部分单击，素材会被剪开，成为两个独立的片断，如图 10-19 所示。

图 10-16 “导入”对话框

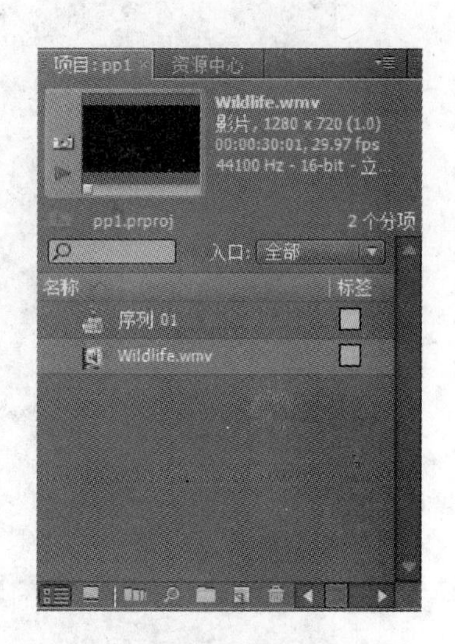


图 10-17 “素材框”显示文件

图 10-18 素材拖动到时间线

(3) 选中不需要的片断,右击,选择“清除”选项,将不需要的片断删除,结果如图 10-20 所示。

(4) 执行主菜单中的“文件”|“导出”|“媒体”命令,弹出“导出设置”对话框,设置相应参数,如图 10-21 所示,单击“确定”按钮,导出文件。

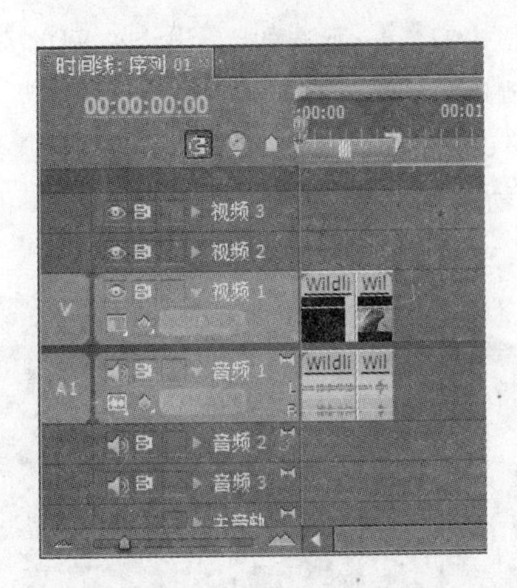


图 10-19　裁剪素材

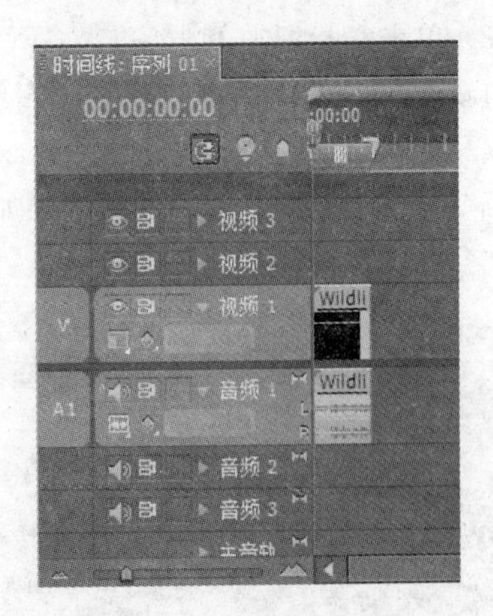


图 10-20　裁剪素材效果

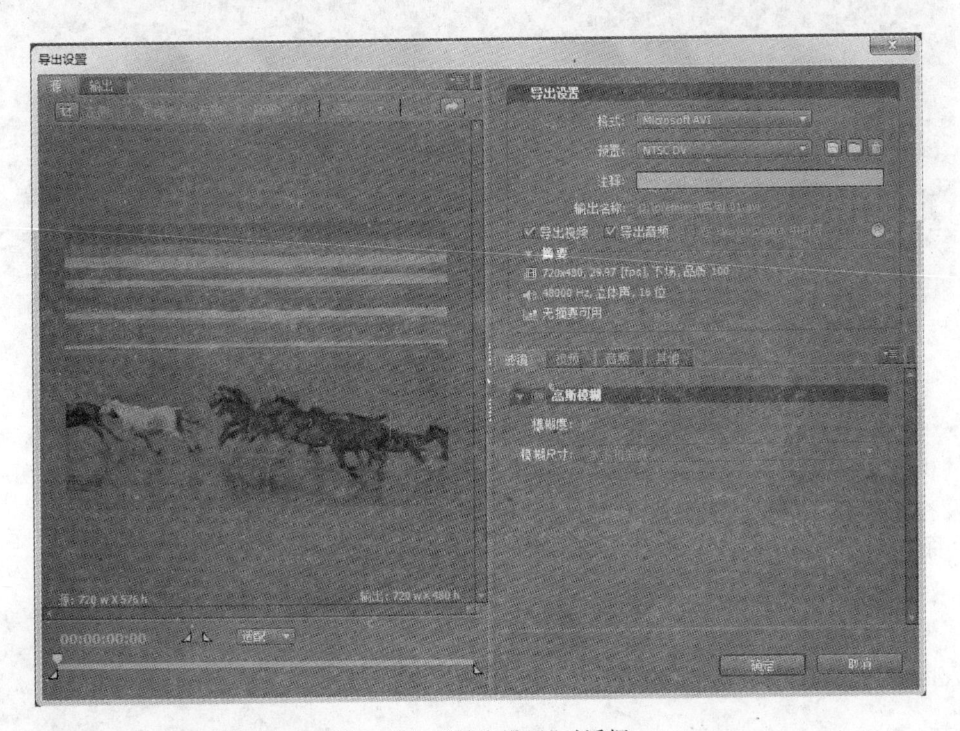


图 10-21　“导出设置”对话框

**【实例 10.4】**　组接素材。

(1) 将 Wildlife 素材导入 Premiere Pro CS4 中，双击项目窗口下面该素材的图标，打开素材源监视器窗口。

(2) 单击素材源监视器下的“播放/停止切换”按钮，对影片需要用到的画面，单击“设置入点”按钮，给素材设置入点；再单击“播放/停止切换”按钮，继续播放素材，到影片需要用到的画面结束时，再单击“设置出点”按钮，给素材设置出点。

(3) 单击素材源监视器窗口右下方的“覆盖”按钮，所选的入、出点之间的素材片断会自动添加到时间线窗口序列编辑线的右侧轨道里。

(4) 重复第(2)步，再选素材新的入、出点，单击素材源监视器窗口右下方的“覆盖”按钮，完成两组镜头间的组接，结果如图 10-22 所示。

(5) 导出文件。

图 10-22　组接素材效果

## 10.2.2　视频切换处理

视频切换是指影片镜头间的衔接方式，必须在相邻的两个片断间进行，分为硬切和软切两种。硬切是指影片各片断之间首尾直接相接；软切是指在相邻片断间设置丰富多彩的过渡方式。

**【实例 10.5】** 给素材添加白场过渡效果。

(1) 将 Wildlife 素材导入 Premiere Pro CS4 中，将导入的素材从项目窗口中直接用鼠标拖动到时间线上。

(2) 选择工具箱中的“剃刀工具”，对准素材需要分开的部分单击，素材会被剪开，成为两个独立的片断，如图 10-23 所示。

(3) 打开“效果”选项卡，切换到“效果”面板，展开“视频切换”文件夹，再展开“叠化”子文件夹，如图 10-24 所示。

(4) 在“叠化”子文件夹中选择“白场过渡”，按住鼠标左键将其拖动到时间线窗口上的 Wildlife 素材裁

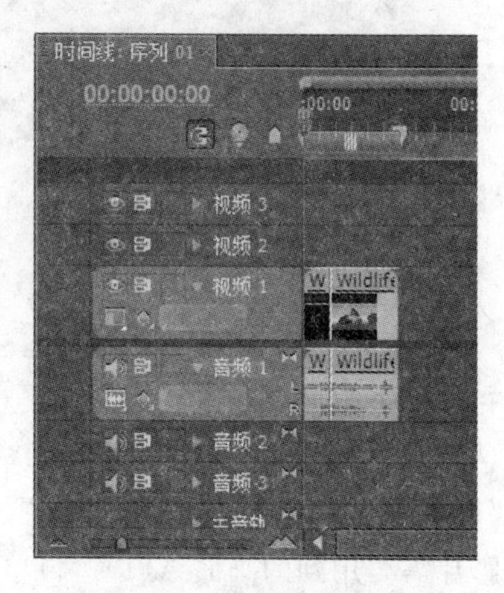


图 10-23　素材裁剪成两段

剪的两个片断之间后释放，如图 10-25 所示。

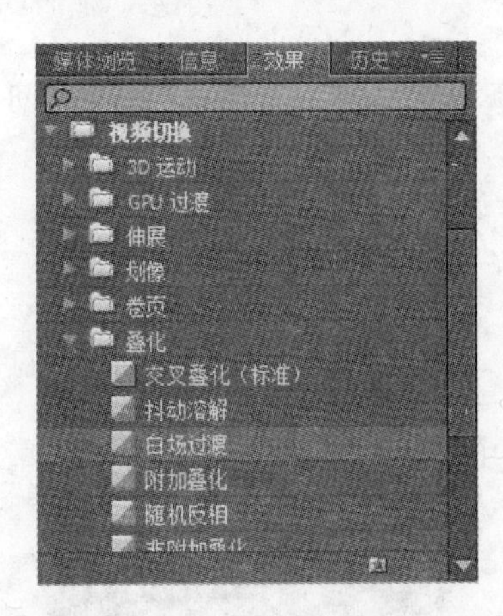


图 10-24　“效果”面板

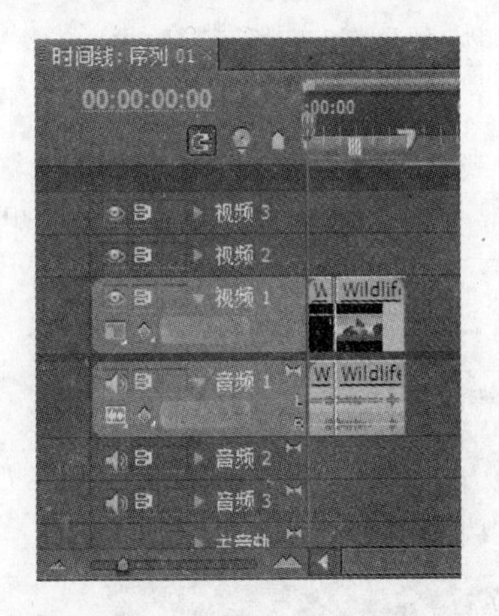


图 10-25　添加“白场过渡”效果

(5) 在节目监视器窗口中可以预览视频切换的特效。

(6) 导出文件。

**说明**：双击时间线上的视频特效，可显示“特效控制台”面板，可以在面板里对视频特效的细节进行调整，如图 10-26 所示。

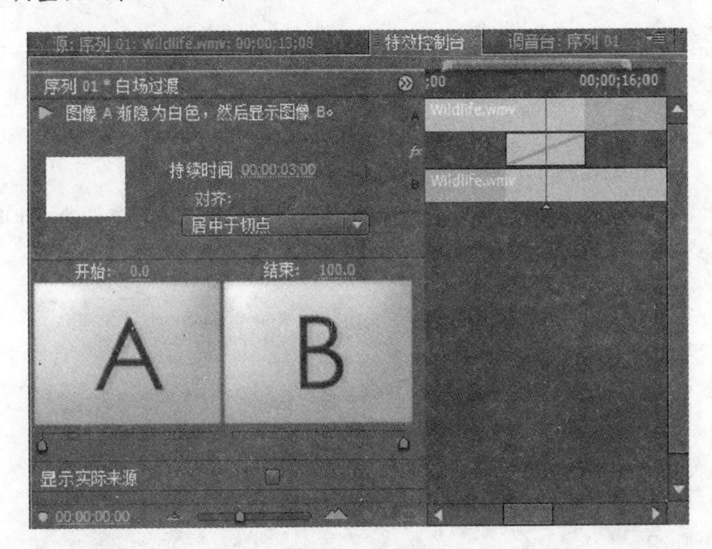


图 10-26　特效控制台面板

## 10.2.3　图片处理

**【实例 10.6】**　制作简单电子相册。

(1) 新建一个 Standard 48kHz 的 DV-PAL 格式项目。

(2) 导入 3 个不同的图片素材。

(3) 将第 1 个图片素材拖动到时间线窗口视频 1 轨道，选中该素材，右击，在弹出的快捷菜单中选择“速度/持续时间”选项，弹出“素材速度/持续时间”对话框，将持续时间设置为 5 秒，如图 10-27 所示，单击“确定”按钮。

(4) 采用相同的方法将其他两个图片素材拖动到视频 1 轨道，将持续时间设置为 5 秒。

(5) 在 3 个图片素材之间添加视频切换效果，如图 10-28 所示。

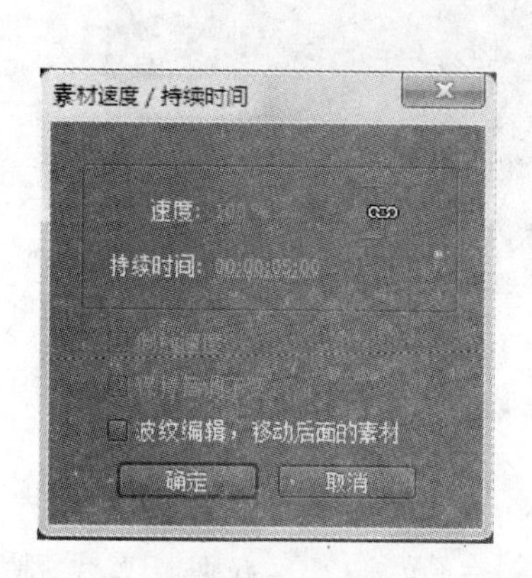


图 10-27 “素材速度/持续时间”对话框

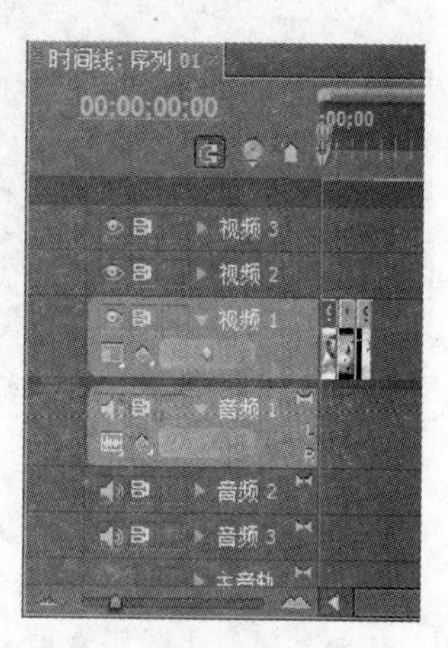


图 10-28 添加切换效果的图片素材时间线面板

(6) 预览效果，导出文件。

**【实例 10.7】** 图片的特效编辑。

(1) 新建一个 Standard 48kHz 的 DV-PAL 格式项目。

(2) 导入 1 个图片素材，并拖动到视频 1 轨道上。

(3) 选中该图片素材，打开“特效控制台”面板，展开“运动”文件夹，此时可以对图片的位置、缩放比例等参数进行调整，如图 10-29 所示。

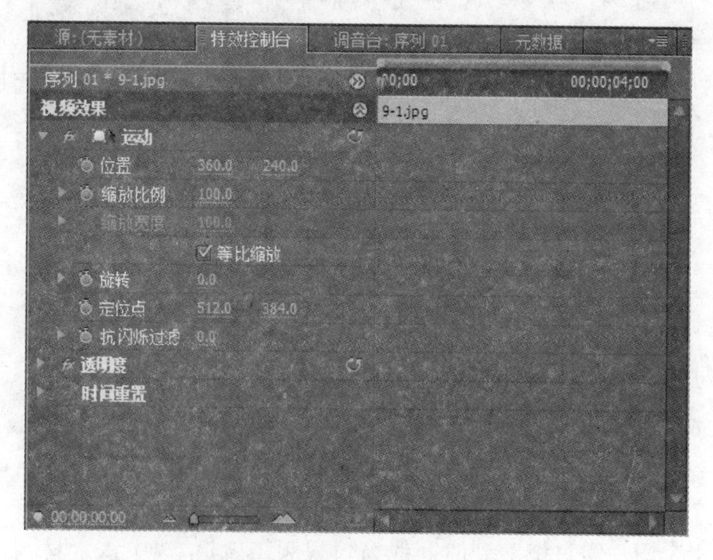


图 10-29 “特效控制台”面板

(4) 将时间梭放置在需要进行特效变化的起始位置，单击 位置 之前的圆点，建立第一个关键帧，如图 10-30 所示。

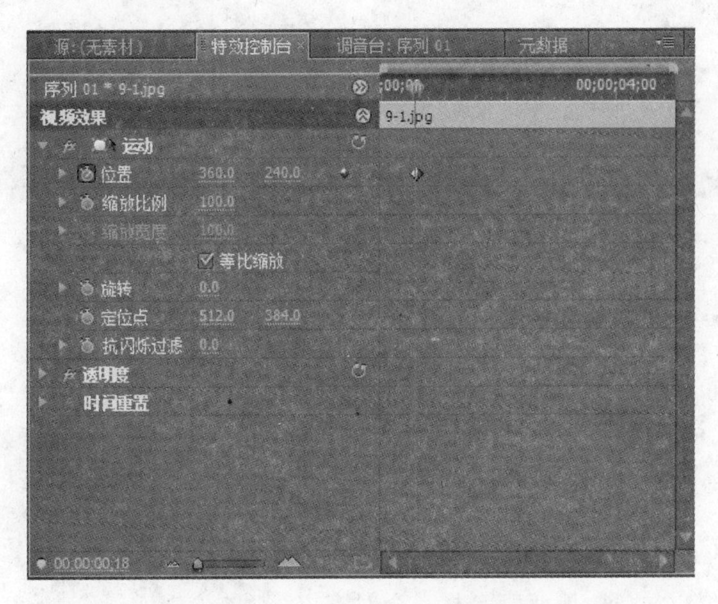


图 10-30　建立第一个关键帧

(5) 再将时间梭移动到特效结束的位置，直接对图片的参数进行修改，系统会自动生成一个关键帧，如图 10-31 所示。

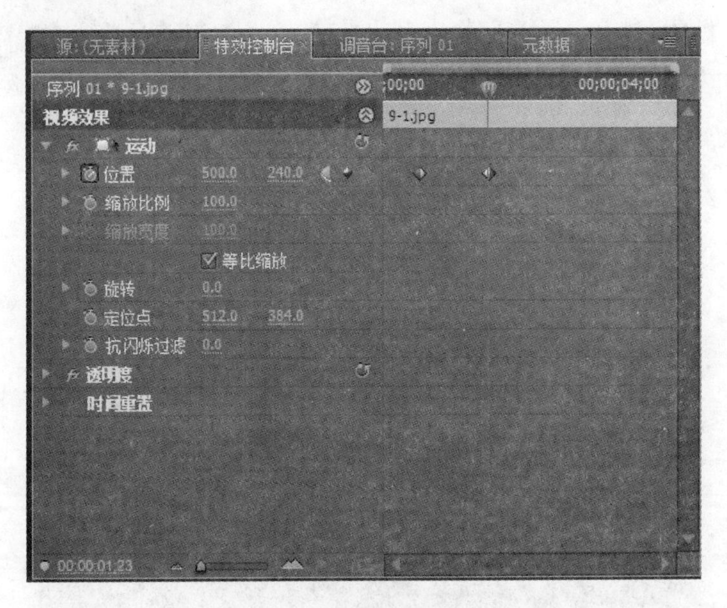


图 10-31　完成关键帧的建立

(6) 将时间梭放到起始位置，在节目监视器窗口中单击“播放”按钮，观察图片的运动特效，如图 10-32 所示。

图 10-32 图片运动特效

### 10.2.4 视频特效

Premiere Pro CS4 提供多种视频特效，使用视频特效可以给视频作品添加各种特殊效果。例如，调整影片色调、进行抠像、扭曲和风格化等。

**【实例 10.8】** 制作马赛克特效。

(1) 新建一个 Standard 48kHz 的 DV-PAL 格式项目。

(2) 将素材 Wildlife 拖动到视频 1 轨道，再拖动一份到视频 2 轨道，使两段素材完全对齐，如图 10-33 所示。

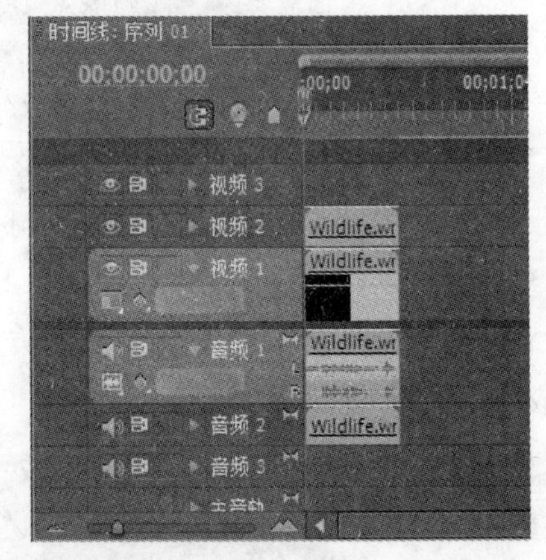


图 10-33 将素材拖动到视频 1、视频 2 轨道

(3) 打开“效果”面板，展开“视频特效”文件夹，再展开“风格化”子文件夹，将“马赛克”拖动到“视频 2”轨道上的素材上，“视频 2”轨道上的素材效果控制中多了一个“马赛克”，如图 10-34 所示。

(4) 返回“效果”面板，展开“视频特效”文件夹中的“变换”子文件夹，选择“裁剪”选项，将其拖动到“视频 2”轨道上，“视频 2”轨道上的素材效果控制中多了一个“裁剪”。

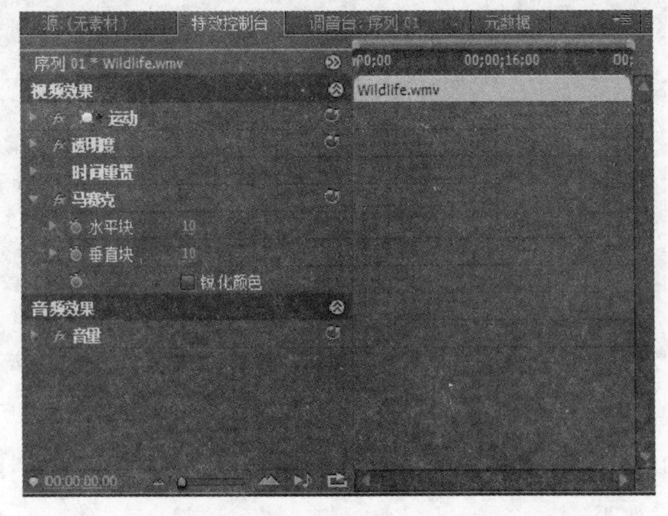


图 10-34 设置马赛克效果

(5) 打开“特效控制台”面板，展开“裁剪”文件夹，设置参数，如图 10-35 所示，使马赛克的部分遮住需要遮住的部分。

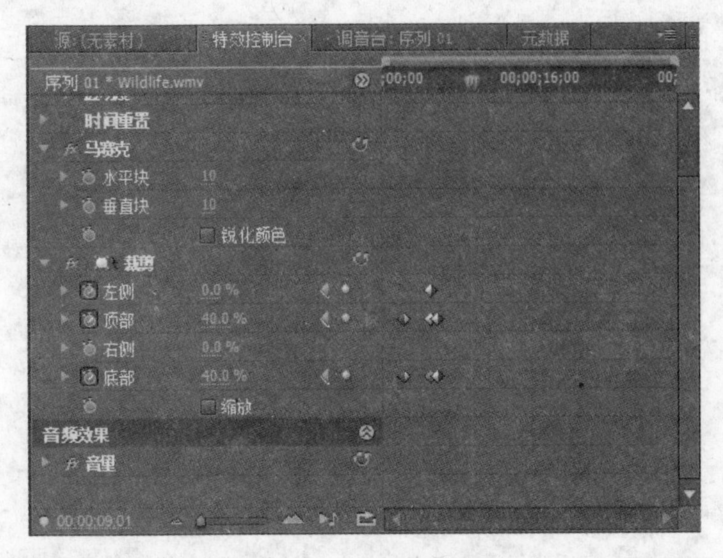


图 10-35　设置裁剪选项

(6) 效果如图 10-36 所示，导出文件。

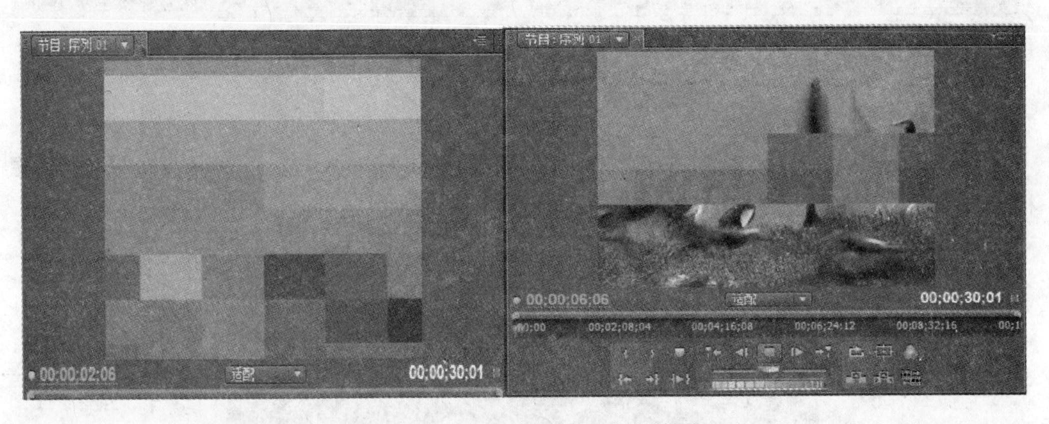


图 10-36　马赛克裁剪前后的效果

## 10.2.5　添加字幕

在视频素材中需要使用各种字幕，通过 Premiere Pro CS4 可以完成添加字幕，字幕是以一个单独的文件存放的，需要使用时加入项目中，产生字幕效果。

**【实例 10.9】** 为素材添加字幕。

(1) 新建一个 Standard 48kHz 的 DV-PAL 格式项目。

(2) 执行主菜单中的“文件”|“新建”|“字幕”命令，弹出“新建字幕”对话框，字幕名称为“字幕 1”，单击“确定”按钮，在字幕设计窗口中输入“Wildlife”，设置字体、大小、颜色等参数，如图 10-37 所示。关闭字幕设计窗口。

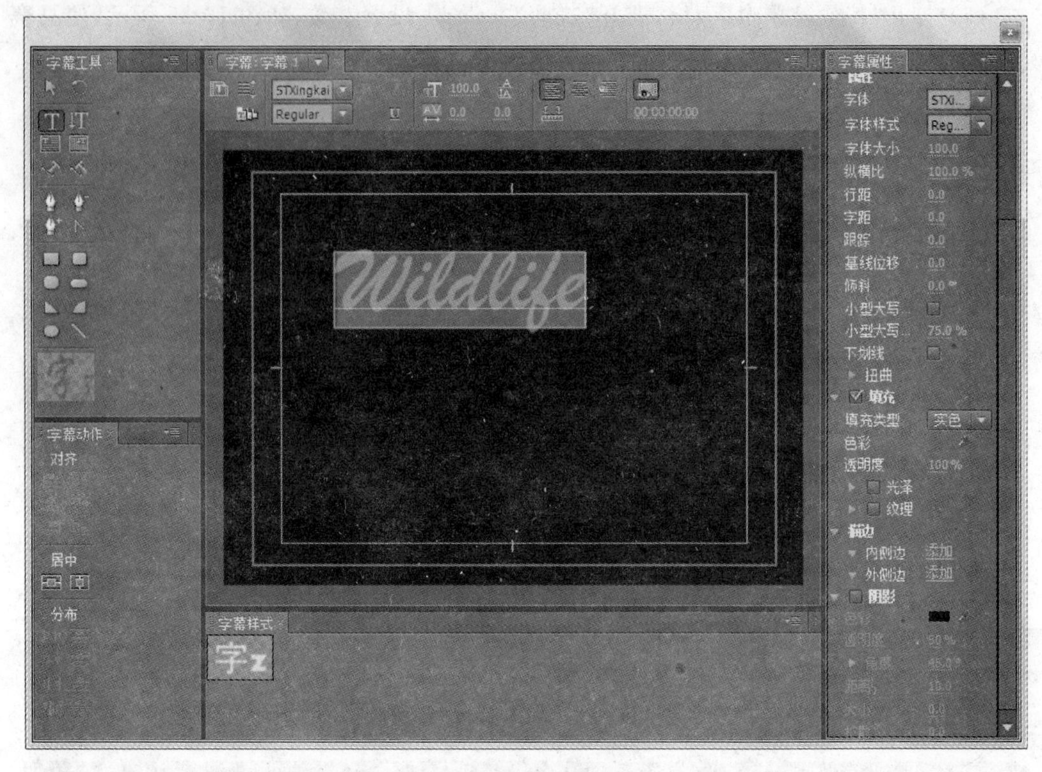

图 10-37 字幕设计

(3) 导入 Wildlife 素材,将该素材拖动到视频 1 轨道。

(4) 将字幕 1 文件拖动到视频 2 轨道,将鼠标指针指向字幕 1 文件结尾处,拖动鼠标,调整结束时间与 Wildlife 素材相同,如图 10-38 所示。

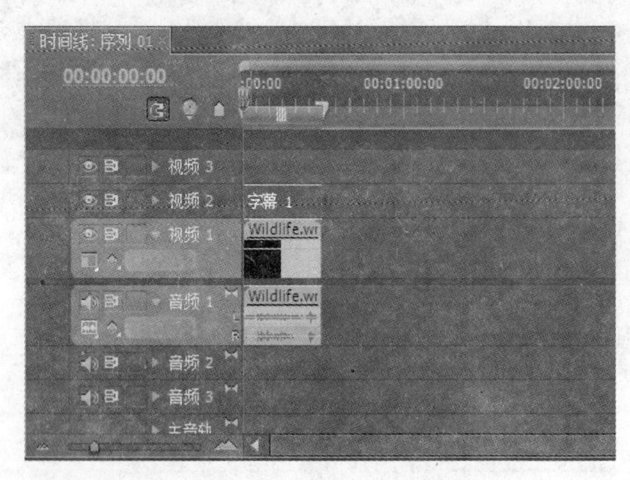

图 10-38 加入字幕文件的时间线

(5) 预览效果,如图 10-39 所示,导出文件。

图 10-39 添加字幕效果

### 10.2.6 音频编辑处理

在制作视频作品时,如果视频素材已带有音频,在重新添加新的音频时,需要先去除原来的音频部分,再添加新的音频。

**【实例 10.10】** 为素材重新添加新的音频。

(1) 新建一个 Standard 48kHz 的 DV-PAL 格式项目。

(2) 导入 Wildlife 素材,将素材拖动到视频 1 轨道。

(3) 在音频 1 轨道上右击,弹出快捷菜单,执行"解除视音频链接"命令,选择音频轨道 1 中的音频素材,右击,执行"清除"命令。

(4) 导入音频素材 Away. mp3,将其拖动到音频 1 轨道。

(5) 选择工具箱中的"剃刀工具",将音频 1 轨道中的音频素材在视频 1 轨道的视频结束位置切开,删除后面的音频素材,如图 10-40 所示。

(6) 预览效果,导出文件。

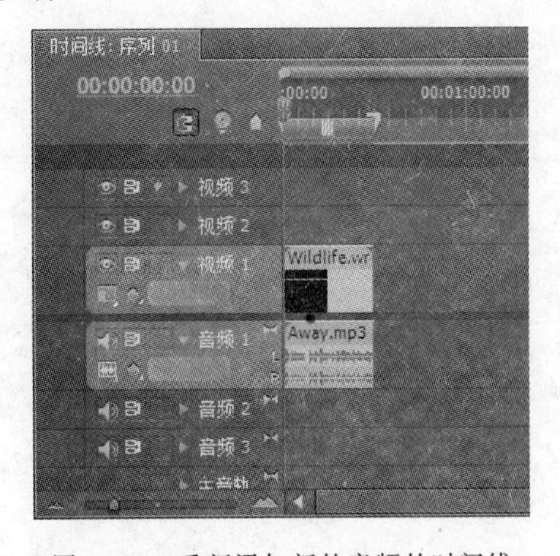


图 10-40 重新添加新的音频的时间线

### 10.2.7 调音台的使用

调音台主要用于对各轨道音频素材进行美化和调节音量大小。在特效控制台的旁边,打开“调音台”面板,也可以执行主菜单中的“窗口”|“调音台”命令,弹出“调音台”面板,如图 10-41 所示。在该面板中可以对素材进行高低音和音量的调整。

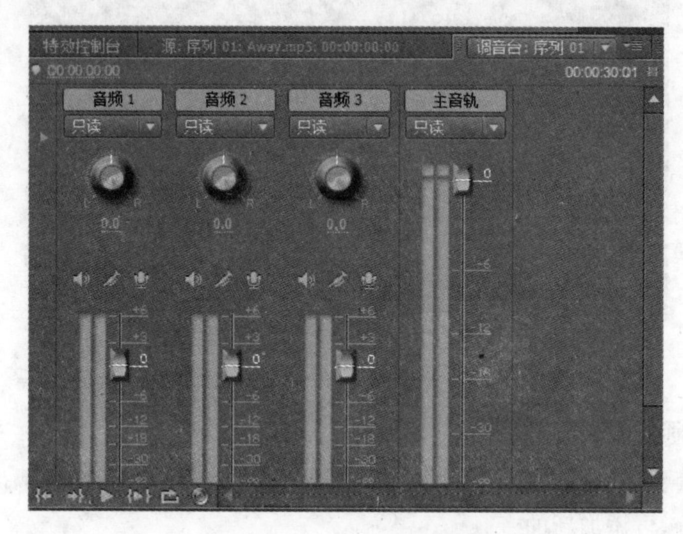


图 10-41 “调音台”面板

## 10.3 综合实训

1. 新建一个 Standard 48kHz 的 DV-PAL 格式项目。
2. 在 Premiere 中导入两段视频,裁剪视频使其持续时间分别为 30 秒和 50 秒。
3. 将两段视频拼接在一起,并在两段视频之间添加过渡效果。
4. 为视频添加字幕。
5. 去掉视频中的音频。
6. 为该视频重新添加新的音频。
7. 预览效果,导出文件。

# 第 11 章

# 动画制作软件 Adobe Flash Professional CS5.5

## 11.1 Adobe Flash Professional CS5.5 简介

Adobe Flash(原称 Macromedia Flash,简称 Flash),是美国 Macromedia 公司(现在已被 Adobe 公司收购)所设计的一种二维动画软件。通常包括 Adobe Flash,用于设计和编辑 Flash 文档;以及 Adobe Flash Player,用于播放 Flash 文档。

Flash 是一种网页设计和网页动画制作软件,它支持动画、声音和交互,具有强大的多媒体编辑功能;Flash 采用矢量技术,生成的文件容量小,适合网络传输;通用性好,在各种浏览器中都是统一的样式,播放插件小,容易下载和安装。使用 Flash 可以设计出引导时尚潮流的网站、动画、多媒体和互动影像。

### 11.1.1 Adobe Flash Professional CS5.5 的启动和退出

**1. 启动**

启动 Adobe Flash Professional CS5.5 可以通过下面两种方法。

(1) 通过桌面快捷图标启动 Adobe Flash Professional CS5.5。

(2) 通过"开始"菜单启动 Adobe Flash Professional CS5.5,操作过程是执行"开始"|"程序"|Adobe|Adobe Flash Professional CS5.5 命令。

通过以上两种方法之一启动 Adobe Flash Professional CS5.5,在"新建文档"对话框中选择 ActionScript 3.0 选项,进入 Adobe Flash Professional CS5.5 的工作界面。

**2. Adobe Flash Professional CS5.5 的退出**

退出 Adobe Flash Professional CS5.5 有以下 3 种方法。

(1) 单击程序主窗口右上角的关闭按钮。

(2) 执行"文件"菜单下的"退出"命令。

(3) 使用快捷方式:按 Alt+F4 键。

### 11.1.2 Adobe Flash Professional CS5.5 工作界面介绍

Adobe Flash Professional CS5.5 的工作界面如图 11-1 所示,包括菜单栏以及多种工具和面板,默认情况下,Adobe Flash Professional CS5.5 显示菜单栏、时间轴、舞台、"工具”面板、“属性”面板和其他几个面板。

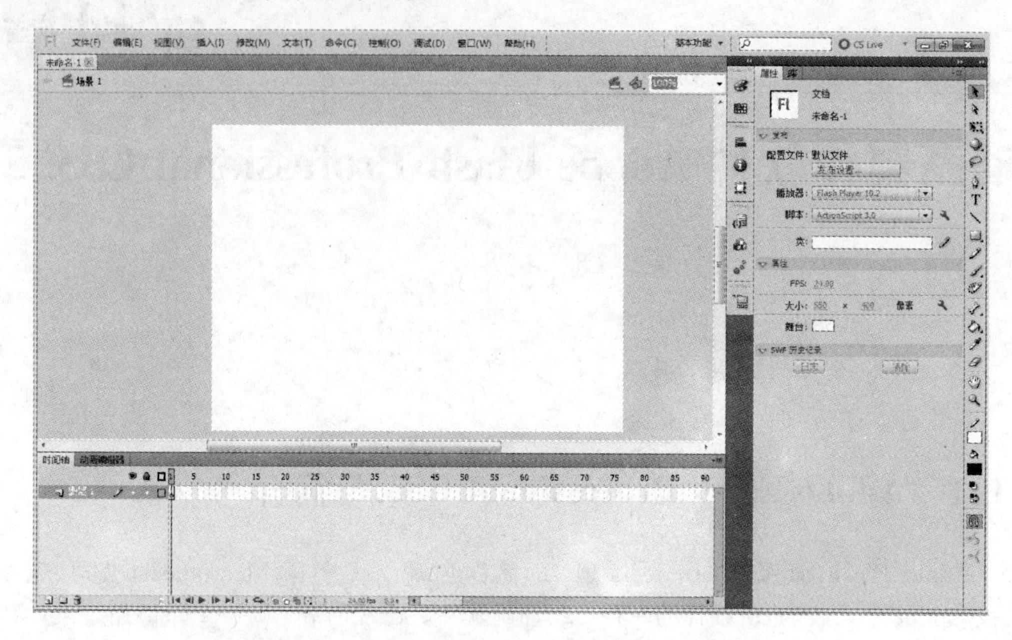


图 11-1 Adobe Flash Professional CS5.5 工作界面

**1. 舞台**

屏幕中间的大白色矩形称为舞台，如图 11-2 所示，是制作 Flash 的主要区域，舞台是播放影片时观众查看的区域，它包含出现在屏幕上的文本、图像和视频。默认情况下，用户将看到舞台外面的灰色区域，其中可以放置将不会被观众看到的部分。

图 11-2 舞台

**2. 时间轴**

时间轴位于舞台下面，如图 11-3 所示。Flash 文档以帧为单位度量时间，时间轴由各种帧和播放头组成，将动画内容存放在不同的帧中，在播放影片时，播放头在时间轴中向前移过帧，播放出各帧的内容最终形成连续的动画。在时间轴的底部，Flash 会指示所选的帧编号、当前帧速率和影片播放的时间。

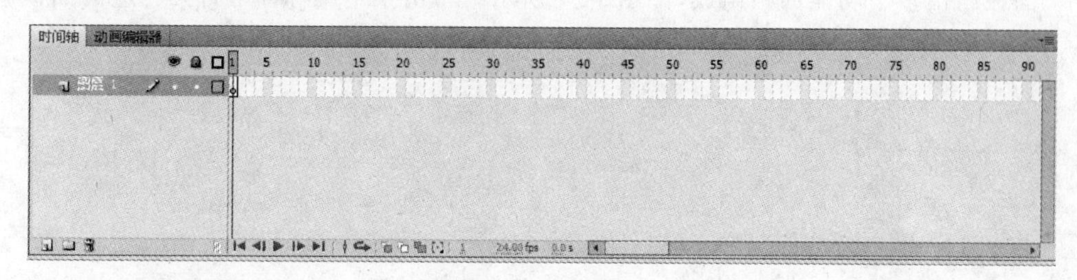


图 11-3　时间轴

**3. 属性面板**

属性面板允许用户快速访问最有可能需要的属性，如图 11-4 所示。属性面板中显示的内容依赖于选取的内容。例如，如果没有选取任何内容，则属性面板中将包括用于常规 Flash 文档的选项，包括更改舞台的颜色和尺寸；如果选取舞台上的某个对象，属性面板将会显示它的 X 坐标和 Y 坐标。

图 11-4　“属性”面板

**4. 工具箱**

工具箱包含选择工具、绘图和文字工具、着色和编辑工具、导航工具以及工具选项，如图 11-5 所示。工具箱是 Flash 中使用最频繁的一个面板，当选择一种工具时，可以检查位于工具箱底部的选项区域，了解更多选项以及适合于任务的其他设置。

**5. 库面板**

属性面板右边的选项卡就是库面板，如图 11-6 所示。库面板用于存储和组织在 Flash 中创建的元件和导入的文件，包括位图、图形、声音文件和视频剪辑。

**6. 面板组**

面板组由多个功能面板组成，如图 11-7 所示。单击某个图标即可打开相应的面板。

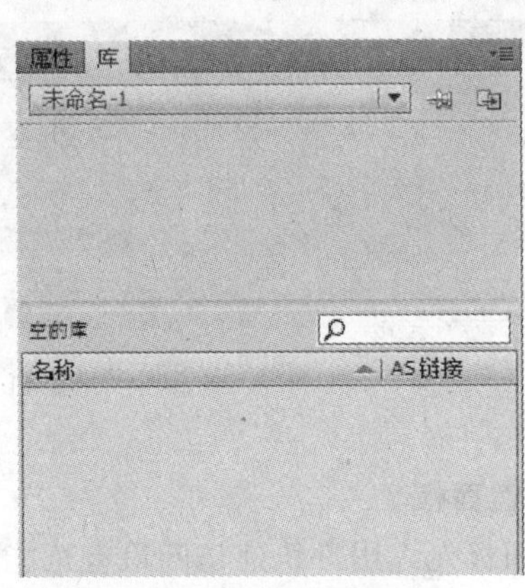


图 11-6 “库”面板

图 11-5 工具箱

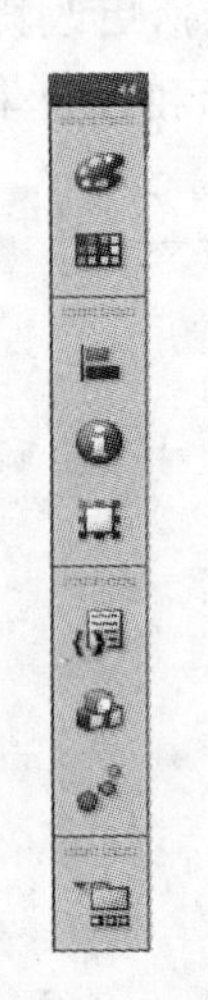

图 11-7 面板组

**7. 菜单栏**

菜单栏由“文件”、“编辑”、“视图”、“插入”、“修改”、“文本”、“命令”、“控制”、“调试”、“窗口”和“帮助”11 个菜单组成，包含了 Adobe Flash Professional CS5. 5 的各种命令和操作，如图 11-8 所示。

Fl 文件(F) 编辑(E) 视图(V) 插入(I) 修改(M) 文本(T) 命令(C) 控制(O) 调试(D) 窗口(W) 帮助(H)

图 11-8 菜单栏

“文件”菜单用于文件操作，如新建、打开和保存文件等。

“编辑”菜单用于动画内容的编辑操作，如复制、剪切和粘贴等。

“视图”菜单用于对开发环境进行外观和版式设置，包括放大、缩小、显示网格及辅助线等。

“插入”菜单用于插入性质的操作，如新建元件、插入场景和图层等。

“修改”菜单用于修改动画中的对象、场景甚至动画本身的特性，主要用于修改动画中各种对象的属性，如帧、图层、场景以及动画本身等。

“文本”菜单用于对文本的属性进行设置。

“命令”菜单用于对命令进行管理。

“控制”菜单用于对动画进行播放、控制和测试。

“调试”菜单用于对动画进行调试。

“窗口”菜单用于打开、关闭、组织和切换各种窗口面板。

“帮助”菜单用于快速获得帮助信息。

# 11.2 Adobe Flash Professional CS5.5 的基本操作

## 11.2.1 绘图基础

Flash 工具箱中的工具可以绘图、上色、选择和修改插图，便于在动画的制作过程中绘制各种线条和形状，还可以更改舞台的视图。工具箱分为以下 4 个部分。

“工具”区域包含绘图、上色和选择工具。

“查看”区域包含在应用程序窗口内进行缩放和平移的工具。

“颜色”区域包含用于笔触颜色和填充颜色的功能键。

“选项”区域包含用于当前所选工具的功能键。

选择工具的作用是选取或修改对象。该工具有 3 个选项：贴紧至对象、平滑和伸直。选择“贴紧至对象”选项，绘图、移动、旋转以及调整的对象将自动对齐；“平滑”选项对直线和开头进行平滑处理；“伸直”选项对直线和开头进行平直处理。

部分选取工具的作用是选择、移动和修改对象。

线条工具可以绘制不同的颜色、宽度、线型的直线。

任意变形工具可以对选定的对象进行缩放、旋转、扭曲、倾斜等操作。该工具有 4 个选项：旋转与倾斜、缩放、扭曲、封套。“旋转与倾斜”选项是对选中对象进行旋转或倾斜操作；“缩放”选项是对选中对象进行放大或缩小操作；“扭曲”选项是对选中对象进行扭曲操作；“封套”选项是对选中的对象进行精确的变形操作。

渐变变形工具用来修改图形对象中渐进色的方向、深度和中心位置等。

3D 旋转工具和 3D 平移工具用来在全局 3D 空间或局部 3D 空间中操作对象来创建 3D 效果。全局 3D 空间即为舞台空间，全局变形和平移与舞台相关。局部 3D 空间即为影片剪辑空间，局部变形和平移与影片剪辑空间相关。

套索工具用来选择对象的不规则区域，或选择位图中不同颜色的区域。选择套索工具后，选项部分可以设置套索工具使用魔术棒模式或多边形模式。魔术棒模式可根据颜色选择对象的不规则区域；多边形模式可以自由地选择多边形区域。

钢笔工具可以绘制连续线条与贝塞尔曲线，用钢笔工具绘制的不规则图形可以在任何时候重新调整。

文本工具T用来向场景中添加文本。

线条工具用于绘制直线。

椭圆工具、矩形工具、基本矩形工具、基本椭圆工具、多角星形工具可以创建这些基本几何形状。

铅笔工具可以绘制任何形状的线条。在选项部分可以选择线条类型，“伸直”选项用来绘制直线；“平滑”选项用来绘制平滑曲线，“墨水”选项用来绘制不用修改的手画线条。

刷子工具用来绘制形状随意的带有线型和填充的对象。在选项部分可以选择刷子的大小和形状。

喷涂刷工具的作用类似于粒子喷射器，可以一次将形状图案“刷”到舞台上。

Deco 工具可以对舞台上的选定对象应用效果。

骨骼工具用来创建影片剪辑的骨架或者是向量形状的骨架。

绑定工具是针对骨骼工具为单一图形添加骨骼而使用的。

颜料桶工具用来更改填充区域的颜色。该工具有空隙大小和锁定填充两个选项。“空隙大小”选项决定如何处理未完全封闭的轮廓；“锁定填充”选项决定 Flash 填充渐变的方式。

墨水瓶工具用来更改线条的颜色和样式。

滴管工具用来吸取某种对象颜色的管状工具。

橡皮擦工具可以完整或部分地擦除线条、填充及形状。该工具的选项中有擦除模式、水龙头和橡皮擦形状。“擦除模式”选项用于选择擦除图画区域的方式，包括标准擦除、擦除填色、擦除线条、擦除所选填充、内部擦除。标准擦除用于擦除同一层上的笔触和填充区域；擦除填色只擦除填充区域，不影响笔触；擦除线条只擦除笔触，不影响填充区域；擦除所选填充只擦除当前选定的填充区域，而不影响笔触；内部擦除只擦除橡皮擦笔触开始处的填充。“水龙头”选项可以快速擦除线条或填充颜色。“橡皮擦形状”选项用于设置橡皮擦的外形以进行精确的擦除。

手形工具用于移动工作区使其便于编辑，其功能相当于移动滚动条。

缩放工具用于调整工作区的显示比例，该工具有放大和缩小两个选项。

填充颜色工具用来改变填充的颜色。

**【实例 11.1】** 绘制笑脸。

(1) 新建一个文件。

(2) 选择工具箱中的“椭圆工具”，在“属性”面板中将笔触颜色设置为白色，填充颜色为黄色，如图 11-9 所示，在舞台中创建一个白色边框、黄色填充的圆。

(3) 将“属性”面板中的填充颜色设置为黑色，其他不变，在第(2)步创建的圆中再绘制两个小圆，如图 11-10 所示。

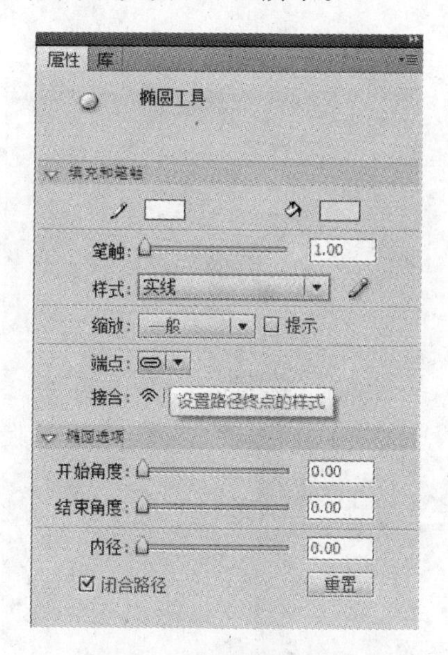


图 11-9　设置“属性”面板

图 11-10　绘制脸部

（4）选择工具箱中的“线条工具”，在眼睛下方绘制一条直线，使用“选择工具”指向直线，当鼠标右下角出现弧线标记时拖动鼠标，将直线修改为曲线作为嘴巴，如图 11-11 所示。

图 11-11　绘制笑脸

（5）保存文件。

**【实例 11.2】**　绘制树叶。

（1）新建一个文件。

（2）选择工具箱中的“线条工具”，在“属性”面板中，将笔触颜色设置为绿色，在舞台中绘制一条直线，如图 11-12 所示。

（3）使用“选择工具”指向该直线，当鼠标右下角出现弧线标记时拖动鼠标，将直线修改为曲线，如图 11-13 所示。

（4）选择工具箱中的“线条工具”，再绘制一条连接曲线两端点的直线，如图 11-14 所示。

（5）使用“选择工具”指向该直线，当鼠标右下角出现弧线标记时拖动鼠标，将直线修改为曲线，如图 11-15 所示。

（6）选择工具箱中的“线条工具”，再绘制一条连接两端点的直线，并将其修改为曲线，如图 11-16 所示。

（7）选择工具箱中的“线条工具”，绘制细小叶脉，并将其修改为曲线，如图 11-17 所示。

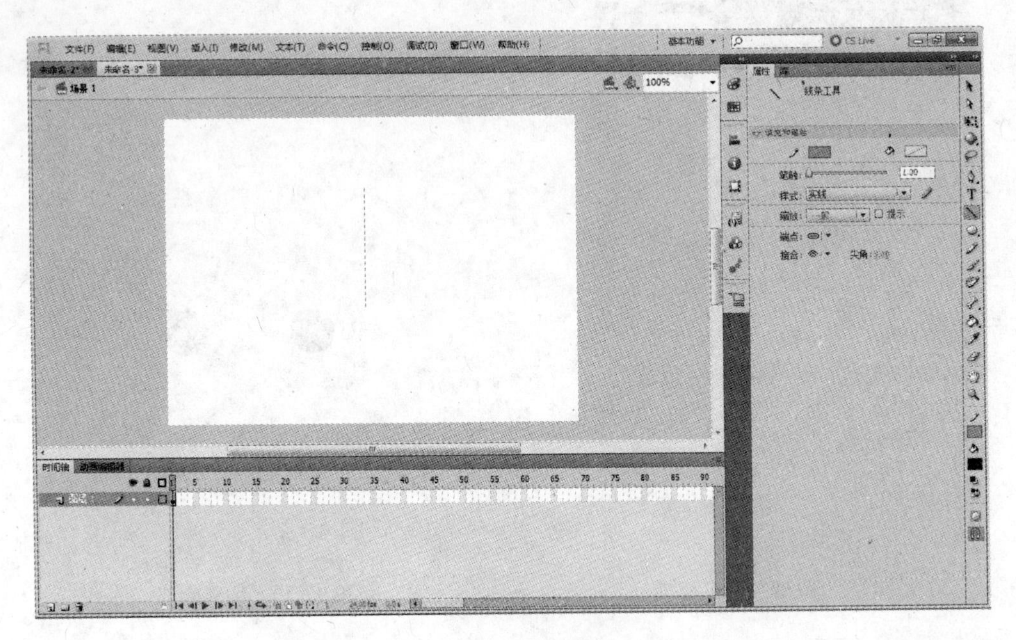


图 11-12　绘制线条

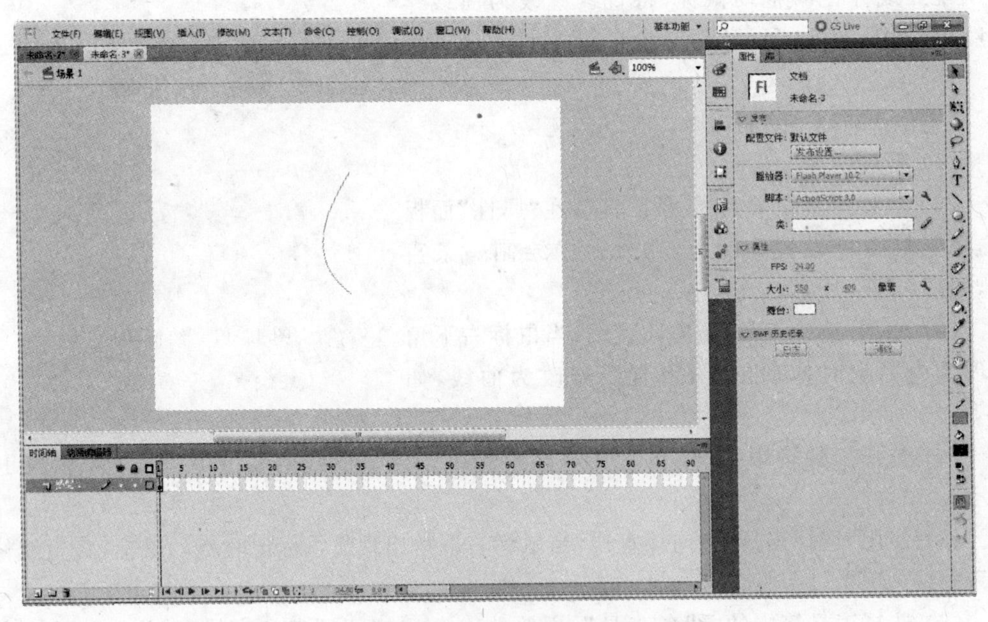


图 11-13　将直线修改为曲线

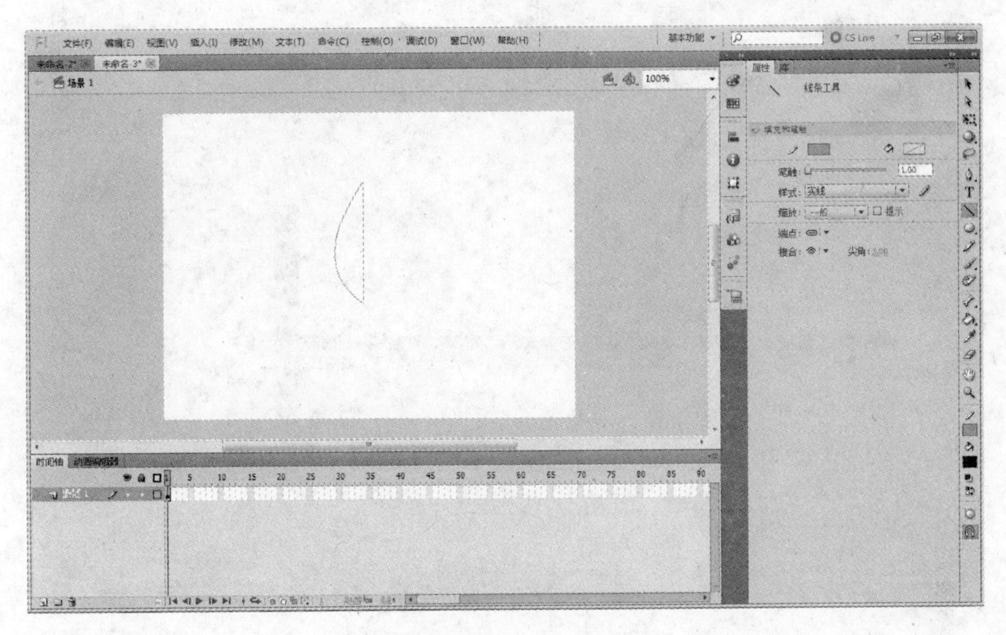


图 11-14　再绘制一条直线

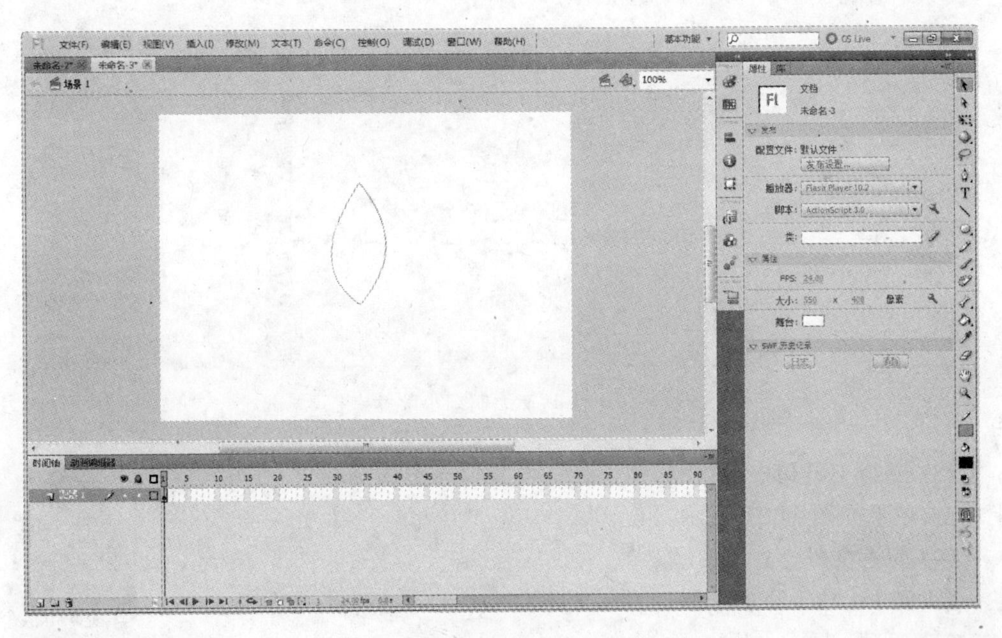


图 11-15　将直线修改为曲线

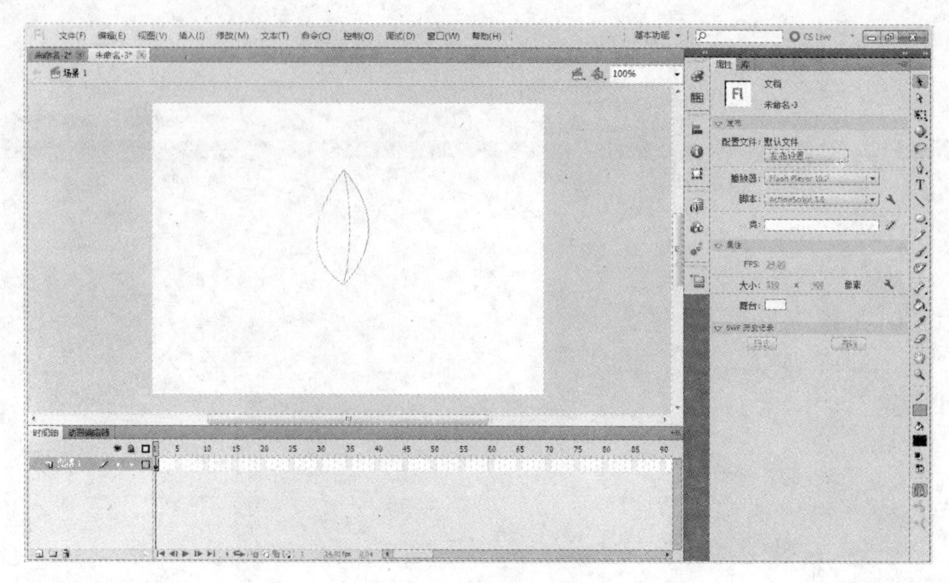

图 11-16 绘制叶脉

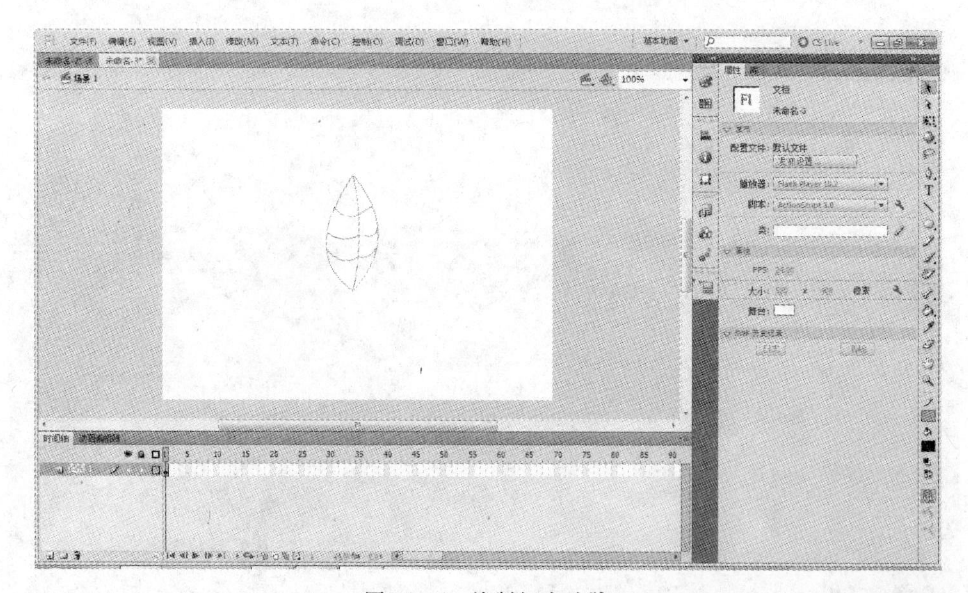

图 11-17 绘制细小叶脉

(8) 选择工具箱中的“颜料桶工具”,设置填充色为深绿色,在叶片上单击,效果如图 11-18 所示。

图 11-18 叶片效果

(9) 保存文件。

**【实例 11.3】** 绘制雨伞。

(1) 新建一个文件。

(2) 选择工具箱中的“椭圆工具”,在“属性”面板中将椭圆选项的开始角度和结束角度分别设置为 180 和 0,绘制一个半圆,如图 11-19 所示。

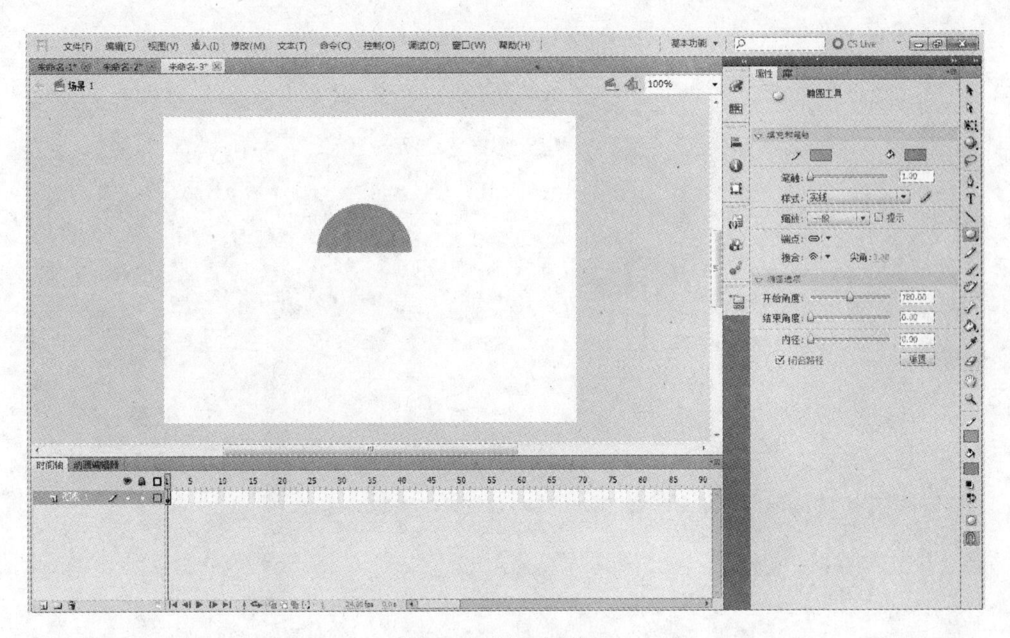


图 11-19　绘制半圆

(3) 选择工具箱中的“椭圆工具”，绘制 3 个大小相等的椭圆，如图 11-20 所示。

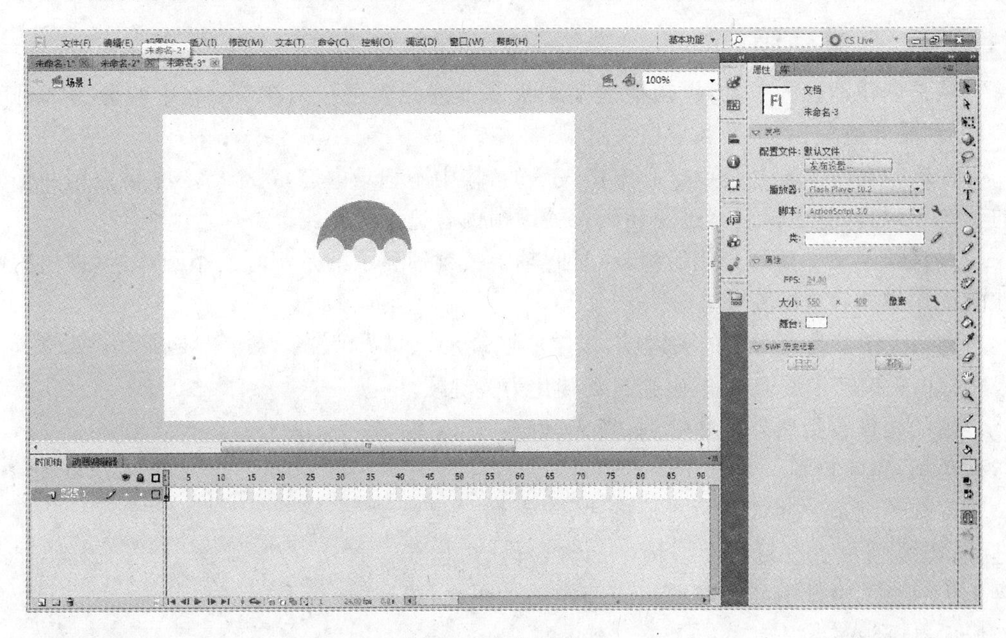


图 11-20　绘制椭圆

(4) 选中 3 个椭圆，按 Del 键删除。

(5) 选择工具箱中的“线条工具”，在“属性”面板中将笔触高度设置为 3，绘制线条作为伞柄，再绘制线条作为伞把。

(6) 选择工具箱中的“选择工具”，修改伞把为曲线，效果如图 11-21 所示。

(7) 保存文件。

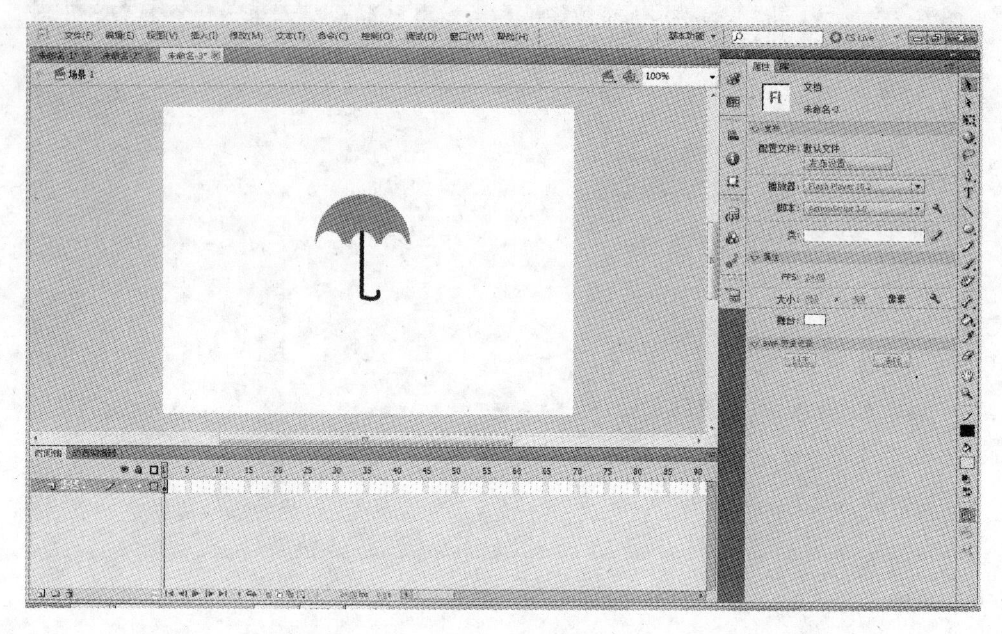


图 11-21 绘制伞的效果

## 11.2.2 逐帧动画

帧是创建动画的基础,也是构建动画最基本的元素之一。在 Flash 中帧分为 3 种类型,分别是普通帧、关键帧和空白关键帧。

普通帧在时间轴上是以空心方格表示的,帧中不记录内容,每个空心方格占用一个帧的动作和时间,普通帧起着过滤和延长关键帧内容显示的作用。

关键帧定义了动画变化的帧,在时间轴上关键帧显示的是实心的小圆球,呈现出关键性的动作或内容上的变化。

空白关键帧是无内容的关键帧,以空心圆表示,如果在空白关键帧中添加对象,它会自动转化为关键帧。

帧的操作包括选择帧和帧列,插入帧,复制、粘贴与移动帧,删除帧等。

逐帧动画是一种常见的动画形式,每一帧都是关键帧,需要用户更改影片每一帧中的舞台内容,然后将一个一个关键帧中的内容按时间顺序播放出来,进而形成动画效果。

**【实例 11.4】** 制作打字动画。

(1) 新建一个文件。

(2) 选择工具箱中的"文本工具",在舞台中输入"F",选择输入的文字对象,在"属性"面板中设置字体、字号、颜色等属性,如图 11-22 所示。

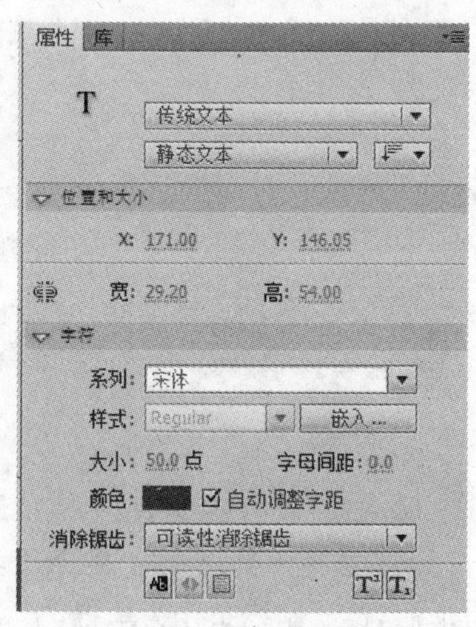


图 11-22 设置文字属性

(3) 在第 2 帧处右击，在弹出的快捷菜单中选择“插入关键帧”选项，使用“文本工具”在“F”后面输入字母“l”。

(4) 重复第(3)步操作，在第 3、4、5 帧建立关键帧，分别输入字母“a”、“s”、“h”，效果如图 11-23 所示。

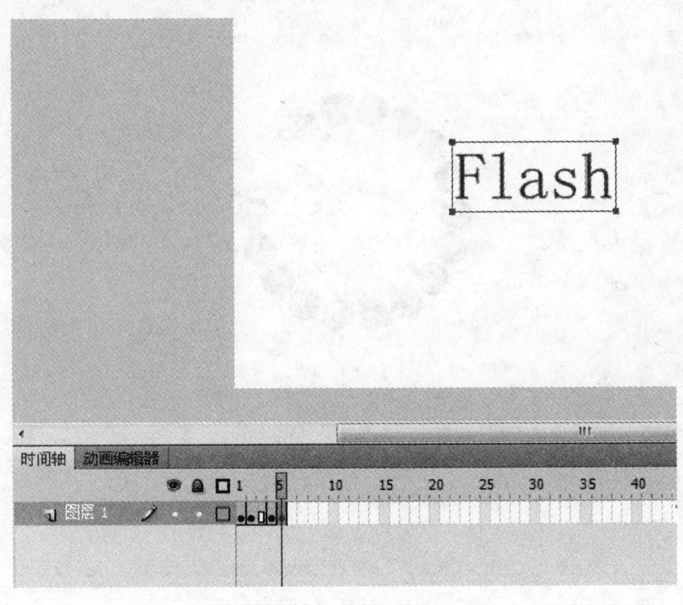


图 11-23　打字效果

(5) 按 Ctrl+Enter 键测试动画。

(6) 保存文件。

**【实例 11.5】** 制作彩色灯泡亮起来的效果。

(1) 新建一个文件。

(2) 选择工具箱中的“椭圆工具”，在“属性”面板中将填充颜色关闭，笔触颜色设置为黑色，笔触高度设置为 35，笔触样式设置为点状线，如图 11-24 所示。

(3) 在舞台中绘制一个正圆，选择该圆，执行主菜单中的“修改”|“形状”|“将线条转换为填充”命令，如图 11-25 所示。

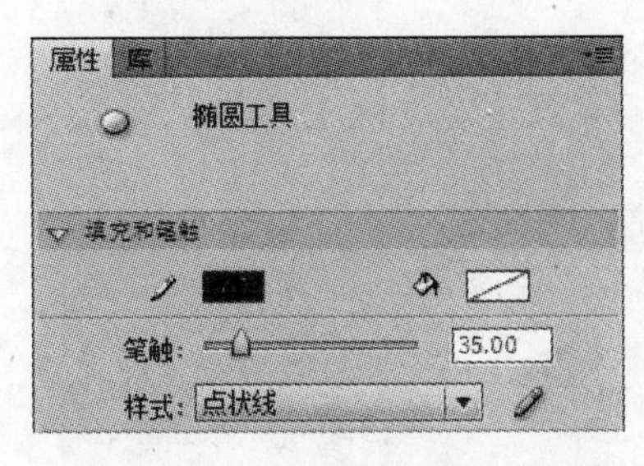


图 11-24　“椭圆工具”属性设置

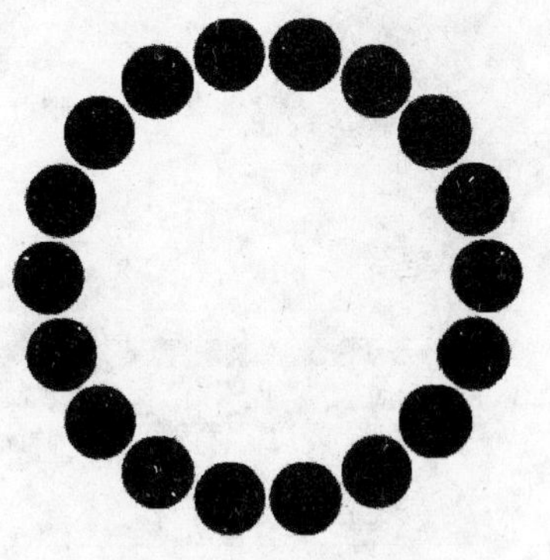

图 11-25　绘制圆

(4) 在时间轴的第 2 帧上插入关键帧,将第 1 帧的内容复制到当前帧,选择工具箱中的"选择工具",单击舞台中的空白处,选择工具箱中的"颜料桶工具",在"属性"面板中选择黄色,单击圆点改变颜色,如图 11-26 所示。

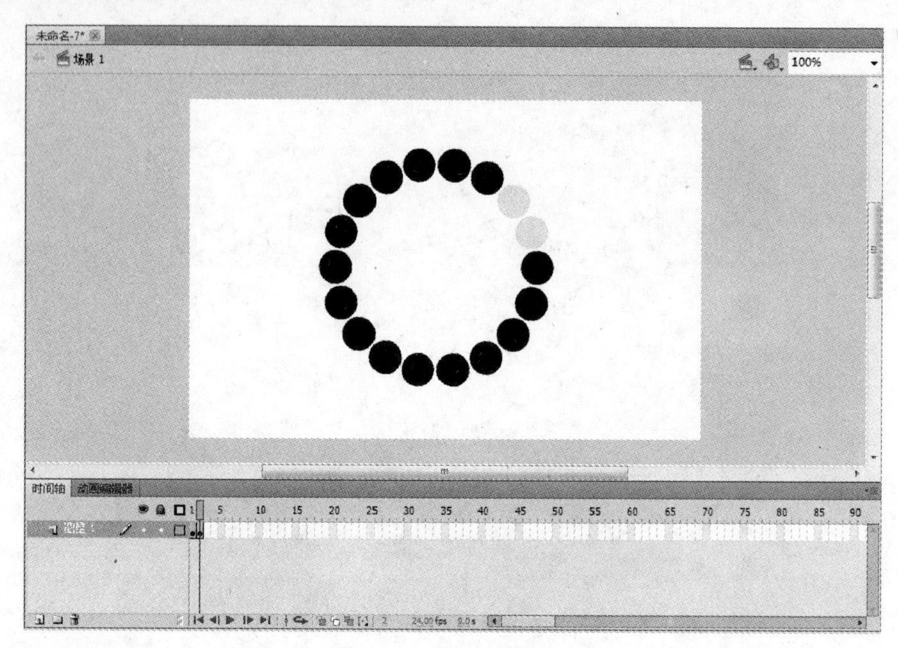


图 11-26　第 2 帧的效果

(5) 后面每一帧都插入关键帧,用"颜料桶工具"改变各个圆点的颜色,最终效果如图 11-27 所示。

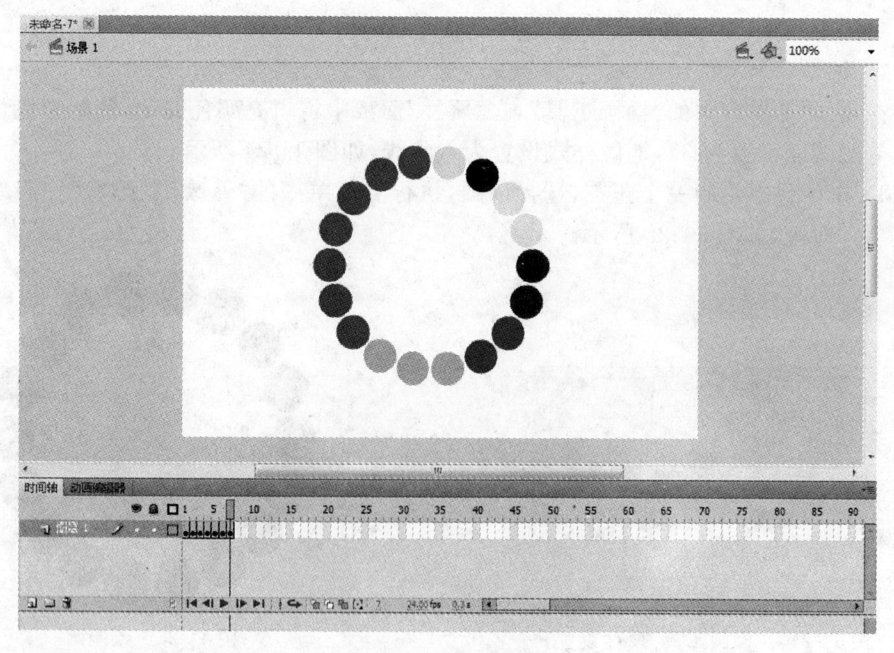


图 11-27　最终效果

（6）按 Ctrl＋Enter 键测试动画，彩色灯泡逐一亮起。

（7）保存文件。

### 11.2.3　动画补间动画

动画补间动画是 Flash 补间动画的一种。在起始帧为一个对象定义位置、大小及旋转角度等属性，然后在结束帧改变这些属性，从而由这些变化产生动画。

**【实例 11.6】**　制作小球下落的效果。

（1）新建一个文件。

（2）选择工具箱中的“椭圆工具”，关闭笔触颜色，创建一个无边框的正圆，使用“颜料桶工具”设置径向渐变颜色作为填充，单击圆形中下方，使其具有立体圆球效果，如图 11-28 所示。

图 11-28　绘制小球

（3）单击时间轴上的第 25 帧，插入关键帧，将小球往下移动，如图 11-29 所示。

（4）在 1～25 帧之间的任意一帧上右击，在弹出的快捷菜单中选择“创建传统补间”选项，创建传统补间动画效果，如图 11-30 所示。

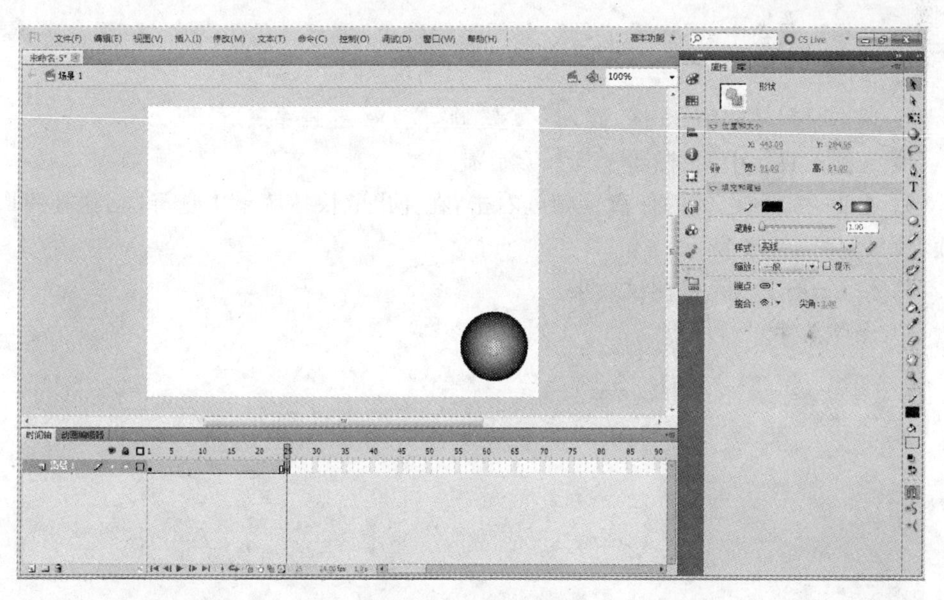


图 11-29　移动小球

（5）按 Ctrl＋Enter 键测试动画，小球下落运动。

（6）保存文件。

### 11.2.4　形状补间动画

形状补间动画是 Flash 动画中又一种常用的动画。在时间轴的两个关键帧之间制作出图形变形效果，让一种形状可以随时间变化成另一种形状。

**【实例 11.7】**　制作一个矩形变成圆形的动画。

（1）新建一个文件。

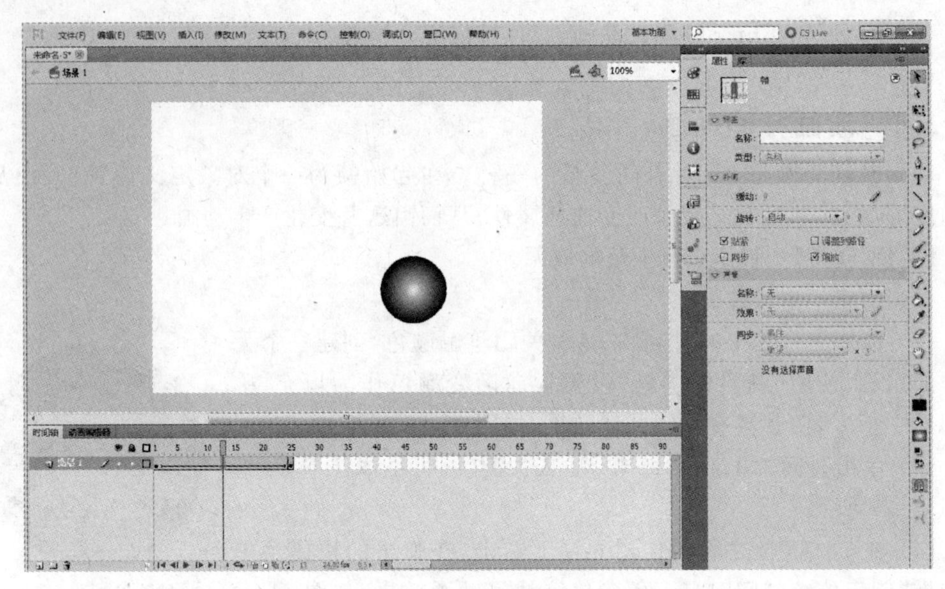

图 11-30 创建传统补间动画

(2) 选择工具箱中的“矩形工具”，关闭笔触颜色，填充颜色为黄色，在舞台中绘制一个矩形。

(3) 单击时间轴的第 25 帧，插入一关键帧，按 Del 键删除矩形。

(4) 选择工具箱中的“椭圆工具”，绘制圆。

(5) 在 1～25 帧之间的任意一帧处右击，在弹出的快捷菜单中选择“创建补间形状”选项，效果如图 11-31 所示。

(6) 按 Ctrl＋Enter 键测试效果。

(7) 保存文件。

图 11-31 创建补间形状

【**实例 11.8**】 制作图片变形效果。

(1) 新建一个文件,导入一幅图片。

(2) 单击时间轴的第 30 帧,插入一关键帧,效果如图 11-32 所示。

图 11-32　插入关键帧

(3) 按 Ctrl+B 键分离图片,选择工具箱中的"任意变形工具",单击此图片,调整图片大小。

(4) 在 1～30 帧之间的任意一帧处右击,在弹出的快捷菜单中选择"创建补间形状"选项,效果如图 11-33 所示。

图 11-33　创建补间形状动画

(5) 按 Ctrl+Enter 键测试效果。

(6) 保存文件。

**说明**：在形状补间动画中，起始帧和结束帧放置的必须是形状，其他形式的对象需要先分离再进行变形动画的设置。

### 11.2.5 引导层动画

Flash 中通过使用引导层动画来实现曲线运动。利用运动引导层绘制路径，将某个图层链接到该运动引导层，使得图层中包含的对象沿着所绘制的路径运动，实现自由路径动画效果。引导层动画需要一个“引导层”和一个“被引导层”。“引导层”是用来指示对象运行的路径的，“被引导层”中的对象沿着引导线运动，一般是影片剪辑、按钮和文字等，不能是形状。

**【实例 11.9】** 制作纸飞机飞行的效果。

(1) 新建一个文件。

(2) 选择工具箱中的“线条工具”，在舞台上绘制一架纸飞机，如图 11-34。

(3) 选择工具箱中的“颜料桶工具”，为纸飞机填充上颜色。

(4) 选中整个纸飞机，在被选中的纸飞机上右击，在弹出的快捷菜单中选择“转换为元件”选项，弹出“转换为元件”对话框，类型选择“图形”，名称默认为“元件 1”，如图 11-35 所示，单击“确定”按钮。

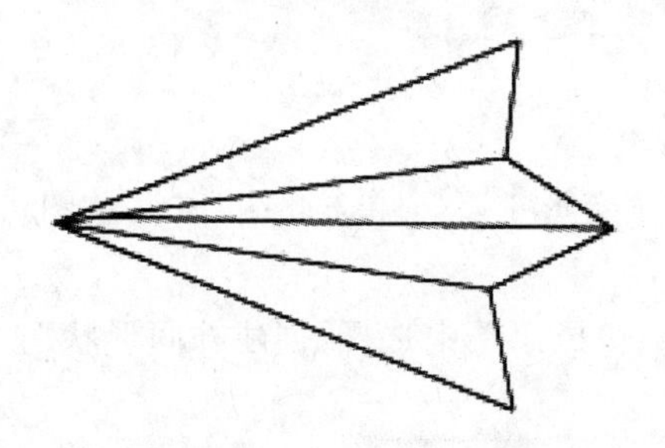

图 11-34 绘制纸飞机

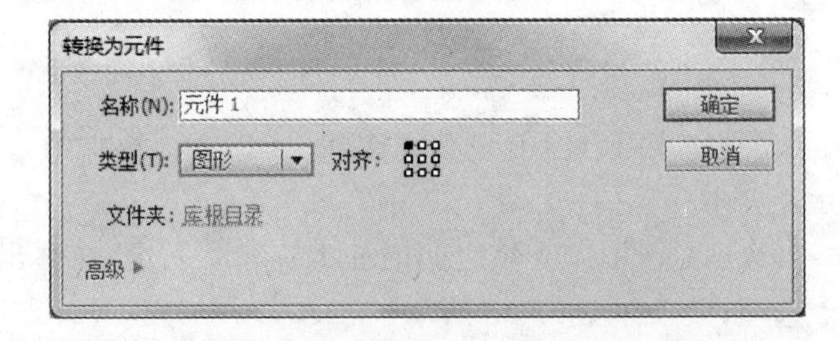


图 11-35 “转换为元件”对话框

(5) 在时间轴的第 25 帧插入关键帧，在时间轴上右击，在弹出的快捷菜单中选择“添加传统运动引导层”选项，在图层 1 的上方添加一个引导层，如图 11-36 所示。

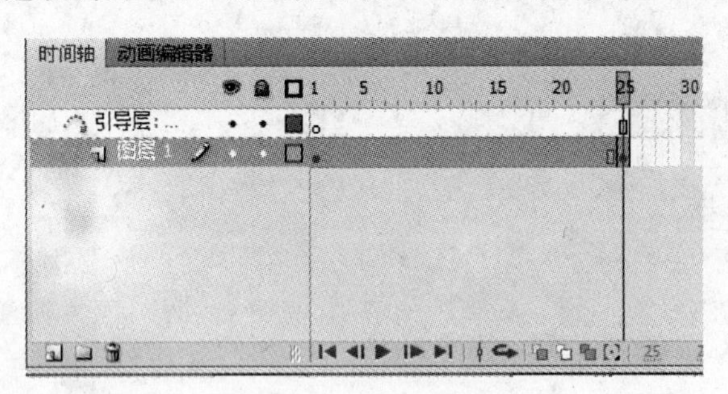


图 11-36 建立引导层

(6) 单击选中引导层，选择工具箱中的“铅笔工具”，并在其选项中选择“平滑”选项，在舞台上绘制一条平滑的曲线作为纸飞机的飞行路径，如图 11-37 所示。

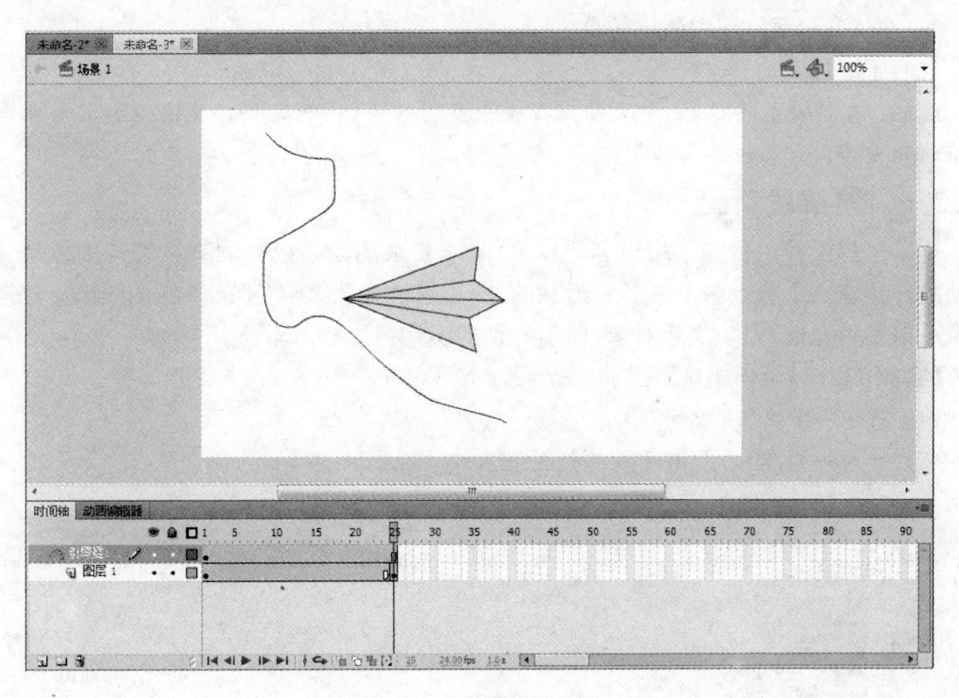


图 11-37 绘制飞行路径

(7) 单击图层 1 的第 1 帧，选择工具箱中的“选择工具”，将纸飞机移至曲线的起始端，然后单击图层 1 的第 25 帧，用同样的方法将纸飞机移至曲线的终止端。

(8) 在图层 1 的 1～25 帧之间的任意一帧处右击，在弹出的快捷菜单中选择“创建传统补间”选项，效果如图 11-38 所示。

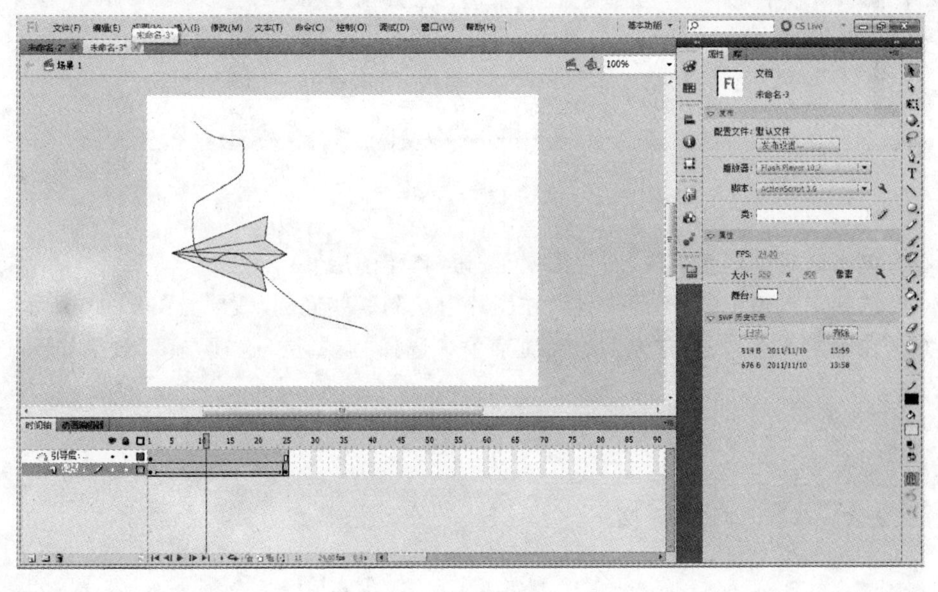


图 11-38 创建传统补间

(9) 按 Ctrl+Enter 键测试效果。

(10) 保存文件。

**说明**：在移动纸飞机时，中央会出现一个空心的小圆，一定要将其空心小圆与曲线的起始端相重合。

### 11.2.6　遮罩层动画

遮罩层用于控制被遮罩层内容的显示，制作复杂的动画以达到某种特殊的效果。遮罩动画好比在一个板上打上了各种形状的孔，透过这些孔，可以看到下面的图层。遮罩的对象可以是填充的形状、文字对象、图形元件的实例或影片剪辑。

**【实例 11.10】**　创建遮罩层动画效果。

(1) 新建一个文件。

(2) 导入一幅图片，调整图片的位置和大小，如图 11-39 所示。

图 11-39　导入图片

(3) 单击时间轴面板下的“新建图层”按钮，新建图层 2。

(4) 选择工具箱中的“椭圆工具”，在图片上绘制一些椭圆，效果如图 11-40 所示。

(5) 在图层 2 上右击，在弹出的快捷菜单中选择“遮罩层”选项，遮罩效果如图 11-41 所示。

(6) 按 Ctrl+Enter 键测试效果。

(7) 保存文件。

**【实例 11.11】**　创建遮罩文字。

(1) 新建一个文件。

(2) 在图层 1 的第 1 帧中创建一个渐变颜色的椭圆，在 1～25 帧之间创建椭圆从左到右运动的动画。

图 11-40　绘制椭圆

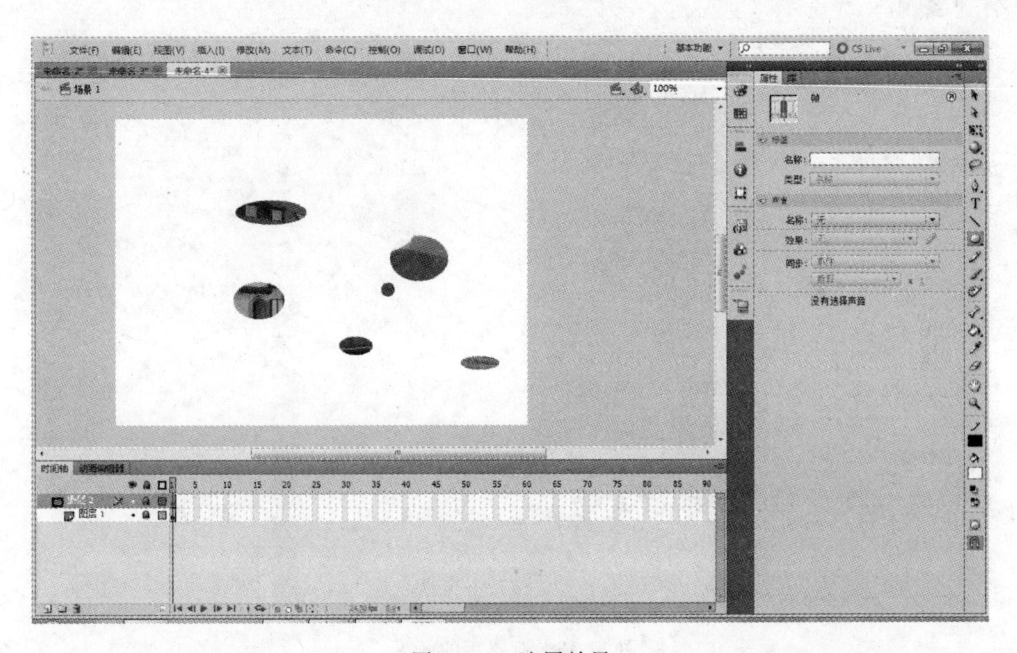


图 11-41　遮罩效果

(3) 新建图层 2,输入文字“遮罩”,颜色为黑色,效果如图 11-42 所示。

(4) 在图层 2 上右击,在弹出的快捷菜单中选择“遮罩层”选项,产生遮罩效果,如图 11-43 所示。

(5) 按 Ctrl+Enter 键测试效果。

(6) 保存文件。

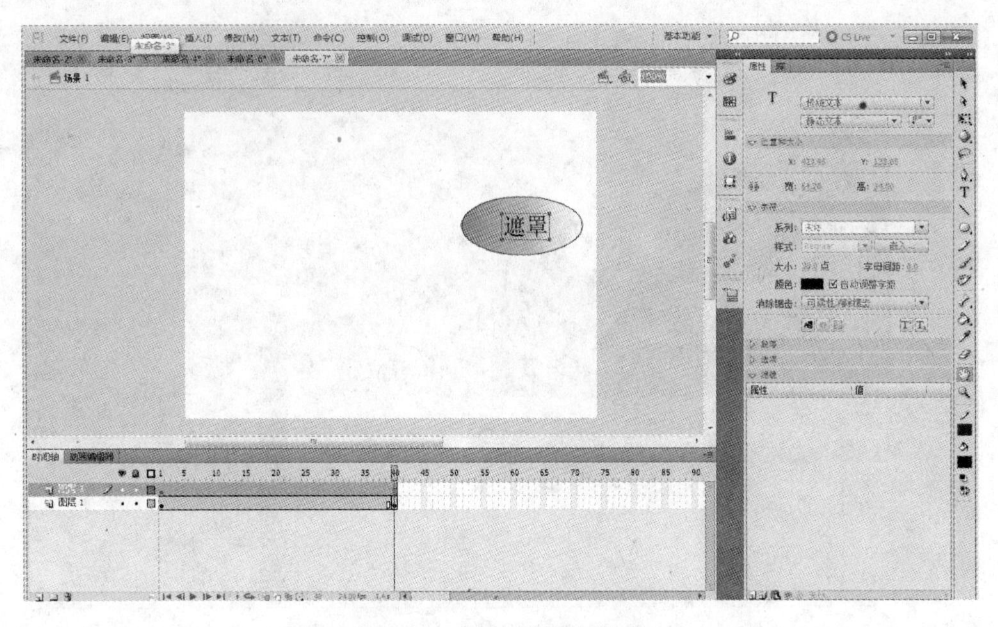


图 11-42　遮罩前的图层效果

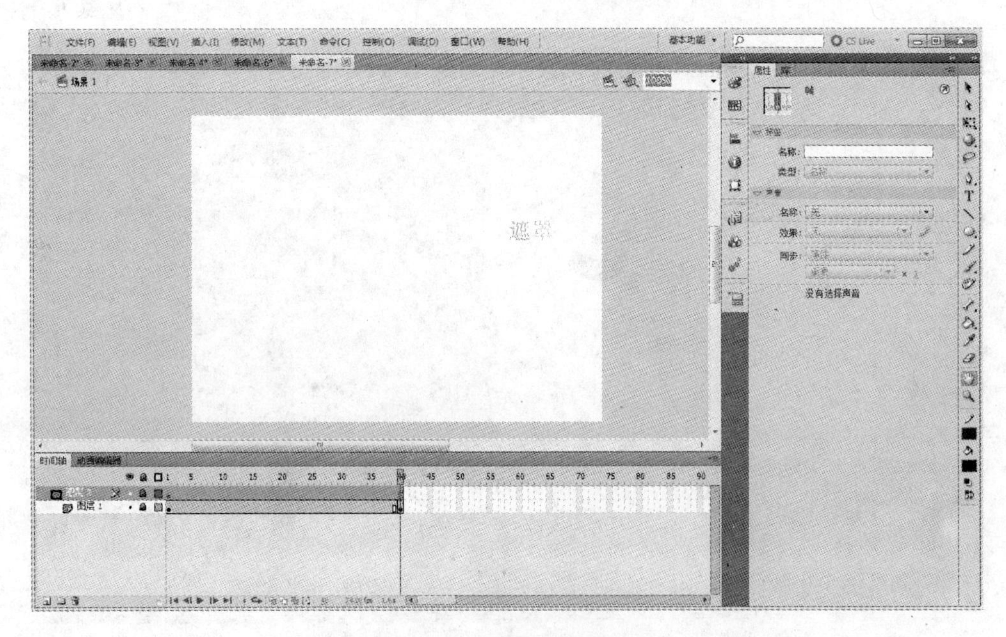


图 11-43　遮罩后的效果

### 11.2.7　元件

元件是指可以重复使用的图形、按钮或动画，在“属性”面板中可以设置元件的亮度、色度和透明度等。使用元件使得动画制作更为简单、动画文件大小明显减小、播放速度显著提高。元件分为 3 种类型，分别是图形元件、影片剪辑元件和按钮元件。

图形元件主要用于创建动画中的静态图像或动画片断，图形元件与时间轴同步运行，不能使用交互式控件和声音。

影片剪辑元件用于创建可重复使用的动画片断，独立于主时间轴播放，可以使用音频、交互式控件和其他影片剪辑。

按钮元件用于创建交互式按钮，按钮的状态分 4 种：弹起、指针经过、按下和点击，可以根据按钮可能出现的每一种状态显示不同的图像、响应鼠标动作和执行指定的行为。

**【实例 11.12】** 制作镜像效果。

(1) 新建一个文件。

(2) 执行主菜单中的“插入”|“新建元件”命令，弹出“创建新元件”对话框，设置元件类型为“图形”，名称为“元件 1”，如图 11-44 所示，单击“确定”按钮。

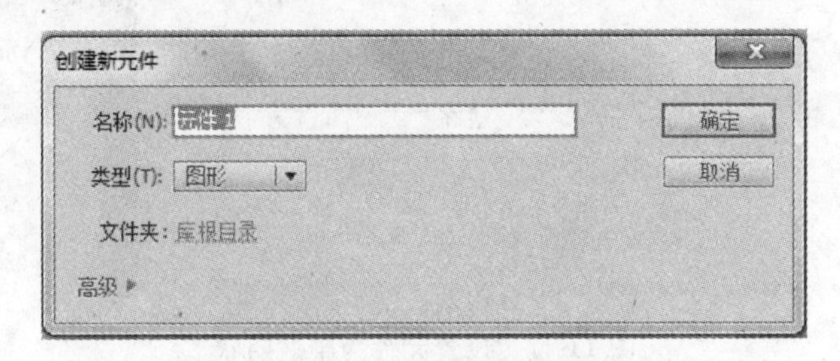


图 11-44　“创建新元件”对话框

(3) 在舞台中输入大写字母 Y，字号为 100，颜色为黑色。

(4) 单击“场景 1”，回到场景 1 的编辑界面，打开“库”面板，如图 11-45 所示。

(5) 将“元件 1”拖动两个到舞台中，选择其中一个 A，执行主菜单中的“修改”|“变形”|“垂直翻转”命令，将 A 垂直翻转过来，调整好两个字母上下对齐，如图 11-46 所示。

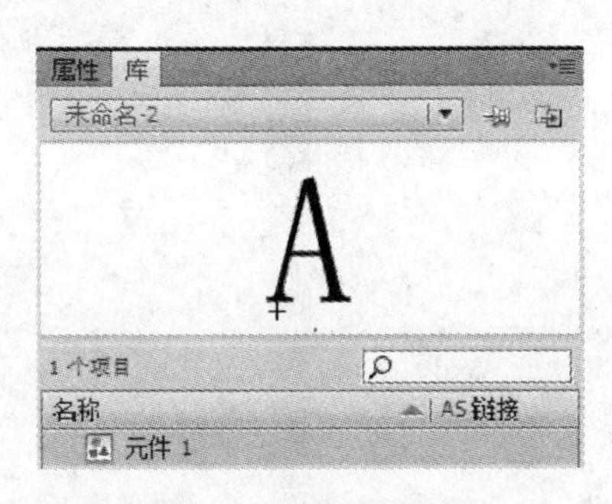

图 11-45　“库”面板　　图 11-46　两个元件摆放位置

(6) 选择下方的字母 A，在“属性”面板中打开“色彩效果”选项，样式中选择 Alpha，将透明度调整好，使得下方的字母 A 半透明，如图 11-47 所示。

(7) 双击“库”面板中的元件 1，进入“元件 1”的编辑状态，将字母 A 改成字母 B，单击“场景 1”，回到场景 1，字母 A 已变成字母 B 了，如图 11-48 所示。

(8) 保存文件。

**说明**：通过修改元件，即可完成所有实例的修改。

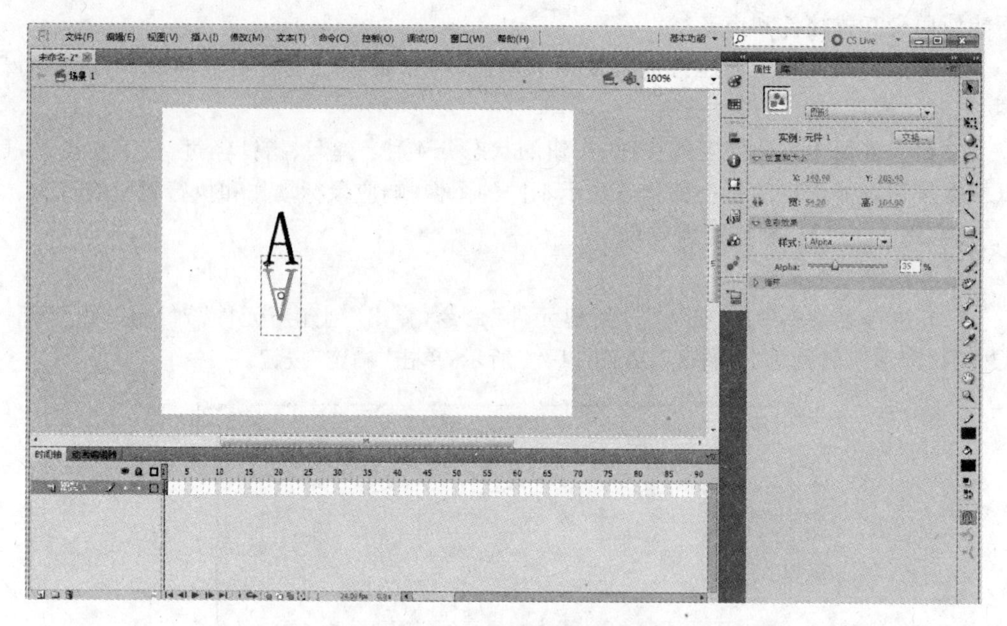


图 11-47 设置元件为半透明状

图 11-48 修改元件

**【实例 11.13】** 闪烁的五角星。

(1) 新建一个文件。

(2) 执行主菜单中的“插入”|“新建元件”命令，在“创建新元件”对话框中设置名称为“元件 1”，类型为“影片剪辑”，如图 11-49 所示，单击“确定”按钮。

(3) 选择工具箱中的“多角星形工具”▢，打开“属性”面板中的“工具设置”选项，单

击“选项”按钮，弹出“工具设置”对话框，将样式设置为星形，如图 11-50 所示，单击“确定”按钮，

图 11-49　“创建新元件”对话框　　　图 11-50　“工具设置”对话框

(4) 在元件窗口的第 1 帧创建一个五角星，在第 5 帧插入一个空白关键帧，在第 7 帧插入帧，产生五角星闪烁效果，如图 11-51 所示。

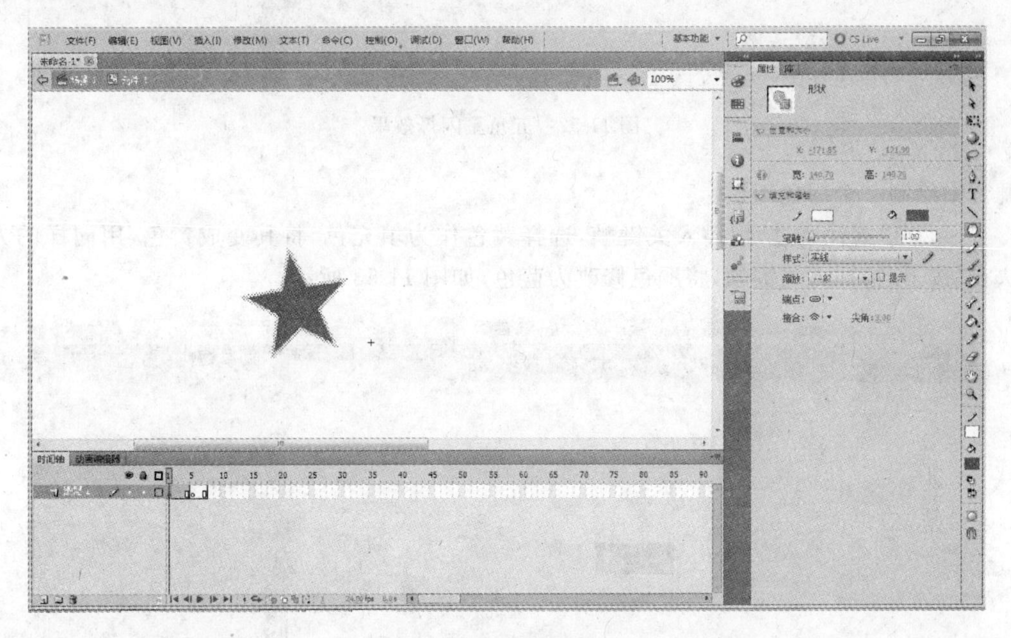


图 11-51　五角星元件

(5) 单击“场景 1”，回到场景 1 的编辑界面，打开“库”面板，将库面板中的元件 1 拖动到场景中图层 1 的第 1 帧中，如图 11-52 所示。

(6) 按 Ctrl+Enter 键测试效果。

(7) 保存文件。

**【实例 11.14】** 创建按钮元件。

(1) 新建一个文件。

(2) 执行主菜单中的“插入”|“新建元件”命令，在“创建新元件”对话框中设置名称为“元件 1”，类型为“按钮”，单击“确定”按钮。

(3) 选择工具箱中的“矩形工具”，将笔触颜色设置为黑色，填充颜色设置为绿色，在

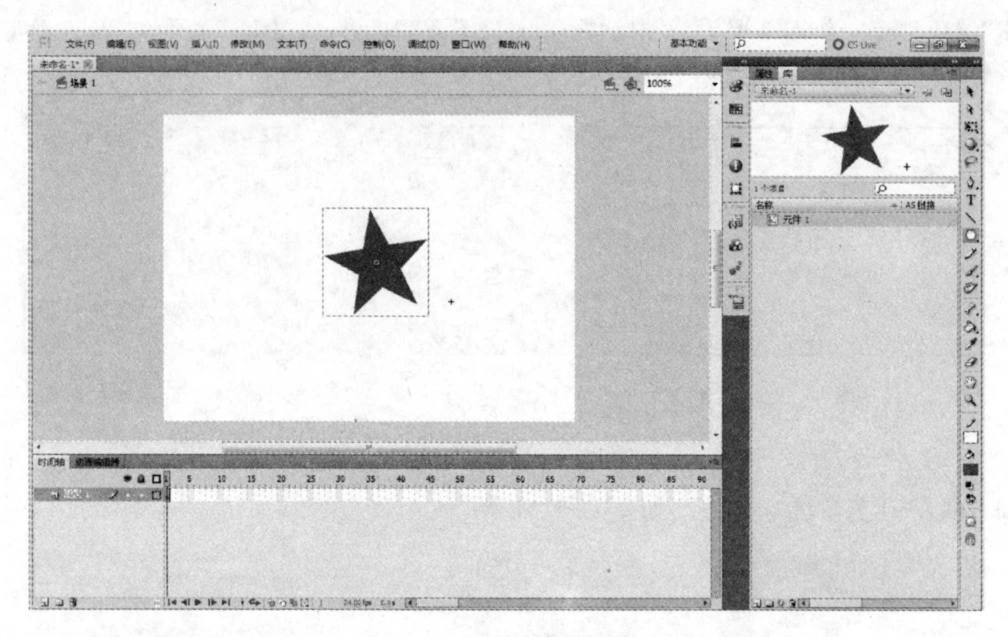

图 11-52 五角星闪烁效果

舞台中绘制一个绿色矩形。

(4) 在“指针经过”帧插入关键帧,选择黄色作为填充色,将其变成黄色,用同样的方法在“按下”帧插入关键帧,将颜色修改为蓝色,如图 11-53 所示。

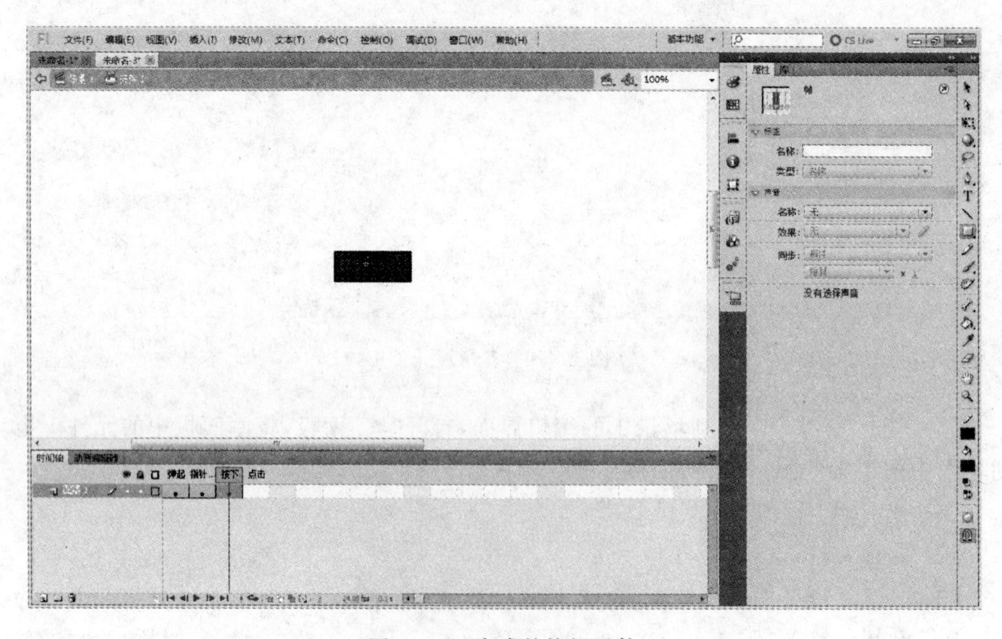

图 11-53 完成的按钮元件

(5) 单击“场景 1”,回到场景 1 的编辑界面,打开“库”面板,将“库”面板中的元件 1 拖动到场景中图层 1 的第 1 帧中,如图 11-54 所示。

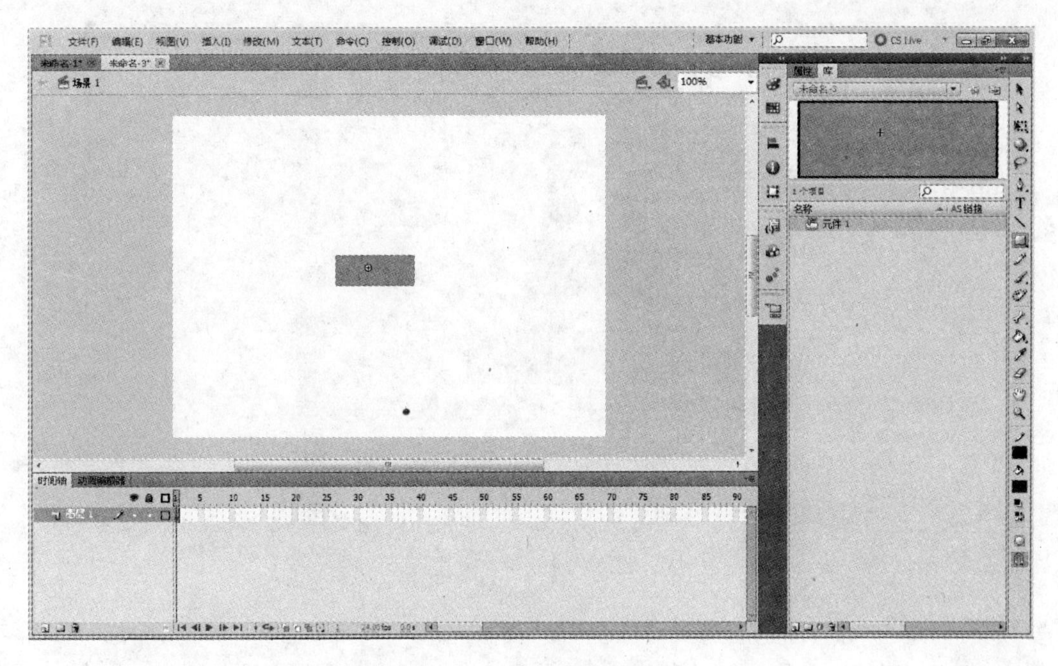

图 11-54　按钮元件的效果

(6) 按 Ctrl+Enter 键测试效果。

(7) 保存文件。

## 11.2.8　添加声音

声音对于动画来说是必不可少的。在 Flash 中可以直接引用的有 WAV 和 MP3 两种音频格式的文件，AIFF 和 AU 格式的音频文件使用效率不是很高。

要在 Flash 中使用声音，需要先将声音导入到库中。

**【实例 11.15】** 导入音频文件。

(1) 新建一个文件。

(2) 执行主菜单中的“文件”|“导入”|“导入到库”命令，弹出“导入到库”对话框，选择要导入的音频文件，单击“打开”按钮，文件导入到“库”面板中，如图 11-55 所示。

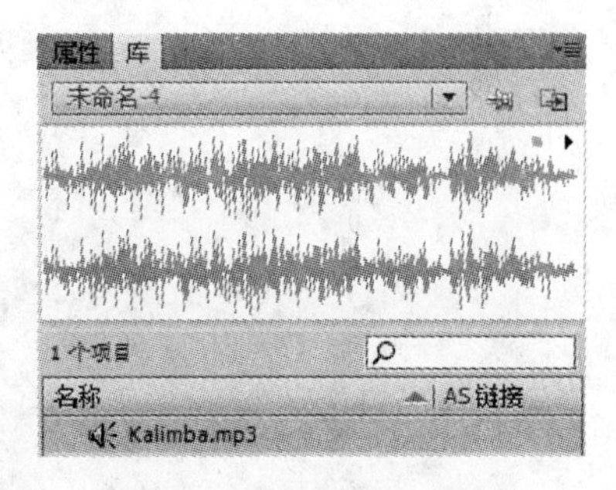


图 11-55　导入声音文件

(3) 在“库”面板中选中需导入的音频文件，单击时间轴的第 5 帧，将音频文件拖动到舞台，完成音频的导入。

**【实例 11.16】** 为图片添加声音。

(1) 新建一个文件。

(2) 执行主菜单中的“文件”|“导入”|“导入到舞台”命令，弹出“导入”对话框，选择要导入的图片，单击“打开”按钮，导入图片，调整图片位置，如图 11-56 所示。

(3) 执行主菜单中的“文件”|“导入”|“导入到库”命令，弹出“导入到库”对话框，选择

图 11-56　导入图片

音频文件，单击“打开”按钮，将其导入到“库”面板，如图 11-57 所示。

(4) 单击时间轴面板底部的“新建图层”按钮，新建一个图层 2，在“库”面板中将音频文件拖入到图片中，如图 11-58 所示。

(5) 单击图层 2 的第 1 帧，将“属性”面板中的“同步”下方的“重复”设置为循环，如图 11-59 所示。

(6) 按 Ctrl+Enter 键测试效果。

(7) 保存文件。

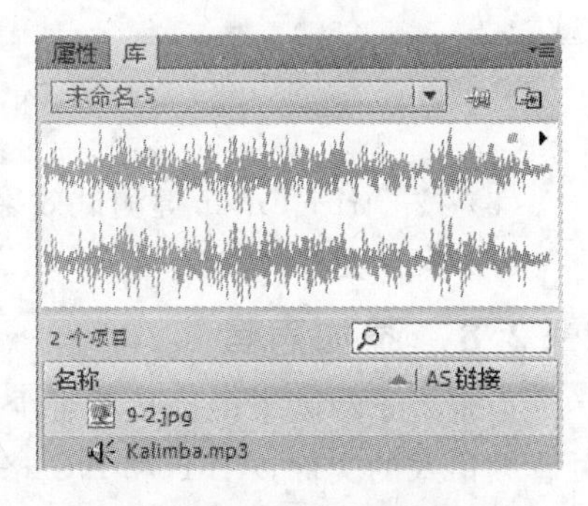


图 11-57　“库”面板

图 11-58　拖入音频文件

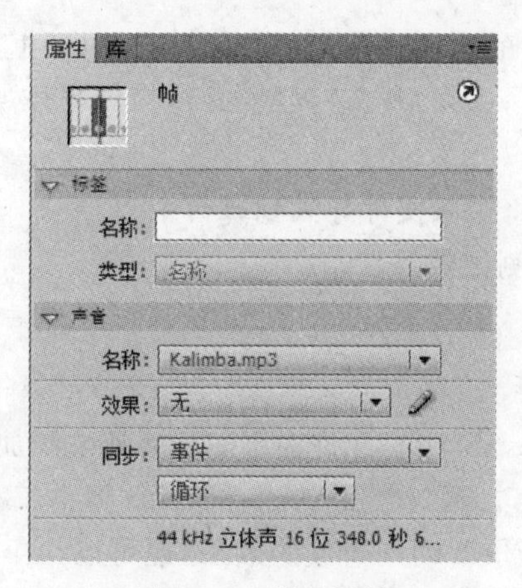


图 11-59　设置属性

## 11.2.9　导入视频

制作 Flash 作品时，有时需要导入视频文件。如果在系统上安装了 QucikTime 4 以上版本或者 DirectX 7 以上版本，则可以导入各种文件格式的视频剪辑，如 AVI、MPG/MPEG、MOV、ASF 等视频格式文件。

**【实例 11.17】** 导入视频文件。

(1) 新建一个文件。

(2) 执行主菜单中的“文件”|“导入”|“导入视频”命令，弹出“导入视频”对话框，如图 11-60 所示。

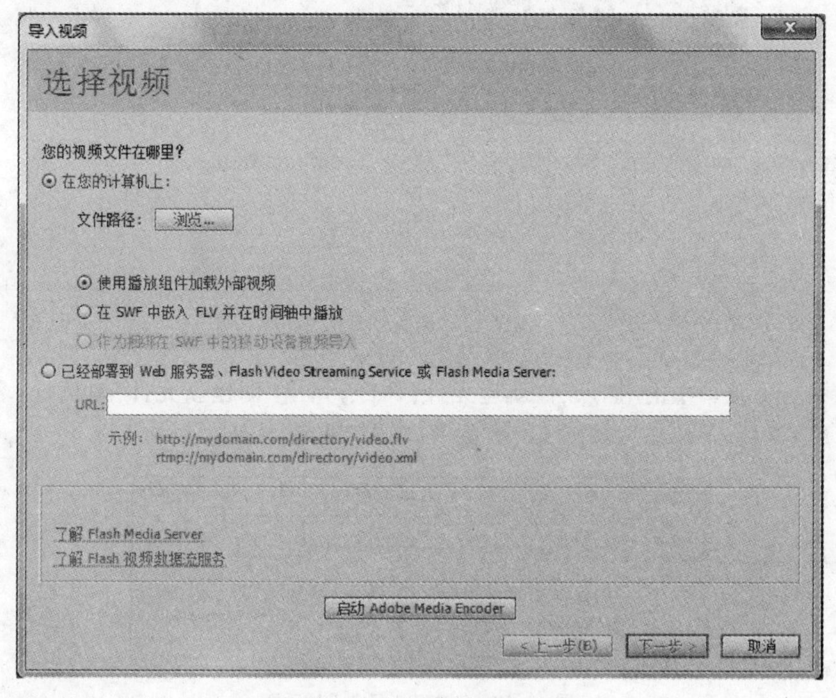


图 11-60　“导入视频”对话框

(3) 单击“文件路径”后的“浏览”按钮，弹出“打开”对话框，选择要导入的视频文件。

(4) 单击“下一步”按钮，进入“外观”界面，设置颜色和外观，单击“下一步”按钮，进入“完成”界面。

(5) 单击“完成”按钮，将视频文件导入到舞台中。

(6) 按 Ctrl＋Enter 键测试效果。

(7) 保存文件。

### 11.2.10 ActionScript

ActionScript 类似于 JavaScript，允许向 Flash 动画中添加更多的交互性，是 Flash 使用的一种动作描述编程语言。通过使用 ActionScript 脚本编程，可以实现根据运行时间和加载数据等事件来控制 Flash 动画播放的效果，还可以给 Flash 动画添加交互性，使之能够响应按键、单击等操作。

**【实例 11.18】** 创建链接至清华大学出版社的动画效果。

(1) 新建一个 ActionScript 2.0 的文档。

(2) 导入一幅图片，调整图片大小，效果如图 11-61 所示。

图 11-61 调整图片大小

(3) 执行主菜单中的“插入”|“新建元件”命令，弹出“创建新元件”对话框，名称修改为“button”，类型为“按钮”，如图 11-62 所示，单击“确定”按钮。

图 11-62 “创建新元件”对话框

(4) 选择工具箱中的“矩形工具”,绘制一个矩形。

(5) 返回场景 1,新建一个图层 2,将新建的按钮元件“button”拖入到文档中适当的位置,如图 11-63 所示。

图 11-63　拖入按钮

(6) 选中按钮元件,打开“动作”面板,输入以下代码,如图 11-64 所示。

```
on (release){
    getURL("http://www.tup.tsinghua.edu.cn/");}
```

(7) 按 Ctrl+Enter 键测试效果,保存文件,效果如图 11-65 所示。

## 11.2.11　动画的发布与导出

动画制作完成后,当需要和别人共享影片时,可以在 Flash 中发布它。对于大多数项目,Flash 将创建一个 HTML 文件和一个 SWF 文件,其中 SWF 文件是最终的 Flash 影片,而 HTML 文件则指示 Web 浏览器将如何显示 SWF 文件。

**【实例 11.19】** 发布动画。

(1) 执行主菜单中的“文件”|“发布设置”命令,弹出“发布设置”对话框,如图 11-66 所示。

(2) 单击“选择发布目标”按钮 ,选择动画存放的路径,单击“发布”按钮。

(3) 单击“确定”按钮,关闭对话框。

**【实例 11.20】** 导出动画。

执行主菜单中的“文件”|“导出”|“导出影片”命令,弹出“导出影片”对话框,如图 11-67 所示,选择导出位置,填写导出文件名称并选择导出文件的保存类型即可。

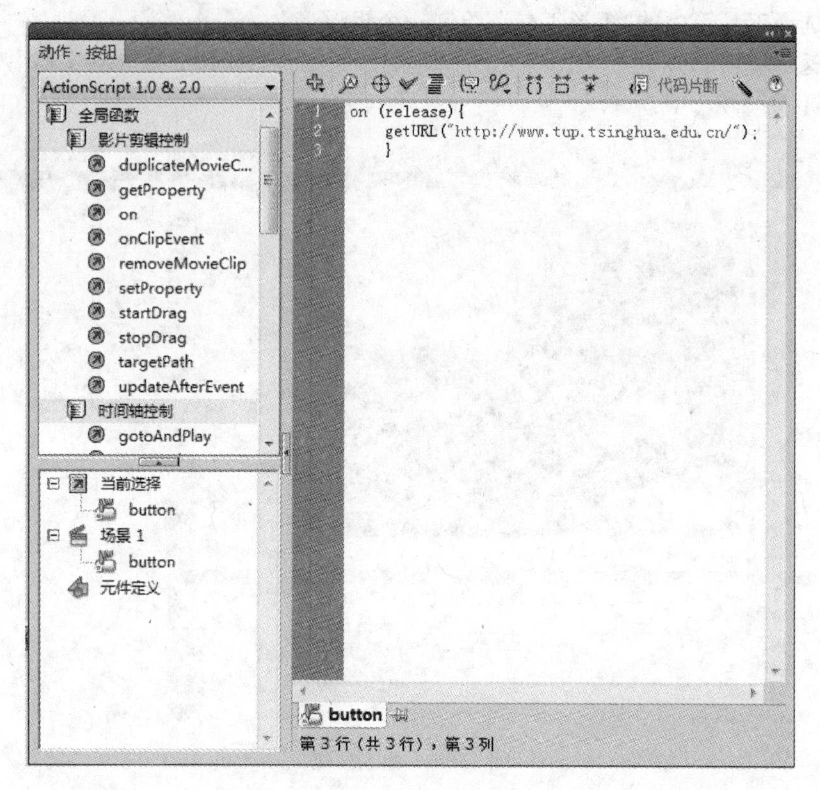


图 11-64　代码窗口

图 11-65　链接的效果

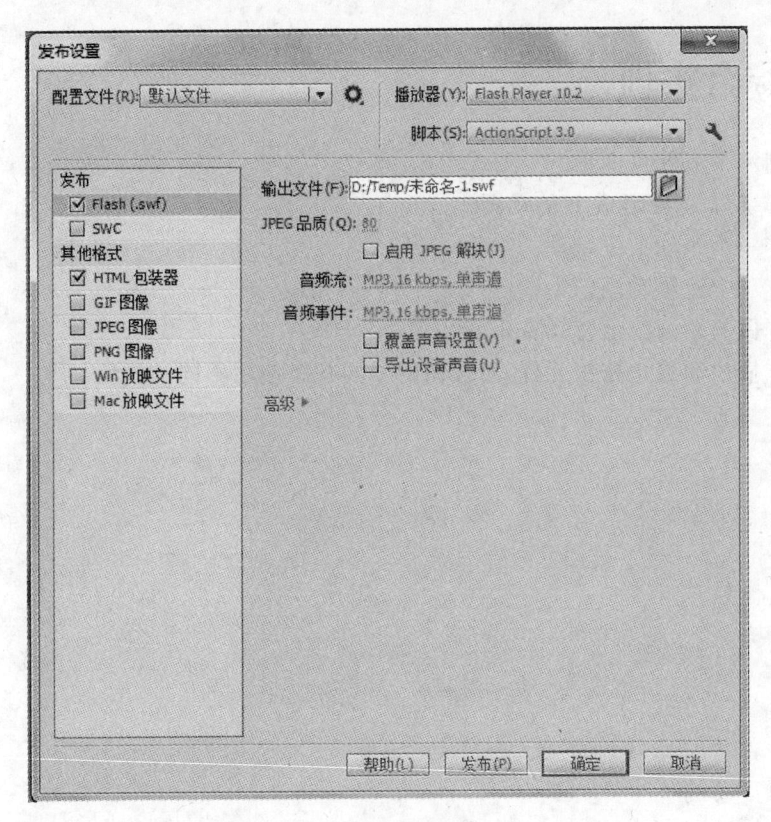


图 11-66　“发布设置”对话框

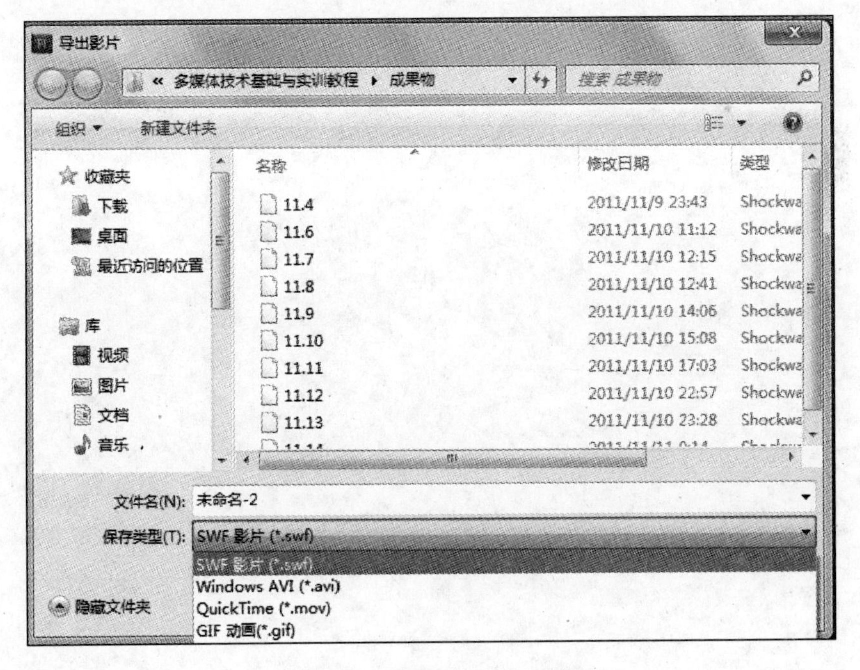


图 11-67　“导出影片”对话框

## 11.3 综合实训

1. 绘制一个三叶草图形。
2. 制作字母 A 变形成 B 的动画。
3. 制作一个小球上下跳动。
4. 制作一个遮罩动画。
5. 给你做的动画配上背景音乐。
6. 制作播放和停止按钮元件,对按钮的不同状态使用不同的颜色。

# 第12章

# 多媒体创作工具 Authorware 7.0

## 12.1 多媒体创作工具 Authorware 7.0 简介

Authorware 是 Macromedia 公司推出的多媒体开发软件，是深受广大计算机用户和专业开发人员欢迎的多媒体创作工具。

Authorware 是一个优秀的交互式多媒体编程工具，它广泛地应用于多媒体教学和商业领域，目前大多数多媒体教学光盘都是用 Authorware 开发的。而商业领域的新产品介绍、模拟产品的实际操作过程、设备演示等，也大多采用 Authorware 来开发，以求得良好的企业形象和市场宣传效果。用 Authorware 制作多媒体的思路非常简单，它直接采用面向对象的流程线设计，通过流程线的箭头指向就能了解程序的具体流向。Authorware 能够使不具备高级语言编程经验的用户迅速掌握，并创作出高水平的多媒体作品，因而成为多媒体创作首选的工具软件。

用 Authorware 进行多媒体创作，易学易用，创作出来的作品效果好，而且声、文、图俱全，最适合于多媒体创作的初学者选择使用。Authorware 主要具有以下特点。

(1) 简单的面向对象的流程线设计。用 Authorware 制作多媒体应用程序，只需在窗口式界面中按一定的顺序组合图标，不需要冗长的程序行，程序的结构紧凑、逻辑性强、便于组织管理。组成 Authorware 多媒体应用程序的基本单元是图标，图标内容直接面向最终用户，每个图标代表一个基本演示内容，如文本、动画、图像、声音、视频等。要载入外部图、文、声、像、动画，只需在相应图标中载入，完成对话框设置即可。

(2) 图形化程序结构清晰。应用程序由图形化的流程线和图标组成。构成应用程序时只需用鼠标将图标拖放到流程线上，在主流程线上还可以进行分支，形成支流线，程序流向均由箭头指明，程序结构和流向一目了然。

(3) 交互能力强。Authorware 预留有按钮、热区、热键等 10 种交互作用响应。程序设计只需选定交互作用方式，完成对话框设置即可。程序运行时，可通过响应对程序的流程进行控制。

(4) 程序调试和修改。程序运行时可逐步跟踪程序运行和程序的流向。程序调试运行中若想修改某个对象，只需双击该对象，系统立即暂停程序运行，自动打开编辑窗口并给出该对象的设置和编辑工具，修改完毕后关闭编辑窗口可继续运行。

(5) 编译输出应用广泛。调试完毕后，即可将程序打包成可执行文件，生成的可执行文件可脱离 Authorware 在 Windows 98、Windows XP 和 Windows NT 环境中运行。由于 Authorware 采用最直接的流程线设计方式，用户可以像搭积木一样在设计窗口中组建流程线，在组建过程中，它采用基于图标的编辑方式，所有的程序框架可以简单地使用 13 个图标来完成，然后在图标中集成图像、文字、音频、动画、视频等素材，同时，辅以变量和函数进行程序控制，最终合成一部完整的多媒体作品。

## 12.1.1 Authorware 7.0 的启动和退出

**1. Authorware 7.0 的启动**

启动 Authorware 7.0 可以通过下面两种方法。

(1) 通过桌面快捷图标启动 Authorware 7.0。

(2) 通过"开始"菜单启动 Authorware 7.0，操作过程是执行"开始"|"程序"|Macromedia|Macromedia Authorware 7.0 命令。

通过以上两种方法之一启动 Authorware 7.0 后，在进入 Authorware 时，屏幕上会显示有关欢迎画面，单击画面上的任何一部分，该画面就立刻消失。此时，出现在屏幕最前面的是"新建"对话框，这是"使用知识对象"的向导窗口，单击"取消"或者"不选"按钮跳过它，就可以进入 Authorware 7.0 的工作界面。

**2. Authorware 7.0 的退出**

退出 Authorware 7.0 有如下 3 种方法。

(1) 单击程序主窗口右上角的关闭按钮。

(2) 执行"文件"菜单下的"退出"命令。

(3) 使用快捷方式：按 Alt+F4 键。

## 12.1.2 Authorware 7.0 的工作界面介绍

Authorware 7.0 的工作界面如图 12-1 所示，由菜单栏、工具栏、图标选项板和设计窗口组成。

**1. 菜单栏**

Authorware 7.0 的菜单栏包括"文件"、"编辑"、"查看"、"插入"、"修改"、"文本"、"调试"、"其他"、"命令"、"窗口"、"帮助"等常用菜单，包含了 Authorware 7.0 所有的操作命令，通过菜单命令可以完成 Authorware 7.0 中的所有命令和功能。单击某一个菜单就会弹出一个附属于该菜单的级联菜单，再执行级联菜单中的某个菜单命令，就可以完成相应的某个操作。菜单栏如图 12-2 所示。

**2. 工具栏**

工具栏是 Authorware 7.0 的重要组成部分，其中每个按钮实际上都是菜单栏中的某一个命令，因为这些命令使用率较高，所以被放在工具栏中。工具栏如图 12-3 所示。

"新建"文件按钮 ，使用该按钮可以创建一个新的文件。

"打开"文件按钮 ，用于打开一个已存在的文件。单击该按钮将弹出一个"选择文

图 12-1　Authorware 7.0 的工作界面

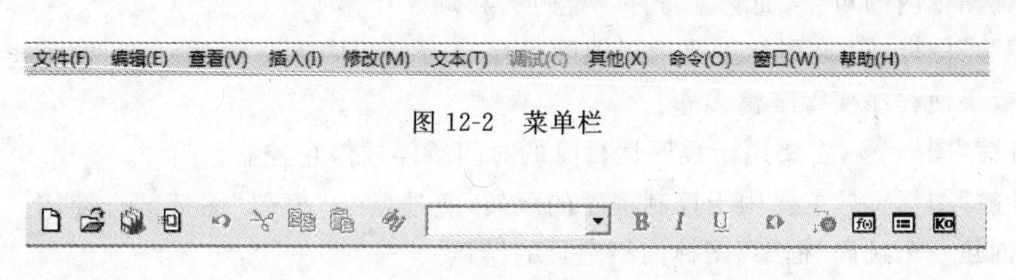


图 12-2　菜单栏

图 12-3　工具栏

件”对话框，使用该对话框，用户可以选择已经存在的要打开的文件。

“保存”命令按钮，用于快速保存当前文件。

“导入”命令按钮，使用该命令按钮，可以在文件中引入外部的图像、文字、声音、动画或者 OLE 对象。

“撤销”命令按钮，该命令按钮用来撤销用户上一次的操作。

“剪切”命令按钮，该命令按钮的作用是将选定的对象剪切到剪贴板中。

“拷贝”命令按钮，该命令按钮的作用是将选定的对象复制到剪贴板中。

“粘贴”命令按钮，该命令按钮是将剪贴板中的内容粘贴到指定的位置。

“查找”命令按钮，用于在文件中查找用户指定的文本。

“文本风格”选择框，打开该下拉列表框，用户可以选择已经定义的风格并应用到当前的文本中。

“粗体”命令按钮，将选中的正文对象转化为粗体显示。

“斜体”命令按钮，将选中的正文对象转化为斜体显示。

“下画线”命令按钮，为被选中的正文对象加上下画线。

“执行程序”命令按钮，单击该命令按钮，屏幕上会弹出一个展示窗口，显示程序执行的效果。

“控制面板”命令按钮，单击该命令按钮，弹出控制面板，使用该控制面板可以调试程序。

“函数”命令按钮，单击该命令按钮，屏幕上会弹出一个函数窗口。

“变量”命令按钮，单击该命令按钮，屏幕上会弹出一个与函数窗口类似的变量窗口。

“知识对象”命令按钮，单击该命令按钮，会打开“知识对象”面板。

**3. 图标选项板**

图标选项板是 Authorware 流程线的核心组件，前 14 个图标用于流程线的设置，通过它们来完成程序的计算、显示、判断和控制等功能。

“显示”图标，该图标是 Authorware 编辑流程线使用最频繁的图标之一，在“显示”图标中可以存储多种形式的图片及文字，另外，还可以在其中放置系统变量和函数进行运算。

“移动”图标，Authorware 的动画效果基本上是由它来完成的，它主要用于移动位于“显示”图标内的对象，而它本身并不能进行移动。

“擦除”图标，该图标主要用于擦除程序运行过程中不必要的画面，它还能提供多种擦除效果使程序变得丰富多彩。

“等待”图标，主要用于程序运行时的时间暂停或停止控制。

“导航”图标，主要用于控制程序的跳转，它通常与“框架”图标结合使用。在流程中用于创建一个跳向“框架”图标内指定页的链接。

“框架”图标，该图标提供了一个简单的方式来创建 Authorware 的页面功能。该图标可以下挂许多图标，包括“显示”图标、“交互”图标、“声音”图标等，每一个图标被称为一页，而且它也能在自己的框架结构中包含“交互”图标、“判断”图标，甚至是其他的“框架”图标。

“判断”图标，该图标通常用于创建一个判断结构，当 Authorware 程序执行到“判断”图标时，它将根据用户对它的定义而自动执行相应的分支路径。

“交互”图标，该图标是 Authorware 交互功能的最主要体现，通过“交互”图标 Authorware 可以完成多种多样的交互动作。Authorware 提供了 11 种交互方式。与“显示”图标有点类似，在“交互”图标中也可以插入图片和文字。

“计算”图标，该图标的功能比较简单，它主要用于进行变量和函数的赋值及运算。

“群组”图标，为了解决设计窗口有限的工作空间，Authorware 引入了“群组”图标，“群组”图标能将一系列图标进行归组包含于其内，从而大大节省了设计窗口的空间。另外，Authorware 还能够将包含于“群组”图标中的图标释放出来，实现图标解组。

“数字电影”图标，主要用于存储各种动画、视频及位图序列文件，它还能控制视频动画的播放状态，如倒放、慢放、快放等。

“声音”图标，与“数字电影”图标的功能类似，该图标用来存储和播放各种声音文件。

"DVD 视频"图标，通常用于存储一段视频剪辑，通过与计算机连接的视频播放机进行播放。

"知识对象"图标，用于插入知识对象。

"开始"旗帜，用于调试用户程序，可以设置程序运行的起始点。

"结束"旗帜，用于调试用户程序，可以设置程序运行的终止点。

"图标调色板"，在程序设计的过程中，可以用来为流程线上的设计图标着色，以区别不同区域的图标。

**4. 设计窗口**

设计窗口是进行程序设计的主要操作窗口，如图 12-4 所示。窗口左侧的一条贯穿上下的直线是流程线，对图标的操作必须在流程线上进行。窗口右上角的"层 1"字样，表明当前窗口是第一层，若流程线上有"群组"图标，双击打开后，其流程窗口会有"层 2"字样，表明该窗口是第二层，是由第一层派生出来的。

图 12-4　设计窗口

# 12.2　Authorware 7.0 的基本操作

## 12.2.1　"显示"图标

"显示"图标是 Authorware 中使用最多的图标之一。使用"显示"图标可以创建、编辑文本和图形图像对象，还可以为添加的对象设置丰富的过渡效果。

**【实例 12.1】**　在"显示"图标中添加文本。

(1) 新建一个文件。

(2) 执行主菜单中的"修改"|"文件"|"属性"命令，在"属性：文件"栏的回放选项中设置大小为"800×600(SVGA)"，如图 12-5 所示。

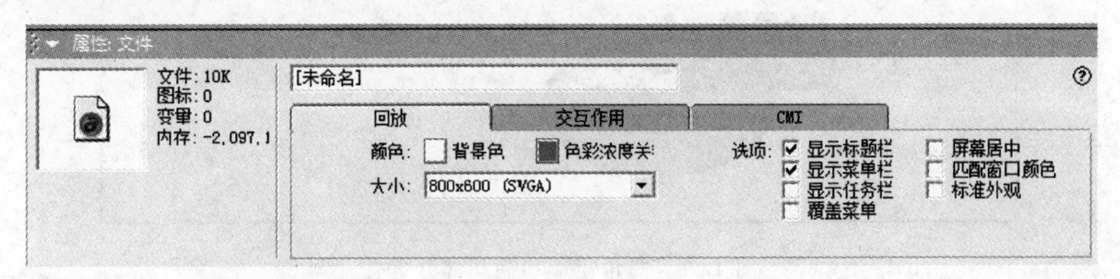


图 12-5　"属性：文件"栏

(3) 将图标选项板中的"显示"图标拖动到主窗口的流程线上，命名为"文本"。

(4) 双击"文本"显示图标，打开该图标对应的演示窗口。

(5) 选择工具箱中的"文本工具"，在演示窗口中单击确定文本位置，输入文本"多媒体创作工具”。

(6) 选中输入的文字，执行“文本”|“字体”|“其他”命令，在“字体”对话框中设置字体为幼圆，执行“文本”|“大小”|36 命令，设置字号为 36。

(7) 单击工具箱中的“线条颜色”按钮后面的色块，设置文字为绿色。单击工具箱中的“填充颜色”按钮后面的色块，设置文字背景颜色为黑色。效果如图 12-6 所示。

(8) 保存文件。

图 12-6　添加并设置文本

【实例 12.2】　在“显示”图标中绘制图形。

(1) 新建一个文件。

(2) 将图标选项板中的“显示”图标拖动到主窗口的流程线上并命名为“图形”。

(3) 双击“图形”显示图标，打开演示窗口。选择工具箱中的“圆角矩形工具”，在演示窗口中绘制一个圆角矩形，设置线型为无边框，设置背景色为绿色，填充效果用背景色填充。

(4) 选择工具箱中的“椭圆工具”，在演示窗口中绘制一个椭圆，设置线型为粗线，设置前景色为红色，填充效果用前景色填充。

(5) 选择工具箱中的“选择/移动工具”，移动椭圆，将圆角矩形和椭圆部分重叠，如图 12-7 所示。

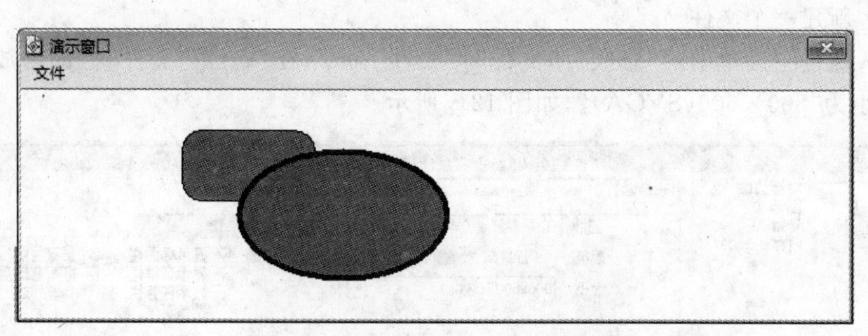


图 12-7　圆角矩形和椭圆部分重叠

(6) 选中椭圆，执行主菜单中的“修改”|“置于下层”命令，将椭圆置于圆角矩形下方，如图 12-8 所示。

(7) 保存文件。

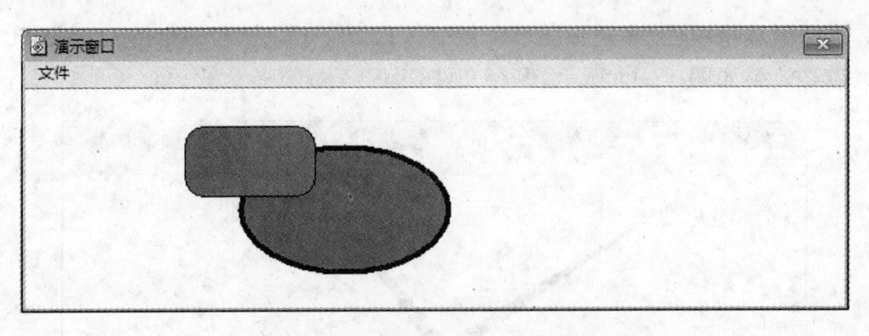


图 12-8　将椭圆置于圆角矩形下方

**【实例 12.3】** 绘制一个电视机。

(1) 新建一个文件。

(2) 将图标选项板中的“显示”图标拖动到主窗口的流程线上并命名为“电视机”。

(3) 双击“电视机”显示图标，打开演示窗口。选择工具箱中的“圆角矩形工具”，绘制两个圆角矩形，填充不同的颜色，如图 12-9 所示。

图 12-9　绘制圆角矩形

(4) 选择工具箱中的“椭圆工具”，绘制两个圆，填充颜色，如图 12-10 所示。

图 12-10　绘制圆

(5) 选择工具箱中的“多边形工具”,绘制天线,填充颜色。

(6) 最终效果如图 12-11 所示,保存文件。

图 12-11 绘制的电视机

**【实例 12.4】** 设置片头过渡效果。

(1) 新建一个文件。

(2) 将图标选项板中的“显示”图标拖动到主窗口的流程线上并命名为“图片”。

(3) 双击“图片”显示图标,打开演示窗口。单击工具栏上的“导入”按钮,在弹出的对话框中选择要导入的图片文件,将图片导入到演示窗口中。

(4) 选择工具箱中的“选择/移动工具”,拖动图片四周的控制点,调整图片大小,如图 12-12 所示。

图 12-12 调整图片大小

(5) 再拖动一个“显示”图标到流程线上并命名为“文本”。

(6) 双击“文本”显示图标，打开演示窗口，在演示窗口中输入文字“多媒体创作工具”，将工具箱中的模式设置为透明。

(7) 双击“图片”显示图标，在“属性：显示图标”栏中单击“特效”后面的按钮，弹出“特效方式”对话框，选择分类为“内部”，特效为“以相机光圈收缩”，如图 12-13 所示，单击“确定”按钮。

(8) 双击“文本”显示图标，在“属性：显示图标”栏中单击“特效”后面的按钮，弹出“特效方式”对话框，选择分类为“DmXP 过渡”，特效为“激光展示 2”，如图 12-14 所示，单击“确定”按钮。

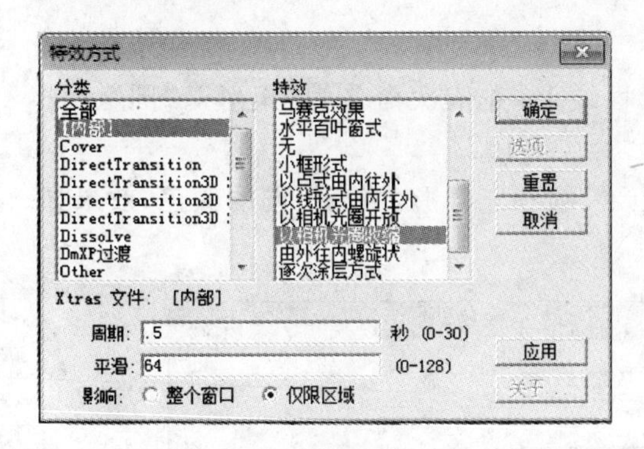


图 12-13　设置图片特效

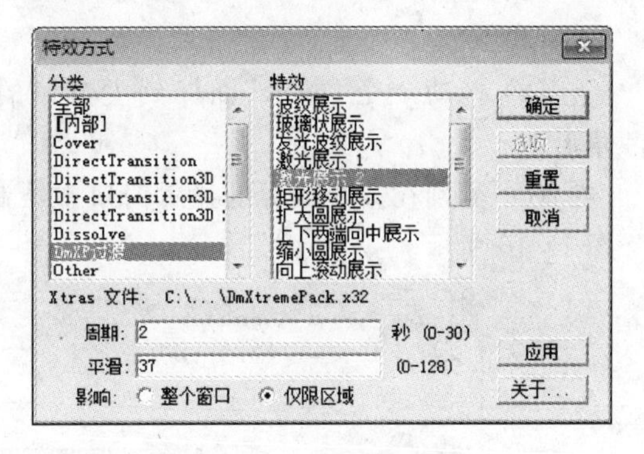


图 12-14　设置文本特效

(9) 单击工具栏中的“运行”按钮，运行效果如图 12-15 所示。

(10) 保存文件。

图 12-15　片头过渡效果

**说明**：在发布多媒体应用程序时要将对应的 Xtras 文件复制到应用程序目录下的 Xtras 文件夹中。

### 12.2.2 "等待"图标

在 Authorware 中，同一流程线上的设计图标按顺序执行，当图标连续显示时，为避免顺序播放时后面的"显示"图标中的内容覆盖前面"显示"图标中的内容，可以在"显示"图标之间添加"等待"图标。

"等待"图标的主要功能是设置等待延时，可以设置程序暂停一段时间后再运行，或设置程序等待用户的反应，直到用户单击按钮后再运行程序。

**【实例 12.5】** 插入"等待"图标。

(1) 新建一个文件。

(2) 拖动 3 个"显示"图标到主窗口的流程线上，并依次命名为"矩形"、"圆"、"三角形"。

(3) 分别在 3 个图标的显示窗口中绘制矩形、圆和三角形，填充不同的颜色，效果如图 12-16 所示。

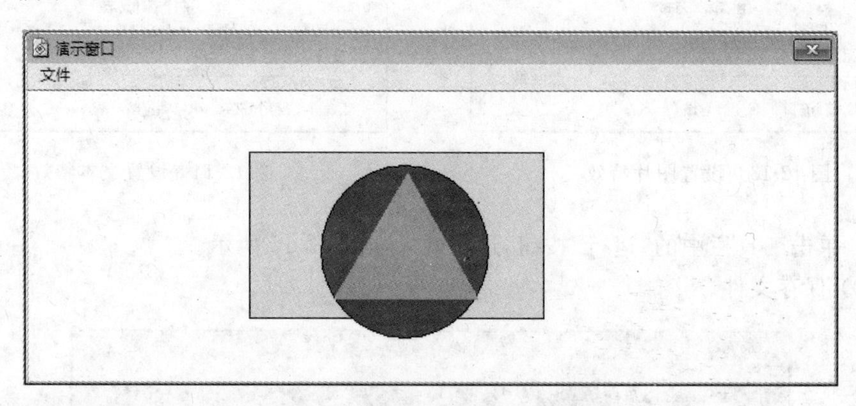


图 12-16 顺序显示图形运行结果

(4) 拖动一个"等待"图标到"矩形"图标和"圆"图标之间，命名为"等待 1"。

(5) 选中"等待 1"图标，在"属性：等待图标"栏的"事件"中取消勾选"单击鼠标"和"按任意键"选项，在"时限"文本框中输入"2"，在"选项"中勾选"显示倒计时"选项，取消勾选"显示按钮"选项，如图 12-17 所示。

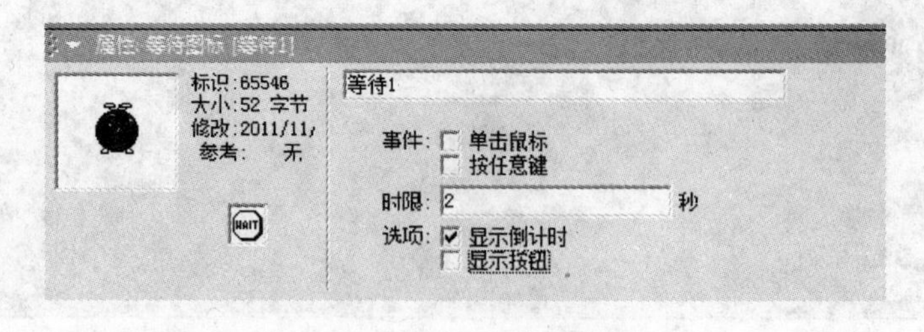


图 12-17 "等待 1"图标属性栏

(6) 再拖动一个“等待”图标到“圆”图标和“三角形”图标之间,命名为“等待 2”,流程线如图 12-18 所示。

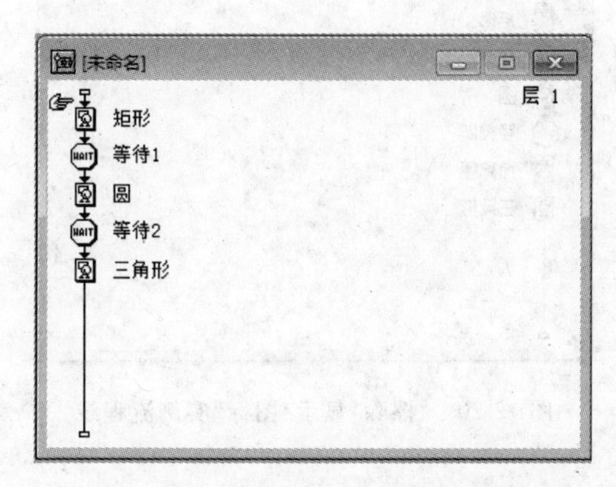


图 12-18　“插入‘等待’图标”实例流程线

(7) 选中“等待 2”图标,在“属性:等待图标”栏的“事件”中勾选“单击鼠标”和“按任意键”选项,在“选项”中勾选“显示按钮”选项,如图 12-19 所示。

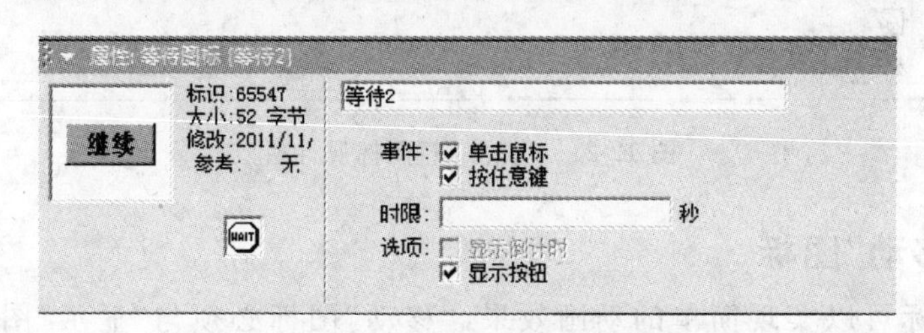


图 12-19　“等待 2”图标属性栏

(8) 运行程序,保存文件。

### 12.2.3　“擦除”图标

“擦除”图标可以擦除任何已经显示在屏幕上的图标,“擦除”图标通常放在“等待”图标之后。将“擦除”图标拖动到流程线上,当程序运行到“擦除”图标时会暂停,单击演示窗口中的对象,可以将这些对象擦除。

**【实例 12.6】**　擦除“显示”图标。

(1) 打开实例 12.5 中完成的结果文件。

(2) 拖动“擦除”图标到“等待 2”图标和“三角形”图标之间,命名为“擦除圆”,流程线如图 12-20 所示。

(3) 选中“擦除圆”图标,在“属性:擦除图标”栏的“点击要擦除的对象”栏中勾选“被擦除的图标”选项,设置为“圆”,如图 12-21 所示。

(4) 运行程序,程序暂停时在演示窗口中单击圆,将圆删除。

(5) 保存文件。

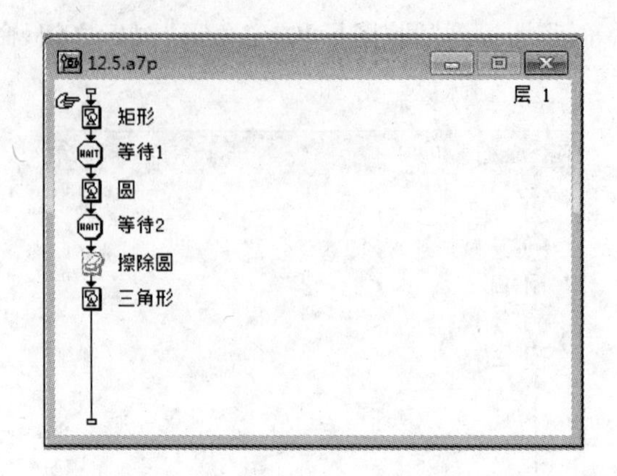


图 12-20 “擦除‘显示’图标”实例流程线

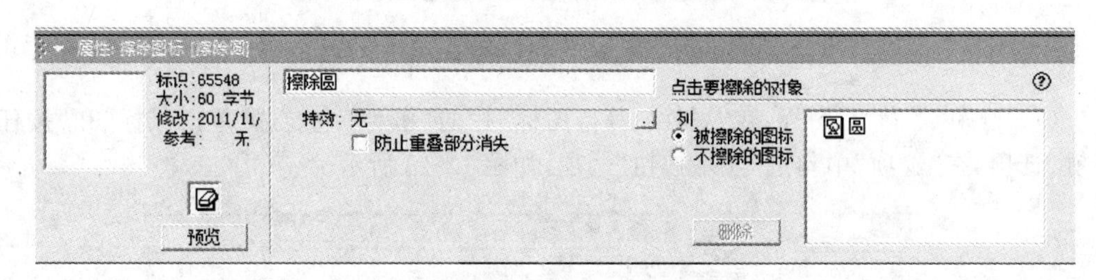


图 12-21 “擦除圆”图标属性栏

## 12.2.4 “移动”图标

“移动”图标可以实现简单的动画效果,“移动”图标必须与“显示”图标配合使用。Authorware 7.0 支持两种设置移动对象的方法:一种是同时开启“移动”图标属性面板和演示窗口,通过选中演示窗口中的对象来指定移动对象;另一种是将需要移动的“显示”图标拖到“移动”图标上,在放开鼠标后,“移动”图标由灰色变为黑色。

对象移动的方式有 5 种,分别是指向固定点、指向固定直线上的某点、指向固定区域内的某点、指向固定路径的终点、指向固定路径上的任意点。

**1. 指向固定点**

指向固定点的移动方式是动画中最基本的动画设计方法,是使对象直接由起点位置沿直线移动到终点位置的动画。

**【实例 12.7】** 制作滚动字幕。

(1) 新建一个文件。

(2) 拖动一个“显示”图标到主窗口的流程线上,命名为“字幕”,双击该图标,打开演示窗口,输入三行文字,设置字体为幼圆,字号为 24,颜色为蓝色,将文字移动到演示窗口的下角,如图 12-22 所示。

(3) 拖动一个“移动”图标到流程线上,命名为“滚动”,选择文字作为移动的对象,在“属性: 移动图标”栏中设置“类型”为“指向固定点”,定时的“时间(秒)”设置为 10 秒,如图 12-23 所示。在演示窗口中单击文字,并将其移动到上角的合适位置。

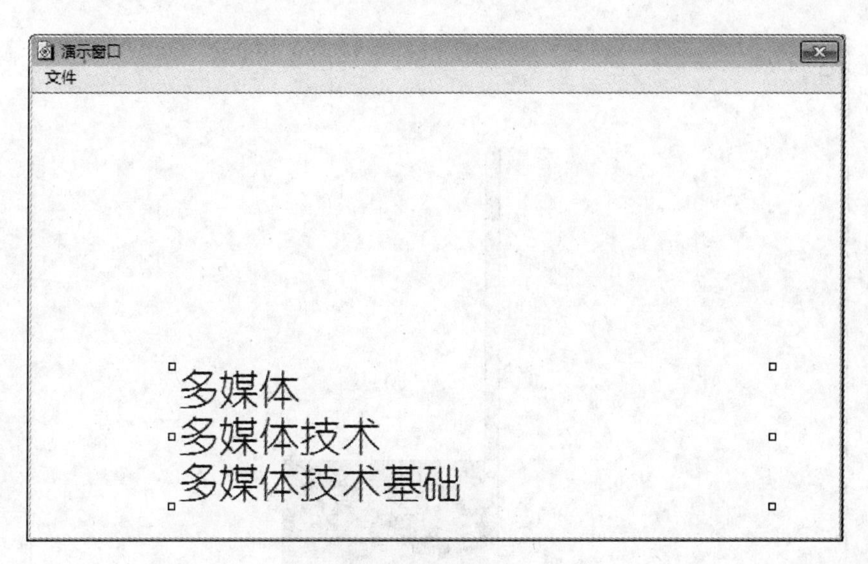


图 12-22　滚动字幕

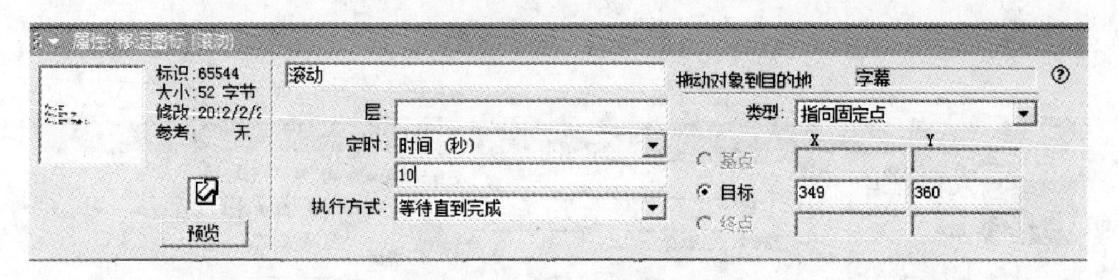


图 12-23　“滚动”图标属性栏

(4) 运行程序,保存文件。

**2. 指向固定直线上的某点**

指向固定直线上的某点的移动方式是指先在演示窗口中建立一条目标直线,然后根据属性栏的目标点编辑栏区中的变量和表达式的值确定目标点在直线上的位置,最后将对象移动到目标点上。

**【实例 12.8】** 升旗。

(1) 新建一个文件。

(2) 拖动一个“显示”图标到主窗口的流程线上,命名为“红旗”,双击该图标,打开演示窗口,绘制一面红色的矩形,再从其他地方复制 5 个五角星,制作一面国旗。

(3) 再拖动一个“显示”图标到流程线上,命名为“旗杆”,双击该图标,打开演示窗口,绘制一根旗杆。

(4) 播放程序,调整“红旗”和“旗杆”的位置,如图 12-24 所示。

(5) 拖动一个“移动”图标到流程线上,并命名为“升旗”,打开“属性: 移动图标”栏,选择红旗作为移动的对象,设置“类型”为“指向固定直线上的某点”,在演示窗口中将红旗拖动到旗杆顶端,定时设置为 5 秒,如图 12-25 所示。

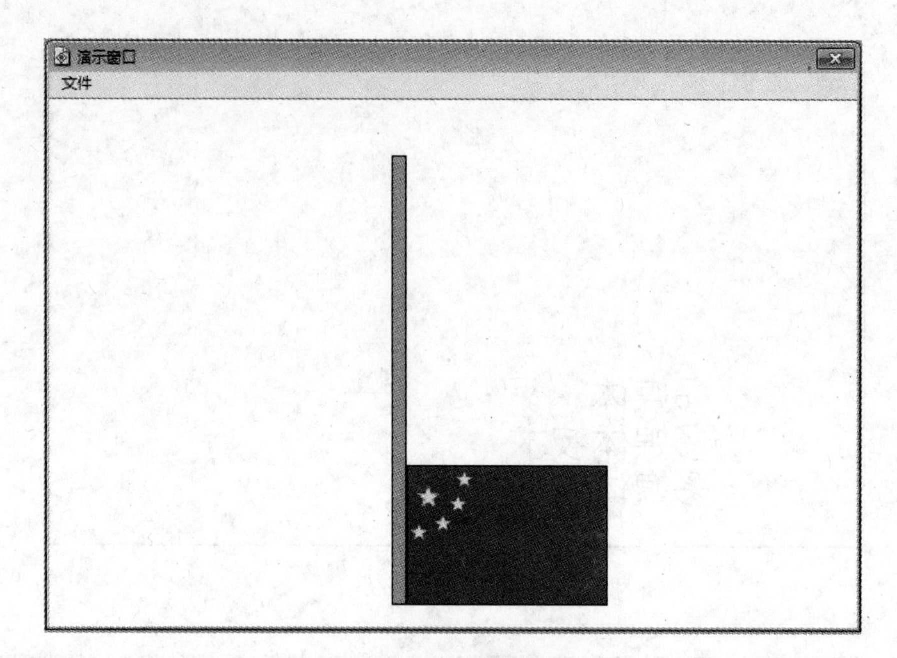


图 12-24 调整位置

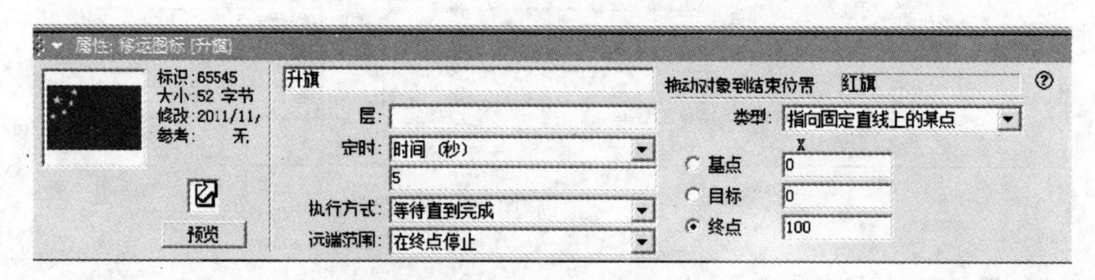


图 12-25 “升旗”图标属性栏

(6) 运行程序,保存文件。

### 3. 指向固定区域内的某点

指向固定区域内的某点是先在演示窗口中建立二维目标区域,然后根据属性栏的目标点编辑栏区中的变量和表达式的值确定目标点在区域中的位置,最后将对象移动到目标点上。

**【实例 12.9】** 飞镖。

(1) 新建一个文件。

(2) 拖动一个“显示”图标到流程线上,命名为“飞镖盘”,双击该图标,打开演示窗口,在演示窗口中绘制飞镖盘。

(3) 再拖动一个“显示”图标到流程线上,命名为“飞镖”,双击该图标,打开演示窗口,在演示窗口中绘制飞镖。

(4) 拖动一个“等待”图标到流程线中“飞镖”图标的下方,命名为“等待”,选中该图标,在属性栏中勾选“按任意键”和“单击鼠标”选项,不显示倒计时和按钮。

(5) 拖动一个"移动"图标到流程线中"等待"图标的下方，命名为"投飞镖"。

(6) 单击"运行"按钮，在演示窗口中，单击飞镖，在"属性：移动图标"栏中设置"类型"为"指向固定区域内的某点"，在演示窗口中，将飞镖拖动到飞镖盘的左上角，再将飞镖拖动到飞镖盘的右下角。

(7) 在"属性：移动图标"栏的"类型"下拉列表框下方的基点和终点的 X、Y 值表示目标直线的起点和终点坐标，在目标点坐标 X 和 Y 中各输入 50，如图 12-26 所示。此时飞镖投到飞镖盘正中间。

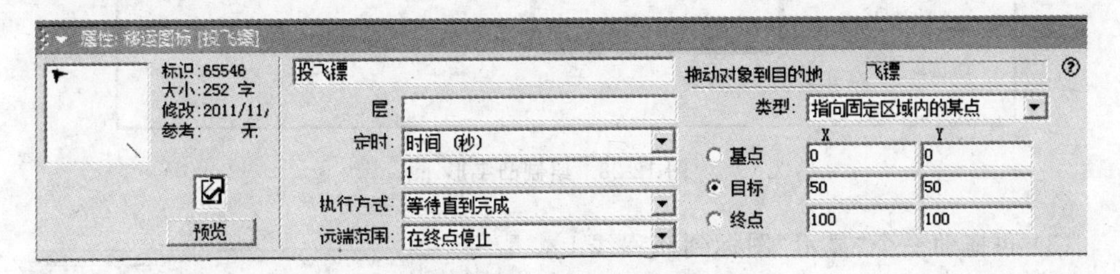


图 12-26　"投飞镖"图标属性栏

(8) 运行程序，如图 12-27 所示，保存文件。

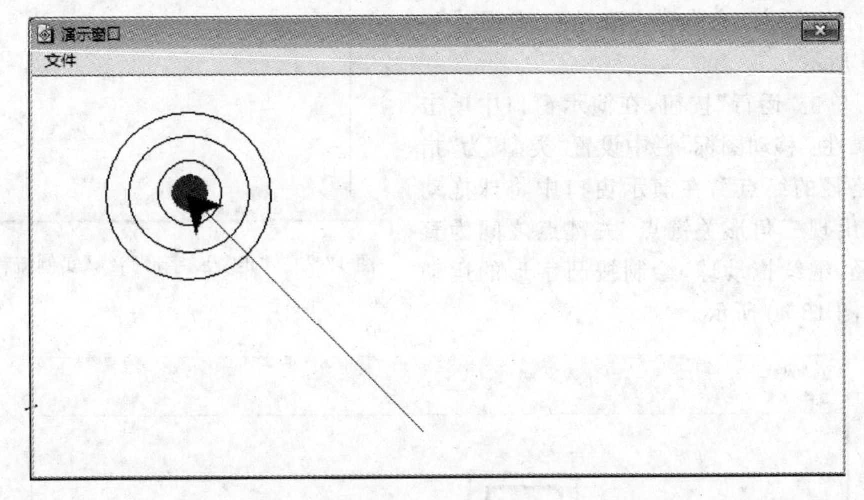


图 12-27　运行效果

**4. 指向固定路径的终点**

指向固定路径的终点的移动方式是沿平面定位的动画。在演示窗口中建立一条移动路径，根据属性栏的目标点编辑栏区中的变量和表达式的值确定目标点在路径上的位置，最后将对象移动到目标点上。

**【实例 12.10】** 走"凸"字形路线。

(1) 新建一个文件。

(2) 拖动一个"显示"图标到流程线上，命名为"凸字形"，双击该图标，打开演示窗口，在演示窗口中绘制一个凸字形，如图 12-28 所示。

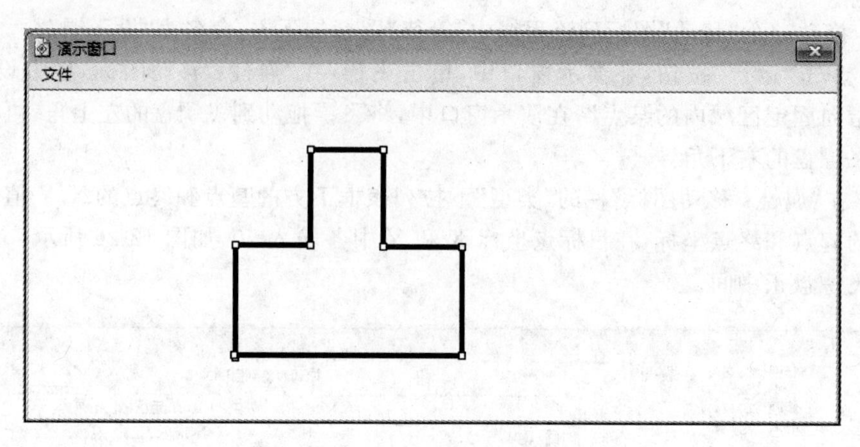


图 12-28 绘制凸字形

(3) 再拖动一个"显示"图标到流程线上，命名为"球"，双击该图标，打开演示窗口，在演示窗口中绘制一个圆。

(4) 拖动一个"移动"图标到流程线中的"球"图标的下方，命名为"滚动"，流程线如图 12-29 所示。

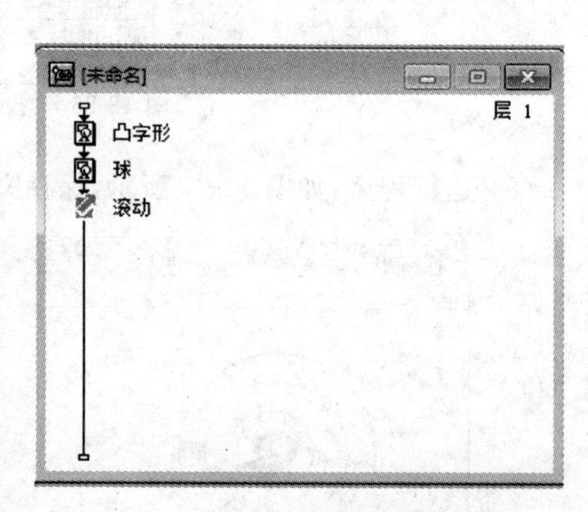


图 12-29 "走'凸'字形路线"实例流程线

(5) 单击"运行"按钮，在演示窗口中单击球，在"属性：移动图标"栏中设置"类型"为"指向固定路径的终点"，在演示窗口中将球拖动至左边，出现三角形关键点，关键点之间为直线段路径，继续拖动球，绘制按凸字形的运动路径，如图 12-30 所示。

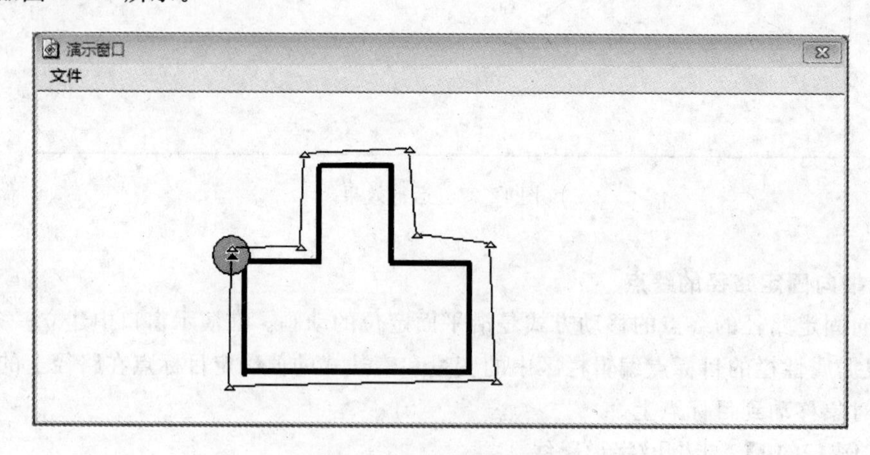


图 12-30 绘制球的运动路径

(6) 在"属性：移动图标"栏中设置定时为 20 秒。

(7) 运行程序，保存文件。

**5. 指向固定路径上的任意点**

指向固定路径上的任意点的移动方式首先在演示窗口中建立一条移动路径，然后根据属性栏的目标点编辑栏区中的变量和表达式的值确定目标点在直线上的位置，将对象移动到目标点上，这个目标点是路径上的任意位置而不一定是指路径的终点。

**【实例 12.11】** 模拟时钟。

(1) 新建一个文件。

(2) 拖动两个"显示"图标到流程线上，分别命名为"钟盘"、"球"，分别双击两个图标，打开演示窗口，分别在两个窗口中绘制一个大圆和一个小圆，播放程序，调整位置，如图 12-31 所示。

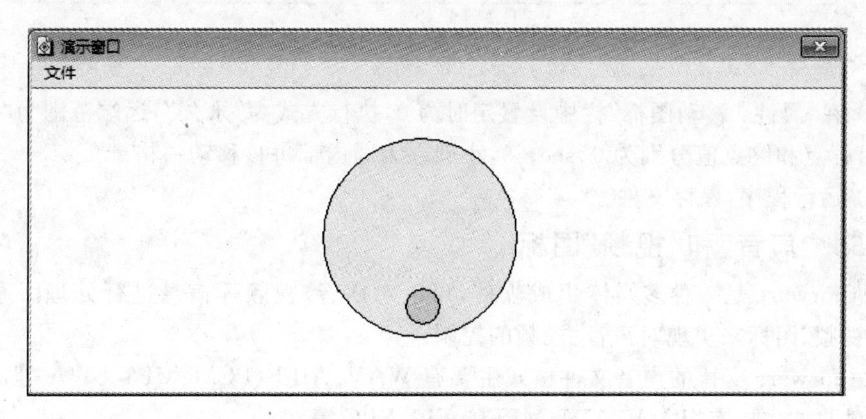


图 12-31　调整两圆的位置

(3) 拖动一个"移动"图标到流程线上，命名为"环绕"，运行程序，在演示窗口中单击小圆，打开"属性：移动图标"的属性栏，设置"类型"为"指向固定路径上的任意点"。在演示窗口中将小圆拖动到大圆正上方的位置，再拖动到正下方偏右的位置，绘制折线路径，如图 12-32 所示。

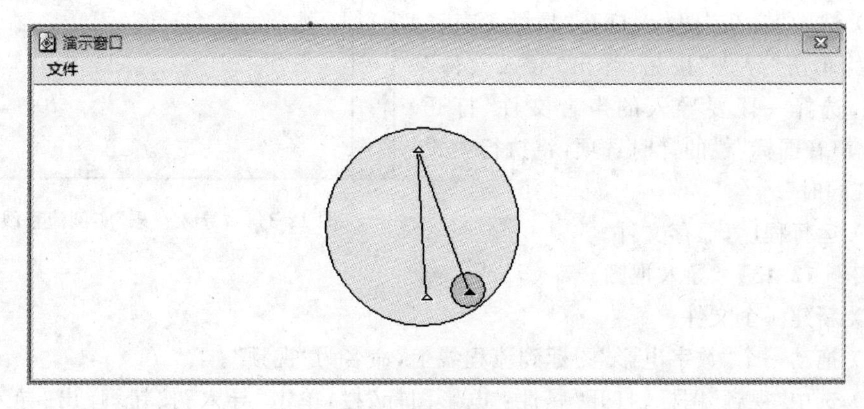


图 12-32　绘制折线路径

(4) 双击路径上的三角形关键点，将关键点转换为圆点，关键点之间折线路径转换为曲线路径，如图 12-33 所示。

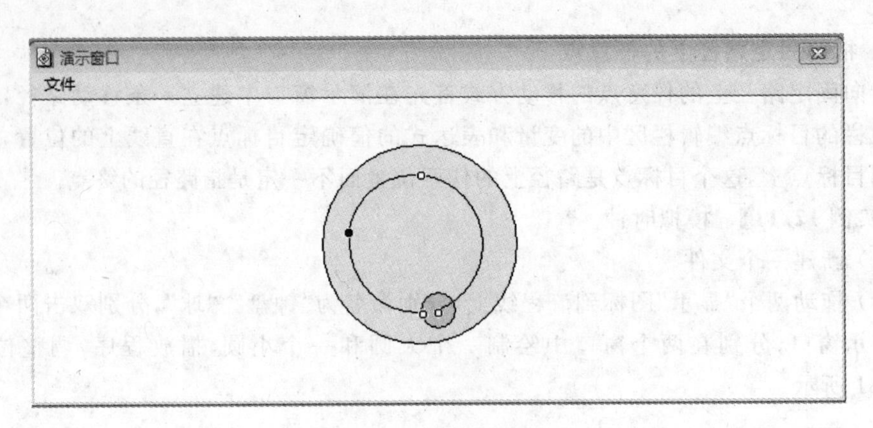


图 12-33 改变移动路径

(5) 在“属性：移动图标”栏中设置定时为 0，执行方式为“永久”，远端范围为“循环”，基点、目标点和终点值分别为 0、sec、59，小圆在大圆内部每秒移动一格。

(6) 运行程序，保存文件。

### 12.2.5 “声音”和“视频”图标

Authorware 是一种多媒体集成软件，可以对声音、视频等信息进行处理。通过“声音”和“视频”图标来实现对声音、视频的控制。

Authorware 支持的声音文件格式主要有 WAV、AIFF、PCM、MP3、SWA 等，支持的视频文件格式主要有 WMV、AVI、MPEG、FLI、FLC 等。

**【实例 12.12】** 导入音乐。

(1) 打开实例 12.4 制作的片头文件。

(2) 将“声音”图标拖动到流程线上“图片”图标的上方，命名为“音乐”，流程线如图 12-34 所示。

(3) 选中“音乐”图标，打开“属性：声音图标”栏，单击“导入”按钮，弹出“导入文件”对话框，选择一段要导入的声音文件，打开“属性：声音图标”栏的计时选项，将执行方式设置为“同时”。

(4) 运行程序，保存文件。

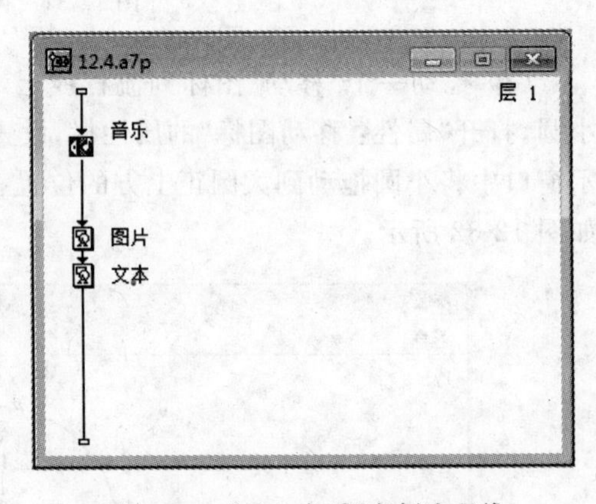


图 12-34 “导入音乐”实例流程线

**【实例 12.13】** 导入视频。

(1) 新建一个文件。

(2) 拖动一个“数字电影”图标到流程线上，命名为“视频”。

(3) 选中“视频”图标，打开“属性：电影图标”栏，单击“导入”按钮，弹出“导入文件”对话框，选择一段要导入的视频文件。

(4) 运行程序，保存文件。

## 12.2.6 "交互"图标

Authorware 强大的交互功能是通过"交互"图标来实现的，通过"交互"图标，可以制作出各种交互效果，开发出界面友好、控制灵活的多媒体应用软件。"交互"图标不能单独工作，必须和附着在其上的一些处理交互结果的图标一起才能组成一个完整的交互式的结构。

在程序中建立交互结构，首先将"交互"图标拖动到流程线上，再拖动其他图标到"交互"图标的右侧，建立响应过程。程序中的交互流程结构如图 12-35 所示。

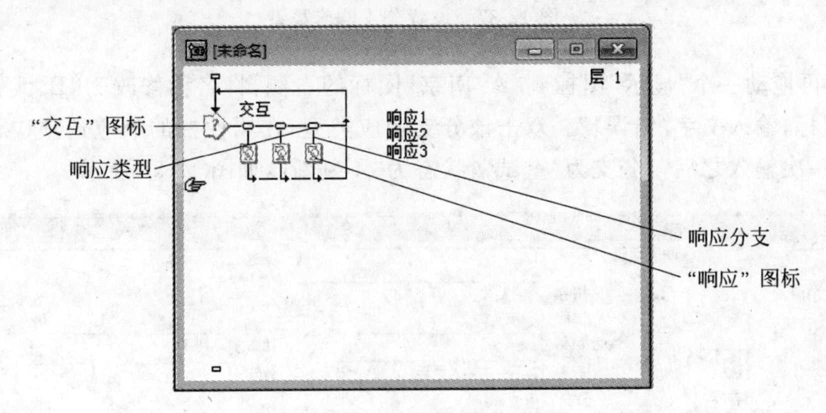


图 12-35　典型的交互结构

该交互结构由"交互"图标、响应类型、响应分支和"响应"图标四部分组成。"交互"图标是交互结构的核心，通过"交互"图标建立交互结构。响应类型又称为交互类型，定义用户与多媒体软件之间进行交互的方法。响应分支又称为交互分支，定义程序执行响应后的流向。"响应"图标可以是"显示"、"计算"、"移动"、"擦除"、"群组"、"导航"、"声音"和 DVD 图标等。

**1. 按钮响应**

按钮响应是使用最广泛的交互响应类型，它的响应形式十分简单，主要根据按钮的动作而产生响应，并执行该按钮对应的分支。

**【实例 12.14】**　习题测试。

(1) 新建一个文件。

(2) 拖动一个"交互"图标到流程线上，命名为"习题"，双击该图标，打开演示窗口，输入习题的题目为"江苏省的省会城市是(　　)。"

(3) 拖动一个"显示"图标到"交互"图标的右侧，弹出"交互类型"对话框，选择"按钮"类型，如图 12-36 所示，单击"确定"按钮，将图标名称修改为"A. 南京"。

(4) 双击"A. 南京"图标，打开演示窗口，输入文字"正确!"。

(5) 双击"A. 南京"分支响应类型，在属性

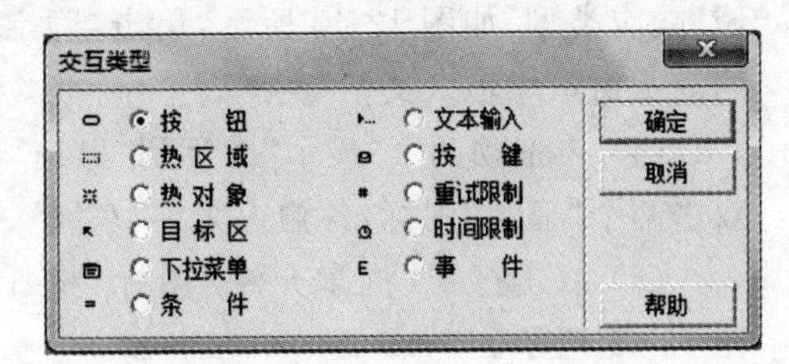


图 12-36　"交互类型"对话框

栏的响应选项中设置分支为“退出交互”，如图 12-37 所示。

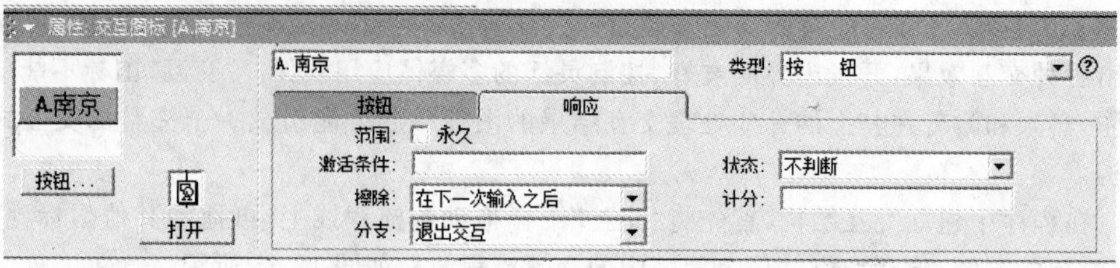

属性: 交互图标 [A.南京]
A.南京
按钮...
打开
A. 南京
类型: 按 钮
按钮
响应
范围: 永久
激活条件:
擦除: 在下一次输入之后
分支: 退出交互
状态: 不判断
计分:

图 12-37 设置分支响应类型

(6) 再拖动一个“显示”图标到“A. 南京”图标的右侧，将名称修改为“B. 无锡”，双击打开该图标，输入文字“错误!”。双击该分支响应类型，在属性栏的响应选项中设置擦除为“在下一次输入之后”，分支为“重试”，状态为“不判断”，如图 12-38 所示。

属性: 交互图标 [B.无锡]
B.无锡
按钮...
打开
B.无锡
类型: 按 钮
按钮
响应
范围: 永久
激活条件:
擦除: 在下一次输入之后
分支: 重试
状态: 不判断
计分:

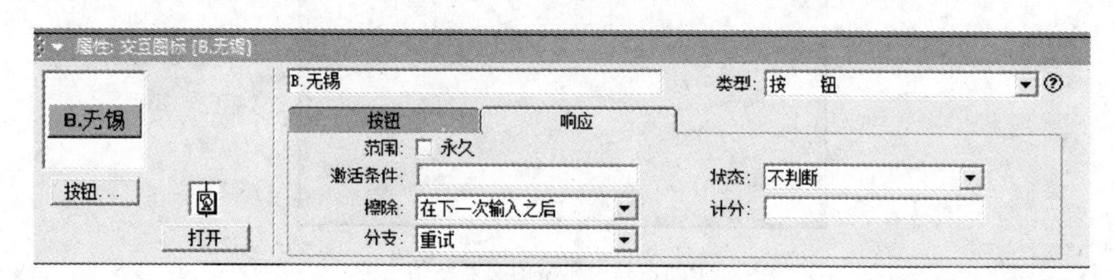

图 12-38 设置分支响应类型

(7) 双击打开“习题”图标，在属性栏中勾选“在退出前终止”选项。

(8) 双击打开“习题”图标，调整响应按钮的位置。

(9) 运行程序，保存文件。

**2. 热区域响应**

热区域响应是在演示窗口中定义一个矩形响应区，当单击、双击或将鼠标指针移入响应区时，执行响应分支。

**【实例 12.15】** 汽车车标介绍。

(1) 新建一个文件。

(2) 拖动一个“交互”图标到流程线上，命名为“汽车介绍”。双击该图标，打开演示窗口，从素材包里导入 3 幅汽车车标图片，调整图片大小和位置，如图 12-39 所示。

(3) 拖动一个“显示”图标到“交互”图标的右侧，弹出“交互类型”对话框，选择“热区域”响应类型，如图 12-40 所示，单击“确定”按钮，将图标名称改为“奥迪”，在“显示”图标的演示窗口中输入文字“奥迪”。

(4) 再拖动两个“显示”图标到“奥迪”图标的右侧，分别命名为“东风”、“红旗”，分别双击两个“显示”图标，各输入文字“东风”、“红旗”。

(5) 双击打开“汽车介绍”图标，将 3 个矩形的虚线区域分别移动到响应位置，如图 12-41 所示。

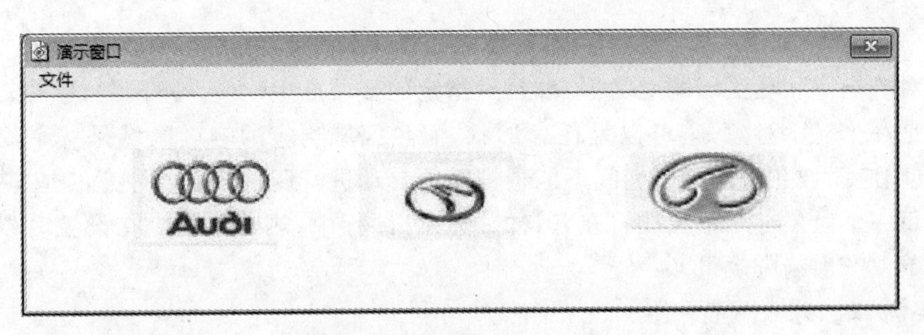


图 12-39　3 幅车标图片的分布

(6) 双击“奥迪”分支响应类型，在属性栏的热区域选项中设置匹配为“指针处于指定区域”，单击“鼠标”选项后面的按钮，在“鼠标指针”对话框中设置鼠标移入热区域的形状为手形。在响应选项中设置擦除为“在下一次输入之后”，分支为“重试”，状态为“不判断”。

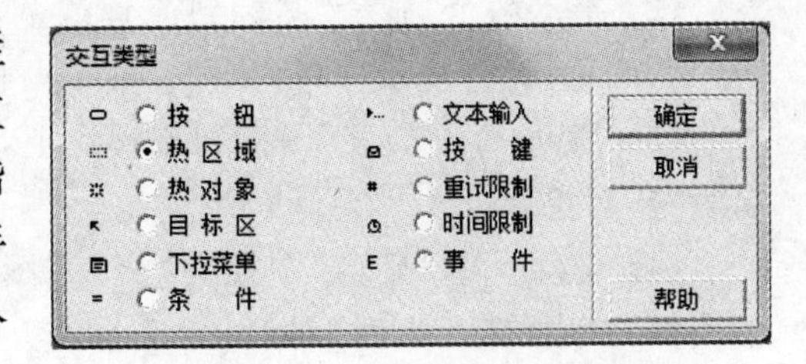


图 12-40　“交互类型”对话框

(7) 用同样的方法，设置“东风”和“红旗”的热区域选项和响应选项。

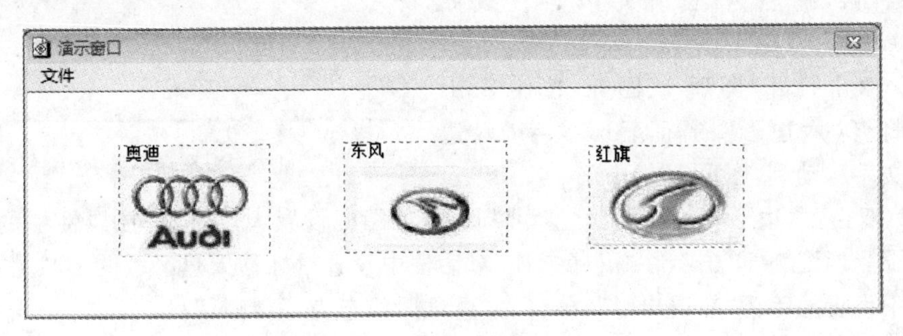


图 12-41　热区域调整后的演示窗口

(8) 运行程序，效果如图 12-42 所示，保存文件。

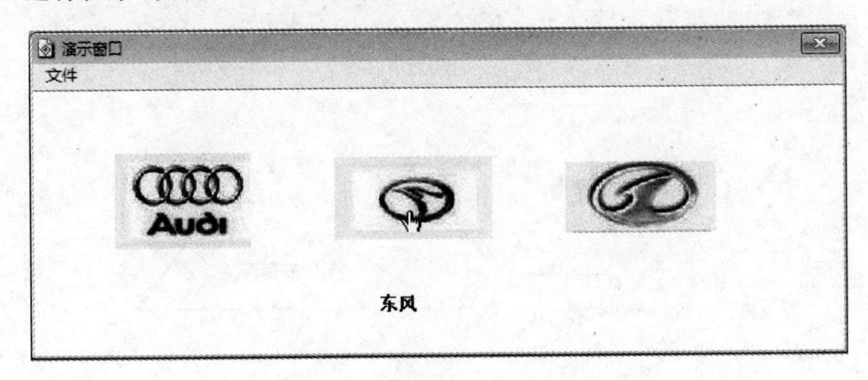


图 12-42　鼠标移入提示的效果

### 3. 热对象响应

热对象响应和热区域响应类似，都是对指定的区域产生响应。不同的是，热对象响应处理的是一个显示对象，它可以是任意形状，而热区域响应的响应区域是一个规则的矩形，而且响应区域在程序运行期间不能根据需要自动进行调整。需要注意的是，热对象响应中的每一个对象必须单独放置在各自的"显示"图标中，热对象响应在设置时以"显示"图标为单位产生响应效果。

**【实例 12.16】** 图形介绍。

(1) 新建一个文件。

(2) 拖动两个"显示"图标到流程线上，分别命名为"图形 1"和"图形 2"。双击两个"显示"图标，打开演示窗口，分别在演示窗口中绘制六边形和三角形。

(3) 拖动一个"交互"图标到流程线上，命名为"热对象"。

(4) 拖动一个"显示"图标到"交互"图标的右侧，弹出"交互类型"对话框，选择交互类型为"热对象"，将图标命名为"六边形"。

(5) 再拖动一个"显示"图标到"六边形"图标的右侧，命名为"三角形"，流程线如图 12-43 所示。

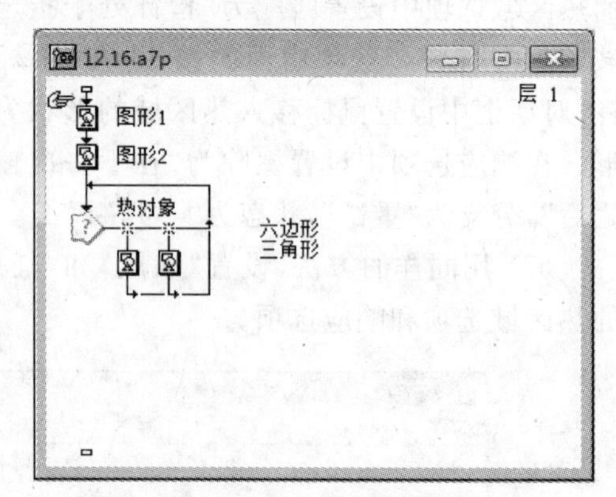


图 12-43 "图形介绍"实例流程线

(6) 双击打开"图形 1"图标，按住 Shift 键同时打开"六边形"图标，输入文字"六边形"，将文字移动到"图形 1"的中间。

(7) 双击"六边形"分支响应类型，将"图形 1"图标设置为热对象，在属性栏的热对象选项中设置匹配为"单击"，在"鼠标指针"对话框中设置鼠标移入热区域的形状为手形，响应选项中设置擦除为"在退出时"，分支为"重试"，状态为"不判断"。

(8) 用同样的方法为"图形 2"创建热对象响应。

(9) 运行程序，效果如图 12-44 所示，保存文件。

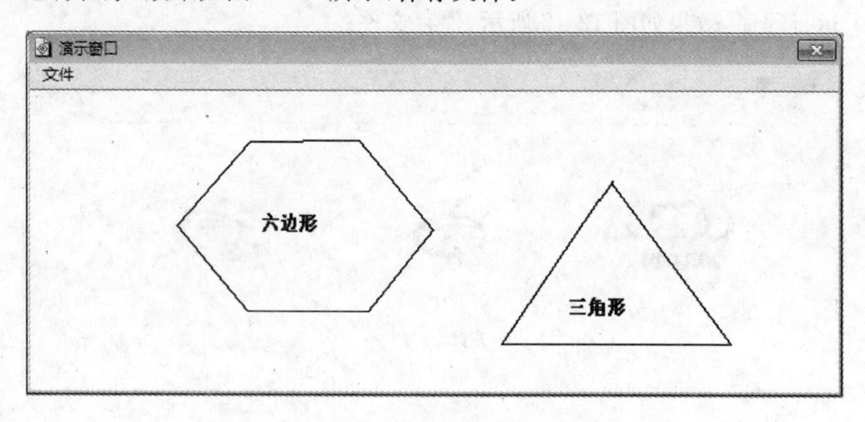


图 12-44 图形介绍运行的效果

**4. 目标区响应**

目标区响应是通过将一个对象拖放到一个设定区域而引发的响应。被拖放的对象称为目标体,所设定的区域叫目标区。目标区响应可用于制作成语接龙、排列对象等很多有趣的交互效果。

**【实例 12.17】** 图形识别。

(1) 新建一个文件。

(2) 拖动两个“显示”图标到流程线上,分别命名为“矩形”、“正方形”,在两个图标中分别输入文字“矩形”、“正方形”,设置填充方式为“透明”。

(3) 拖动一个“交互”图标到流程线上,命名为“识别”。双击该图标,打开演示窗口,在演示窗口中绘制一个矩形和一个正方形,并输入文字“请将对应的文字拖到图形上”。

(4) 拖动一个“显示”图标到“交互”图标的右侧,弹出“交互类型”对话框,选择交互类型为“目标区”,将图标命名为“矩形正确”。双击打开“矩形正确”图标,输入文字“正确”。

(5) 运行程序,演示窗口出现一个“矩形正确”虚线框。单击“矩形”文字,设置“矩形”显示图标为目标区交互对象,调整虚线框的大小和位置,使虚线框与矩形重合,如图 12-45 所示。

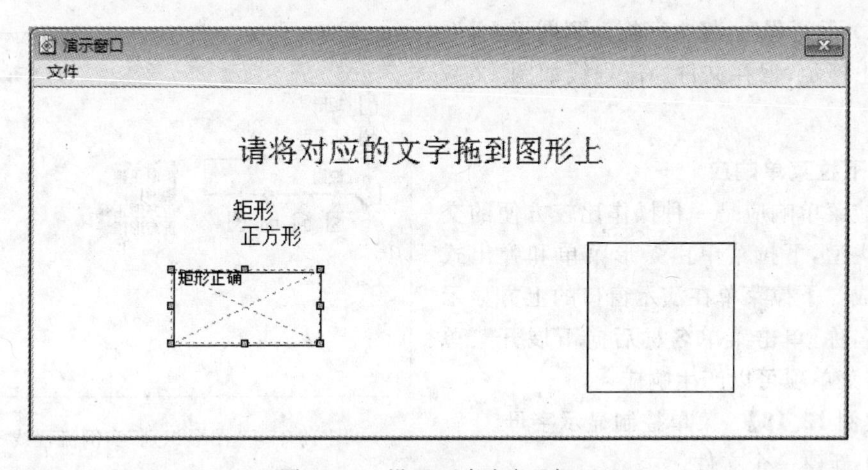


图 12-45　设置正确响应目标区

(6) 双击“矩形正确”分支响应类型,在属性栏的目标区选项中设置对象的放下方式为“在中心定位”,在响应选项中设置分支为“继续”。

(7) 拖动一个“显示”图标到“矩形正确”图标的右侧,命名为“矩形错误”,双击打开“矩形错误”图标,输入文字“错误,请再试一次”。

(8) 运行程序,演示窗口出现一个“矩形错误”虚线框,单击“矩形”文字,设置“矩形”显示图标为目标区交互对象,调整虚线框的大小和位置,使虚线框与整个演示窗口重合,如图 12-46 所示。

(9) 双击“矩形错误”分支响应类型,在属性栏的目标区选项中设置放下方式为“返回”,在响应选项中设置分支为“继续”。

(10) 用同样的方法制作“正方形正确”、“正方形错误”响应。

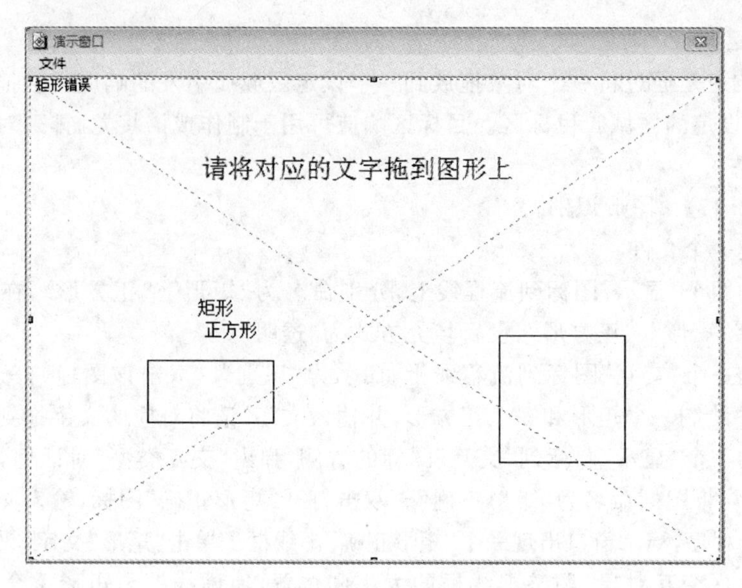


图 12-46 设置错误响应目标区

(11) 运行程序,将文字拖动到图形上,系统将产生提示,保存文件。流程线如图 12-47 所示。

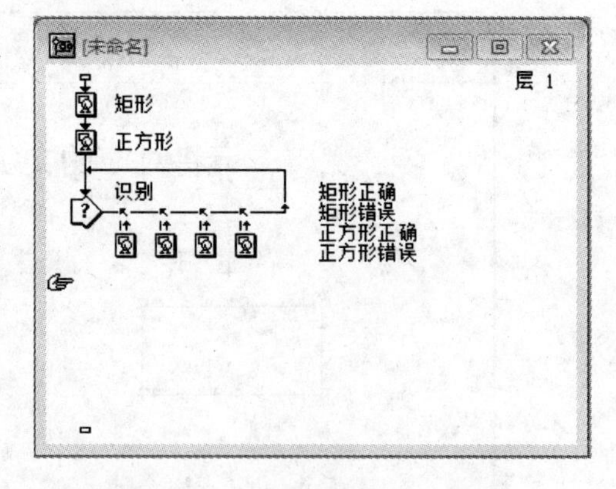


图 12-47 "图形识别"实例流程线

**5. 下拉菜单响应**

下拉菜单响应是一种操作比较方便的交互响应类型,下拉菜单由条形菜单和弹出式菜单组成。下拉菜单在演示窗口的上方显示菜单的名称,单击菜单名称后向下展开菜单项,单击菜单项可以产生响应。

**【实例 12.18】** 菜单控制显示字母。

(1) 新建一个文件。

(2) 拖动一个"交互"图标到流程线上,命名为"显示字母"。

(3) 拖动一个"显示"图标到"交互"图标的右侧,弹出"交互类型"对话框,设置响应类型为"下拉菜单",将图标命名为"字母 A",在该图标中输入"字母 A"。

(4) 双击"字母 A" 分支响应类型,在属性栏的响应选项中勾选"永久"选项,设置分支选项为"返回",设置擦除方式为"在下一次输入之后"。

(5) 拖动一个"显示"图标到"字母 A"图标的右侧,命名为"字母 B",在该图标中输入字母 B,响应类型和属性设置同上。

(6) 运行程序,效果如图 12-48 所示,流程线如图 12-49 所示。

(7) 保存文件。

**6. 文本输入响应**

文本输入响应是指通过输入文本实现的响应,接受用户从键盘输入的文字、数字和符

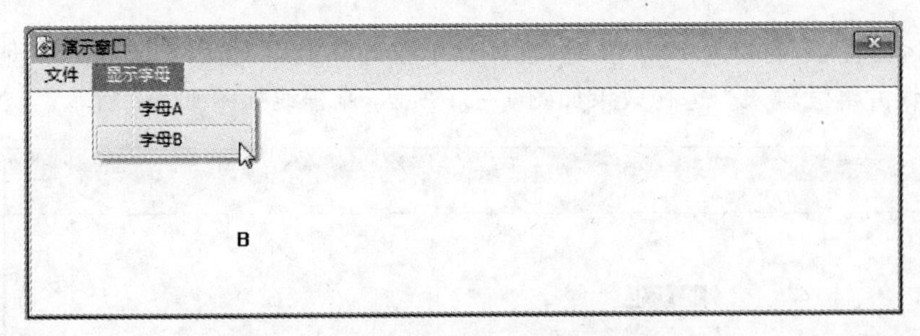


图 12-48　菜单控制显示字母的运行效果

号等,如果输入的文本与响应的名称相吻合,就触发响应动作。

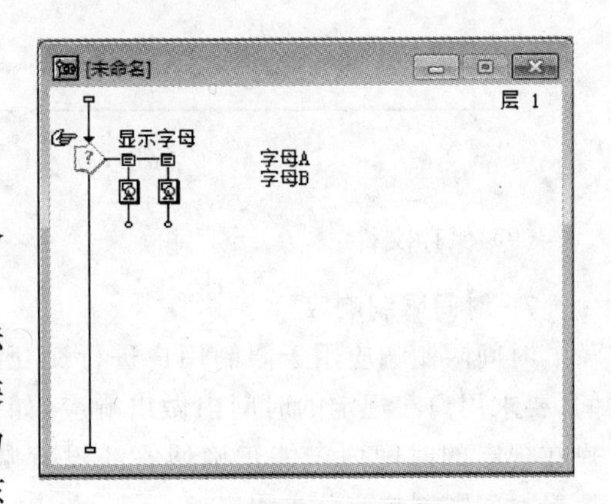


图 12-49　"菜单控制显示字母"实例流程线

**【实例 12.19】** 输入密码。

(1) 新建一个文件。

(2) 拖动一个"交互"图标到流程线上,命名为"密码程序"。

(3) 拖动一个"显示"图标到"交互"图标的右侧,弹出"交互类型"对话框,设置响应类型为"文本输入"。将"显示"图标命名为"123456",表示要输入的密码是 123456,在该图标中输入文字"密码正确!"。

(4) 双击"123456"分支响应类型,在属性栏的响应选项中设置擦除方式为"在下一次输入之后",分支为"退出交互",状态为"不判断"。

(5) 拖动一个"显示"图标到"123456"图标的右侧,命名为"*",在该图标中输入文字"密码错误,请重新输入!"。"*"是一个通配符,表示除输入"123456"外的任何字符都会提示"密码错误,请重新输入!"。

(6) 双击"*"分支响应类型,在属性栏的响应选项中设置擦除方式为"在下一次输入之后",分支为"重试",状态为"不判断"。

(7) 双击打开"密码程序"图标,在属性栏中勾选"在退出前终止"选项。单击属性栏中的"文本区域"按钮,弹出"属性:交互作用文本字段"对话框,在"文本"选项卡中设置字体和字号,如图 12-50 所示,单击"确定"按钮。

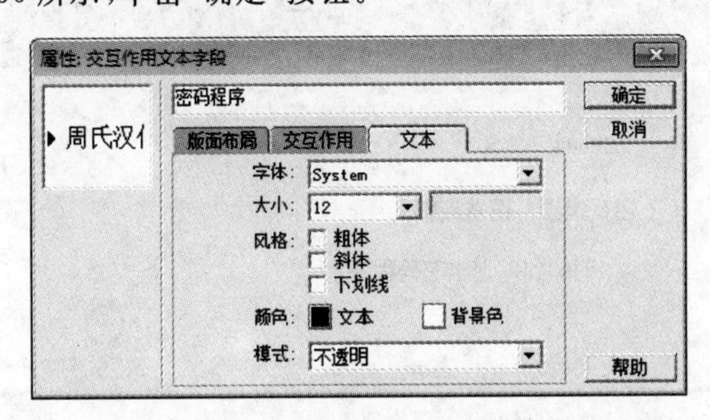


图 12-50　"属性:交互作用文本字段"对话框

(8) 运行程序，当输入 123456 时，程序提示正确并退出交互，如果输入其他数字，程序提示错误并继续输入。运行效果如图 12-51 所示，流程线如图 12-52 所示。

图 12-51 密码程序运行效果

(9) 保存文件。

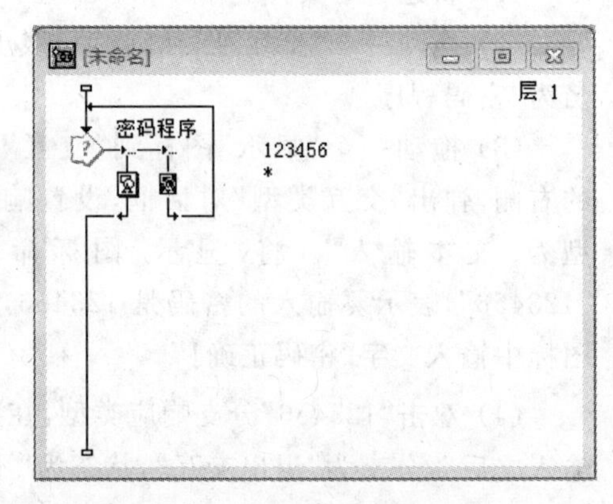


图 12-52 "输入密码"实例流程线

**7. 时间限制响应**

时间限制响应用于限制用户进行交互的时间，要求用户在规定的时间内做出响应，如果用户在规定的时间内未能正确回答或没有响应，执行时间限制响应分支程序。

**【实例 12.20】** 限时输入密码。

(1) 打开实例 12.19 中完成的结果文件。

(2) 拖动一个"显示"图标到"＊"图标的右侧，命名为"时间限制"，并在该图标中输入文字"时间到，退出密码程序！"。

(3) 双击"时间限制"分支响应类型，在属性栏中设置响应类型为"时间限制"，在"时间限制"选项中设置时限为 10 秒，中继为"继续计时"，勾选"显示剩余时间"选项，在"响应"选项中设置擦除方式为"在下一次输入之后"，分支为"退出交互"，状态为"不判断"。

(4) 运行程序，输入密码如果时间超过 10 秒就退出交互。运行效果如图 12-53 所示，流程线如图 12-54 所示。

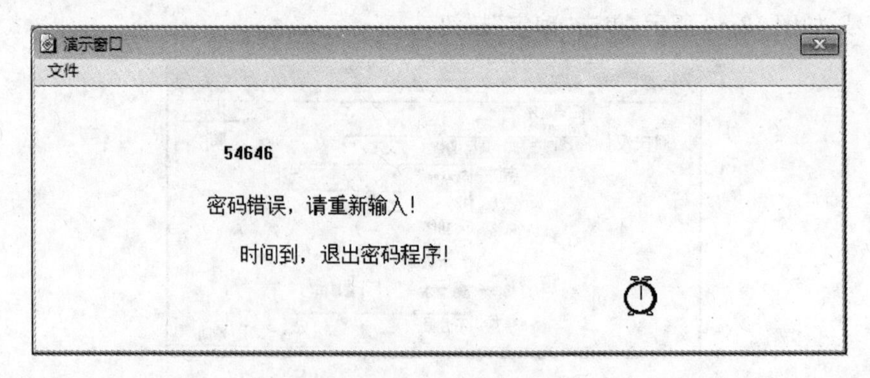


图 12-53 限时输入密码的运行效果

（5）保存文件。

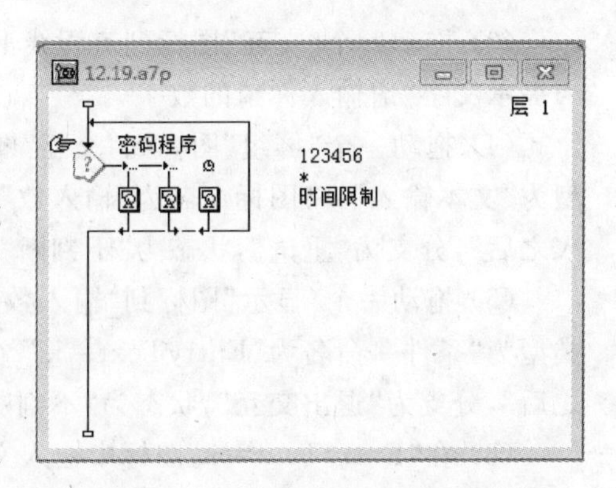


图 12-54　“限时输入密码”实例流程线

### 8. 重试限制响应

重试限制响应应用于限制用户与当前程序交互的尝试次数，当达到规定次数的交互时，就执行对应的分支。重试限制响应通常与其他响应方式配合使用。

**【实例 12.21】** 限次输入密码。

（1）打开实例 12.19 中完成的结果文件。

（2）拖动一个“显示”图标到“＊”图标的右侧，命名为“次数限制”，并在该图标中输入文字“次数到，退出密码程序！”

（3）双击“次数限制”分支响应类型，在属性栏中设置响应类型为“重试限制”，在“重试限制”选项中设置最大限制为 5，在“响应”选项中设置擦除方式为“在下一次输入之后”，分支为“退出交互”，状态为“不判断”。

（4）运行程序，输入错误的密码次数如果超过 5 次就退出交互。运行效果如图 12-55 所示，流程线如图 12-56 所示。

（5）保存文件。

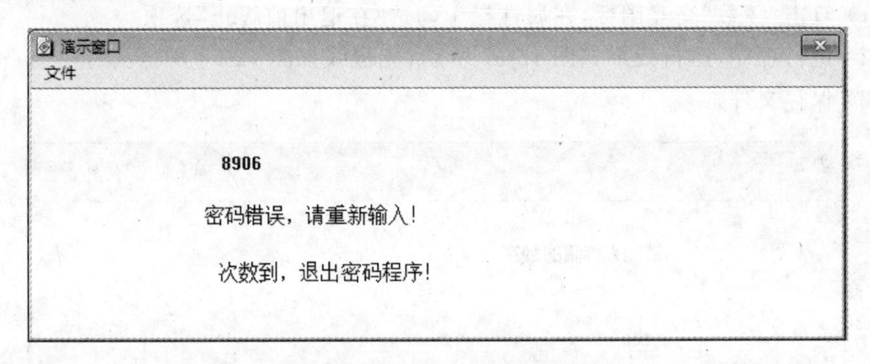


图 12-55　限次输入密码的运行效果

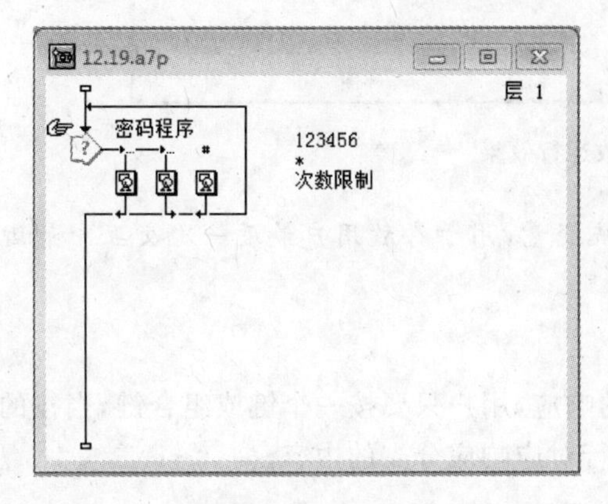


图 12-56　“限次输入密码”实例流程线

### 9. 条件响应

条件响应是根据程序在运行过程中所设置的条件是否得到满足来匹配响应的，这些条件一般通过变量或表达式的值为真或假来设置。条件响应通常也与其他响应配合使用。

**【实例 12.22】** 带提示的猜数字游戏。

（1）新建一个文件。

（2）拖动一个“计算”图标到流程线上，命名为“数值 100”。双击该图标，在计算窗口中输入语句“x：＝100”。

(3) 拖动一个“交互”图标到流程线上，命名为“猜数”。双击该图标，在演示窗口中输入提示文字“请输入你猜的数字”。

(4) 拖动一个“群组”图标到“交互”图标的右侧，弹出“交互类型”对话框，设置响应类型为“文本输入”，将图标命名为“输入数”，在“响应”选项中设置擦除方式为“在下一次输入之后”，分支为“重试”，状态为“不判断”。

(5) 拖动一个“显示”图标到“输入数”图标的左侧，在“交互类型”对话框中设置响应类型为“条件”，命名为“EntryText＝x”，在“响应”选项中设置擦除方式为“在下一次输入之后”，分支为“退出交互”，状态为“不判断”。

(6) 在“EntryText＝x”图标中输入文字“猜对了！”。

(7) 拖动一个“显示”图标到“输入数”图标的左侧，在“交互类型”对话框中设置响应类型为“条件”，命名为“EntryText＜x”，在“响应”选项中设置擦除方式为“在下一次输入之后”，分支为“重试”，状态为“不判断”。

(8) 在“EntryText＜x”图标中输入文字“数字小了！”。

(9) 拖动一个“显示”图标到“输入数”图标的左侧，在“交互类型”对话框中设置响应类型为“条件”，命名为“EntryText＞x”，在“响应”选项中设置擦除方式为“在下一次输入之后”，分支为“重试”，状态为“不判断”。

(10) 在“EntryText＞x”图标中输入文字“数字大了！”。

(11) 双击“猜数”交互图标，在属性栏中勾选“在退出前终止”选项。

(12) 运行程序，运行效果如图 12-57 所示，流程线如图 12-58 所示。

(13) 保存文件。

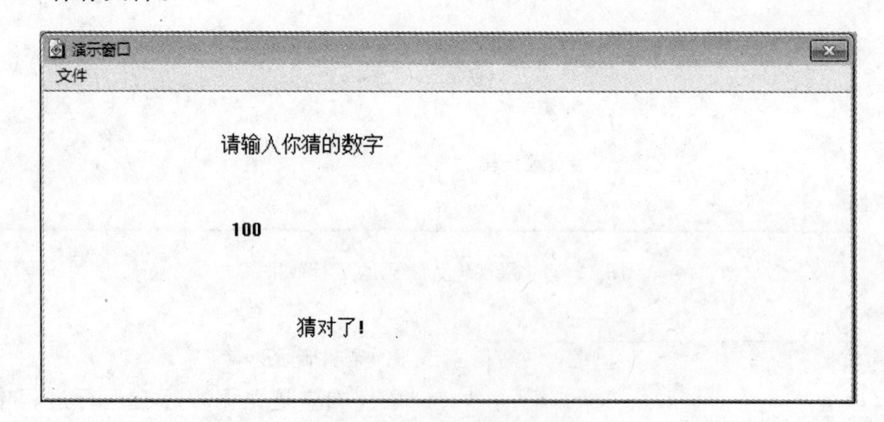


图 12-57　猜数运行效果

**说明**：EntryText 是 Authorware 中的系统变量，用于存放用户最近一次交互中最近一次文本响应中输入的文本。

**10. 按键响应**

按键响应是指通过键盘上某个键来引发的响应，用户只要按一个键或组合键，当按的键与预先设定的响应按键匹配一致，程序就执行对应响应分支的内容。

【实例 12.23】　按键推动正方形。

（1）新建一个文件。

（2）拖动一个“显示”图标到流程线上，命名为“正方形”，双击该图标，绘制一个正方形。

（3）拖动一个“交互”图标到流程线上，命名为“按键推动”，双击该图标，输入提示文字“按数字 1、2 键推动正方形”。

（4）拖动一个“移动”图标到“交互”图标的右侧，弹出“交互类型”对话框，设置响应类型为“按键响应”，将“移动”图标命名为“1”，使用户按 1 键时产生响应。在属性栏“响应”选项中设置擦除方式为“在下一次输入之后”，分支为“重试”，状态为“不判断”。“按键”选项设置快捷键为 1。

（5）运行程序，单击“1”图标，单击正方形，拖动正方形向上运动一段距离。

（6）拖动一个“移动”图标到“1”图标右侧，命名为“2”，使用户按 2 键时产生响应，属性栏“响应”选项的设置同“1”图标，“按键”选项设置快捷键为 2。

（7）运行程序，单击“2”图标，单击正方形，拖动正方形向下运动一段距离。

（8）运行程序，流程线如图 12-59 所示。

（9）保存文件。

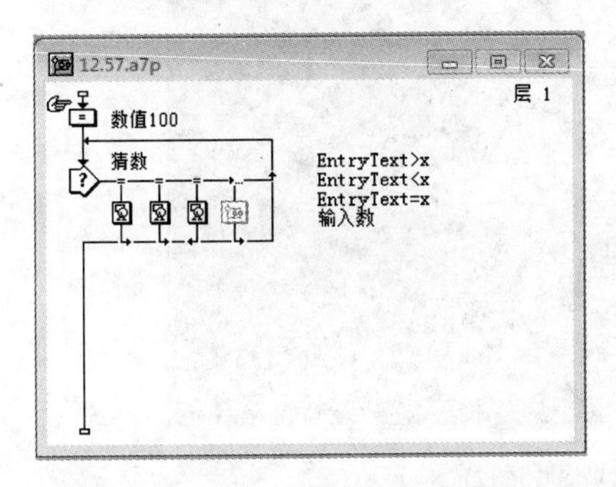


图 12-58　“带提示的猜数字游戏”实例流程线

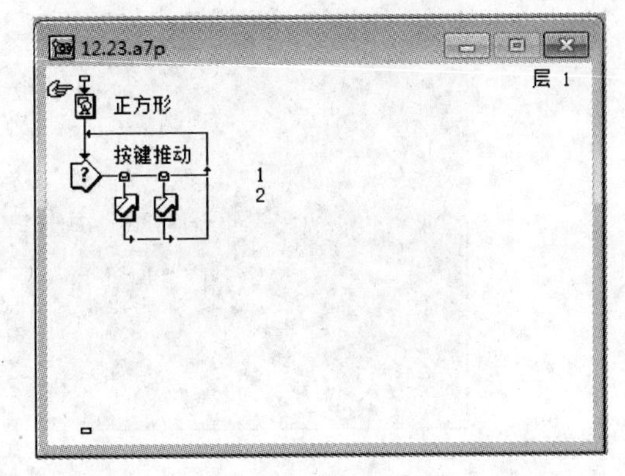


图 12-59　“按键推动正方形”实例流程线

**11. 事件响应**

事件响应是根据某些特定事件而做出相应动作的响应类型。相对于其他的交互响应类型，事件响应涉及的知识较多、原理较复杂，一般用于高级用户，基本多媒体程序的编制中很少用到事件响应类型，在此不再详细介绍。

## 12.2.7　“框架”与“导航”图标

在 Autorware 中，利用“框架”图标，可以建立流程的页，通过“导航”图标，可以实现对页的访问。“导航”图标主要用于控制程序的跳转方向和方式，通过该图标，可跳转到程序中任意“框架”图标下的页图标，人们可以根据需要自己设置导航结构。“框架”图标和“导航”图标相互配合使用，形成功能完善的页面管理系统。

**【实例12.24】** 浏览风景照片。

(1) 新建一个文件。

(2) 拖动一个"框架"图标到流程线上,命名为"风景照片浏览"。

(3) 拖动一个"显示"图标到"框架"图标的右侧,命名为"风景1",双击该图标,从素材包中导入照片12-4,调整照片大小。

(4) 用同样的方法,在"框架"图标右侧添加"风景2"、"风景3"、"风景4"的"显示"图标,并在各图标中导入相应的照片12-5、照片12-6、照片12-7,调整照片大小。

(5) 运行程序,运行效果如图12-60所示,流程线如图12-61所示。单击导航面板中的各个按钮可实现照片之间的跳转。

(6) 保存文件。

图12-60 浏览风景照片运行效果

**【实例12.25】** 风景相册。

(1) 打开实例12.24中完成的结果文件。

(2) 双击"风景照片浏览"图标,在"风景照片浏览"流程线窗口中删除"Gray Navigation Panel"和"Navigation hyperlinks"下面的"导航"图标,将"Navigation hyperlinks"修改为"导航",流程线如图12-62所示。

(3) 拖动一个"导航"图标到图12-62中"导航"交互图标的右侧,弹出"交互类型"对话框,选择响应类型为"按钮响应",命名为"第一页"。在属性栏按钮选项中设置匹配列表框为"单击",在"响应"选项中勾选"永久"选项,设置擦除方式为"在下一次输入之后",分支为"返回",状态为"不判断"。

(4) 双击"第一页"图标,在属性栏中目的地下拉列表框中选择"附近"选项,在下面的单选框中选择"第一页"选项。

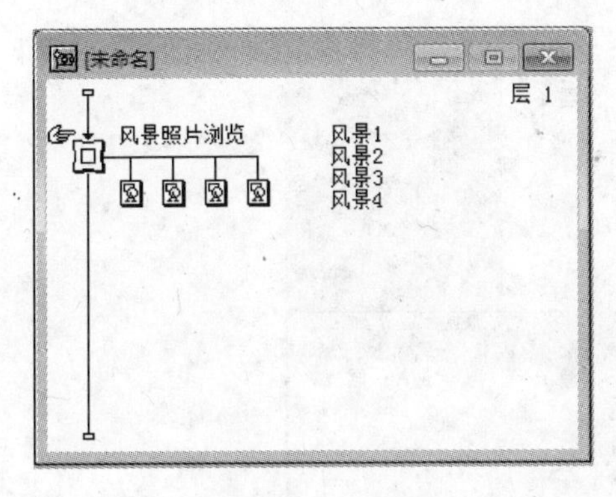


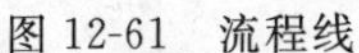
图 12-61　流程线

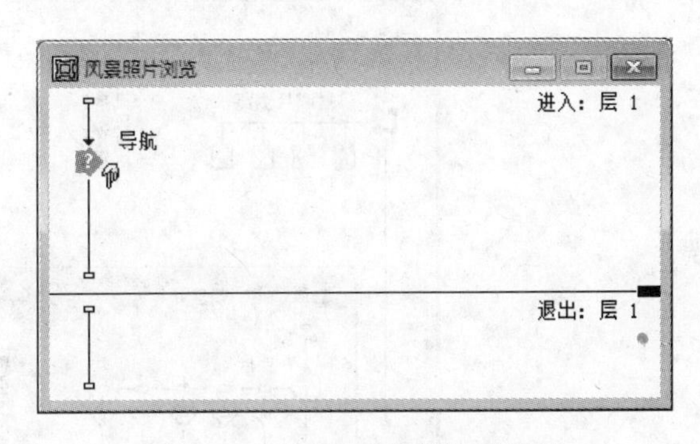


图 12-62　“风景照片浏览”流程线

(5) 拖动一个“导航”图标到“第一页”图标的右侧，命名为“前一页”。在属性栏中“目的地”下拉列表框中选择“附近”，在下面的单选框中选择“前一页”选项。

(6) 拖动一个“导航”图标到“前一页”图标的右侧，命名为“后一页”。在属性栏中“目的地”下拉列表框中选择“附近”，在下面的单选框中选择“下一页”选项。

(7) 拖动一个“导航”图标到“后一页”图标的右侧，命名为“末页”。在属性栏中“目的地”下拉列表框中选择“附近”选项，在下面的单选框中选择“最末页”选项。

(8) 拖动一个“导航”图标到“末页”图标的右侧，命名为“退出”。在属性栏中“目的地”下拉列表框中选择“附近”选项，在下面的单选框中选择“退出框架/返回”选项。

(9) 运行程序，单击导航按钮，观察效果。运行效果如图 12-63 所示，流程线如图 12-64 所示。

图 12-63　风景相册运行效果

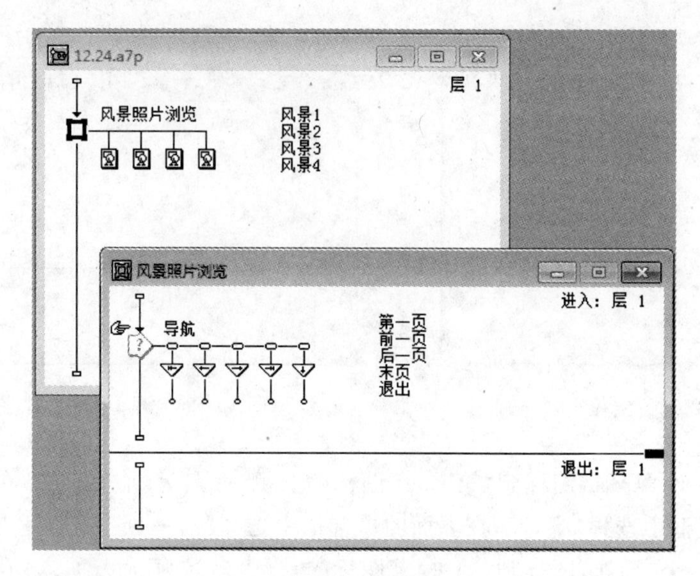


图 12-64　流程线

## 12.2.8　“判断”图标

“判断”图标又称为“决策”图标，是 Authorware 提供给用户制作分支流程、循环功能的图标。“判断”图标和“交互”图标都可以制作选择结构程序，“交互”图标执行时由用户来控制程序的流程，“判断”图标执行时根据条件的取值执行对应的分支，不需要用户选择。

**【实例 12.26】** 随机显示风景照片。

(1) 新建一个文件。

(2) 拖动一个“判断”图标到流程线上，命名为“随机显示”。

(3) 拖动 4 个“群组”图标到“判断”图标的右侧，分别命名为“照片 1”、“照片 2”、“照片 3”、“照片 4”。

(4) 双击每个“群组”图标，在“群组”图标窗口分别加入“显示”图标，在“显示”图标里分别导入素材包中的照片 12-4、照片 12-5、照片 12-6、照片 12-7，再各自加入一个“等待”图标，属性栏设置时限为 1 秒，不显示按钮和倒计时。

(5) 双击“随机显示”图标，在属性栏中设置“重复”选项为“固定的循环次数”，在文本框里输入 10，“分支”选项为“随机分支路径”。

(6) 运行程序，观察效果。流程线如图 12-65 所示。

(7) 保存文件。

**【实例 12.27】** 红黄绿灯闪烁。

(1) 新建一个文件。

(2) 拖动一个“判断”图标到流程线上，命名为“顺序显示”。

(3) 拖动 3 个“群组”图标到“判断”图标的右侧，分别命名为“绿灯”、“黄灯”、“红灯”。

(4) 双击每个“群组”图标，在“群组”图标窗口中分别加入“显示”图标，在“显示”图标里分别绘制绿圆、黄圆和红圆，再各自加入一个“等待”图标，属性栏设置时限为 5 秒，其他

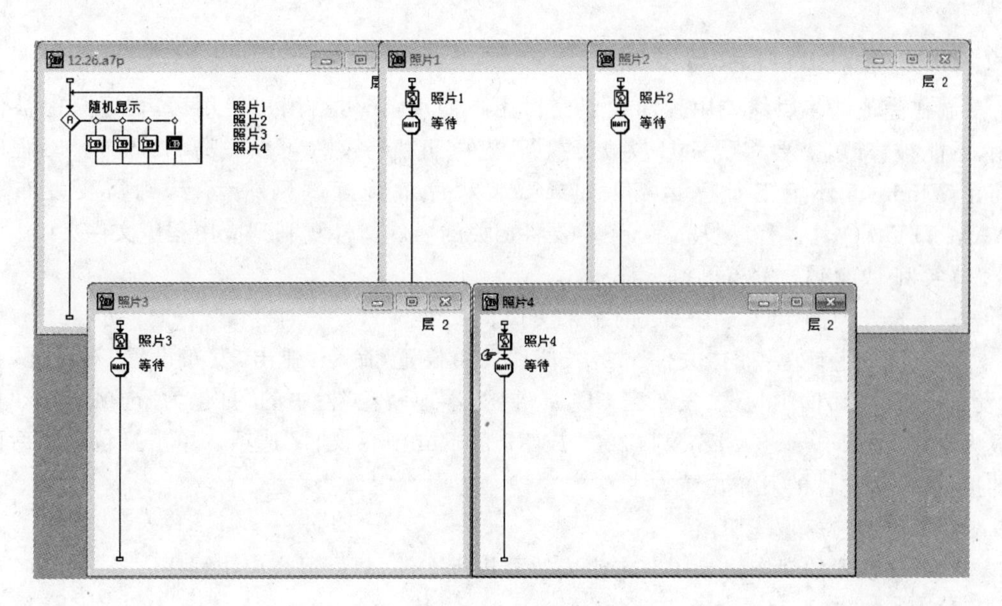


图 12-65　流程线

选项都不勾选。

(5) 双击"顺序显示"图标,在属性栏中设置"重复"选项为"所有的路径","分支"选项为"顺序分支路径"。

(6) 运行程序,观察效果。流程线如图 12-66 所示。

(7) 保存文件。

图 12-66　"红黄绿灯闪烁"实例流程线

### 12.2.9 程序的打包与发布

制作完成的多媒体应用程序可以交付用户使用,交付给用户使用后,程序只能被使用,不能被修改,需要将程序打包成可执行文件,可执行文件可以脱离 Authorware 程序而在 Windows 环境下独立运行。如果要将程序放到互联网中运行,则需要发布为 AAM、HTM 文件。程序发布后,还需要将相关的插件文件复制到应用程序文件夹中。

**【实例 12.28】** 发布可执行程序。

(1) 打开实例 12.22 中完成的结果文件。

(2) 执行主菜单中的"文件"|"发布"|"发布设置"命令,弹出"发布设置"对话框,在"发布设置"对话框中勾选"发布到 CD,局域网,本地硬盘"栏中的"打包为"选项,勾选"集成为支持 Windows 98,ME,NT,2000 或 XP 的 Runtime 文件"选项。单击打包路径后面的按钮,设置文件的发布位置。

(3) 单击"发布"按钮。

(4) 在设置的发布目录中双击生成的可执行文件,即可运行应用程序。

**【实例 12.29】** 发布 Web 程序。

(1) 打开实例 12.4 中完成的结果文件。

(2) 执行主菜单中的"文件"|"发布"|"发布设置"命令,弹出"发布设置"对话框,在"发布设置"对话框中勾选"发布为 Web"栏中的"Web 播放器"选项和"Web 页"选项,单击打包路径后面的按钮,设置文件的发布位置。

(3) 单击"发布"按钮。

(4) 将 Authorware 安装目录中的 Xtras 文件夹整个复制到发布目录中。

(5) 在设置的发布目录中双击生成的 AAM 文件,即可运行应用程序。

## 12.3 综合实训

1. 制作一个电子相册,顺序播放里面的照片。
2. 制作一个下拉菜单交互程序,选择不同的菜单出现不同的图片。
3. 制作一个登录界面,要求允许输入 3 次密码,超过 3 次退出程序。
4. 利用"框架"图标、"导航"图标创建一个电子相册,要求实现交互、翻页和页面跳转等功能。
5. 利用"判断"图标制作随机显示各种图形的程序。
6. 选择你前面制作的一个应用程序发布为可执行文件和 HTM 格式网页文件。

# 参 考 文 献

[1] 钟玉琢，沈洪，冼伟铨，等. 多媒体技术基础及应用[M]. 2版. 北京：清华大学出版社，2005.
[2] 老松杨，谢毓湘，栾悉道，等. 多媒体技术实用教程[M]. 北京：人民邮电出版社，2010.
[3] 郑桂英. Flash CS4 学习总动员[M]. 北京：清华大学出版社，2010.
[4] 李丽萍. 多媒体技术[M]. 北京：清华大学出版社，2010.
[5] 向华，徐爱芸. 多媒体技术与应用[M]. 北京：清华大学出版社，2007.
[6] 钟玉琢，沈洪，冼伟铨，等. 多媒体技术基础及应用辅导与实验[M]. 北京：清华大学出版社，2000.
[7] 张乐君，国林. 多媒体技术导论[M]. 北京：清华大学出版社，2010.
[8] 胡晓峰，吴玲达，老松杨，等. 多媒体技术教程[M]. 北京：人民邮电出版社，2002.
[9] 叶绿. 多媒体技术与应用[M]. 杭州：浙江大学出版社，2004.
[10] 王丽娜，张焕国，叶登攀，等. 信息隐藏技术与应用[M]. 2版. 武汉：武汉大学出版社，2009.
[11] 张茹，杨榆，张啸. 数字版权管理[M]. 北京：北京邮电大学出版社，2008.
[12] 彭波. 多媒体技术教程[M]. 北京：机械工业出版社，2010.
[13] 林福宗. 多媒体技术基础[M]. 3版. 北京：清华大学出版社，2009.
[14] 万华明，胡小强. 多媒体技术基础[M]. 北京：中央广播电视大学出版社，2005.
[15] 周承芳，李华艳. 多媒体技术与应用教程与实训[M]. 北京：北京大学出版社，2006.